U0031751

COLLISION COURSE

Carlos Ghosn and the Culture Wars
That Upended an Auto Empire

漢斯・格萊梅爾、司馬衞——著
Hans Greimel & William Sposato
林東翰——譯

獻給我的女兒希（のぞみ）與幸（みゆき），
你們的啟發、激勵和陪伴讓生活充滿價值。
——漢斯・格萊梅爾

感謝我的父母，他們的奉獻使我得以在新聞業有所成就；
也謝謝我的妻子董佩琪，她在我撰寫這本書的過程中，
一直極有耐心地支持我。
——司馬衛

▌本書推薦人士與評語

我在2008年赴日履新時，戈恩已是紅透半邊天的企業家，媒體上經常看到歌頌他的報導，當時全日本似乎都奉他為經營之神。但隨後幾年，戈恩突然跌落神壇，兩位作者把這段大起大落猶如好萊塢式物語的精彩過程，作了鉅細靡遺地分析。書中我看到的是日本人一向排外，但他們務實且學習力極強，當日本人面臨到強而有力的外來對手時，他們會展現謙卑與服從，但一旦領悟後即恢復排外的本質。所以戈恩在日本的成功，也注定了他的失敗。

這本書對想要了解日本的外國人來說，是必讀之書。

——馮寄台｜前駐日代表

這本書非常精彩的描述了跨國公司不同文化合作的矛盾與衝撞。兩位作者，一位是汽車媒體記者，另一位是國際媒體人，結合他們對汽車業以及國際事業的經驗，像是剝洋蔥一般一層一層地揭露這個故事不同的層面。

——吳億盼｜臉書「讀書e誌」版主

這本書的構思和寫作都非常出色。雖然是真實事件，但它讀起來就像一部節奏明快的間諜小說。作者創造了一種不僅對於商業專業人士、也對那些致力人文科學研究的人來說，都具有持久價值的的敘事方式。

——鮑伯・盧茨（Bob Lutz）｜通用汽車前副董事長

此書是關於卡洛斯・戈恩醜聞的權威著作，由兩位經驗豐富的記者撰寫，他們

藉由出色的報導與寫作技巧，帶領讀者進入雷諾和日產汽車的董事會，生動詳細地了解這名男子的遭遇。戈恩在2018年11月被捕之前，一直被認為是日本汽車業的救世主。這是本必讀的書，充滿了未發表過的細節，包括戈恩本人的獨家看法。

——邁倫‧貝爾金德（Myron Belkind）
美國全國記者俱樂部前主席、日本外國記者俱樂部前會長

由於（戈恩曾在日本躲在箱子裡）祕密潛逃，格萊梅爾與司馬衛這兩位東京記者的這本書有時讀起來像一部驚悚諜報片，但他們的主要目標和成就，是最清楚的說明了迄今為止，關於戈恩先生困境根深蒂固的原因。

——《經濟學人》

在這本書裡，格萊梅爾和司馬衛提出了一個大膽的主張：現在躲在貝魯特的國際通緝犯卡洛斯‧戈恩，是日本有史以來最有影響力的外國人之一。這兩位記者在東京的最前線報導了長達十年的戈恩王朝，他們用一種讀起來像快節奏偵探小說的報導方式，以一絲不苟的細節闡述這個案子。

——約瑟夫‧柯曼（Joseph Coleman）｜印第安納大學傳媒學院新聞學實務教授

這本書與其說是講戈恩先生的崛起與失勢，不如說是考察了日本和西方在企業、法律和政治等方面的差異。這些發達的經濟體和社會為什麼會經常誤解彼此？戈恩先生只是這種歷史模式的受害者嗎？

——《華爾街日報》

卡洛斯‧戈恩的傳奇事蹟，不只是從魅力四射的超級巨星CEO，淪為日本頭號通緝犯的過程。任何對領導力、公司治理與跨文化管理——或只是對一部一流

的人性戲劇──感興趣的人，會發現這是一本驚險刺激的讀物。

──埃斯柏・寇爾（Jesper Koll）

東京 Monex Group 高級顧問、日本美林證券前首席經濟學家

格萊梅爾和司馬衞接下了一個非常複雜的工作，釐清了大家的疑惑。這是我所讀過和汽車業相關的頂尖著作。必讀。」

──馬克・霍根（Mark Hogan）｜

通用汽車高級車款研發部門前集團副總裁、豐田汽車董事會理事

這本書是一則關於在日本做生意的警示故事，這個國家為了國家安全而依附於美國，但在國際商業和司法方面，基本上仍是民族主義的。必讀。

──約翰・韋斯特（John West），亞洲世紀研究院執行董事

司馬衞長駐日本的經驗，以及格萊梅爾對全球汽車產業的深度了解，結合起來揭示了一個關於文化誤解、政府干預和老掉牙的被公司背叛的痛苦故事。它讀起來更像是莎士比亞的悲劇，而不是一個商場的故事。

──東尼・溫尼洛（Tony Winning）｜路透社前亞洲總編輯

（戈恩與日產汽車的故事）複雜且常常讓人霧裡看花，這本書提供了外界非常需要、看來可信的前因後果。

──《金融時報》

目　錄

前言
Preface

就像人生中許多最有趣的夥伴關係，我們這次合作寫書是出於偶然。縱然我們都在日產汽車的多次劇變時刻與難以置信的轉折中，各自報導過卡洛斯・戈恩和日產汽車的許多大事，但我們倆都沒有想過要寫成一本書。

催生這本書的，是我們兩人身處東京、以及在日本加起來總共有四十年的新聞記者經驗，因而有幸親眼見證這個傳奇故事的許多脈絡。

漢斯出生於底特律，是資深的汽車新聞記者，已經埋首在日本汽車業近十五年。在撰寫這本書期間，他直接接觸到卡洛斯・戈恩。書中引述了許多戈恩的話，都是來自漢斯十多年來為全球汽車業新聞來源《汽車新聞》寫報導時，與戈恩的對話、採訪，以及其他互動。司馬衞有二十多年都在報導和撰寫關於日本企業、其經濟與金融市場的文章，對於日本對西方開放兩百多年來的複雜歷史，以及即使時至今日，對外開放對於這個國家有怎樣的影響，也有著深入的了解。

我們與涉及日產－雷諾汽車事件的重要人物在各個層面上進行了討論，從企業高層彼此間的勾心鬥角，到政府官員實際上承擔不起看著自

己國家的品牌消失而在背後搞的鬼。我們採訪了五十多名汽車業高層、商界領袖、政策制定者、法律專家、學者和其他消息來源,日本國內外人士都有。從 2018 年 11 月 19 日,這件醜聞爆發的那一夜開始,我們就每天即時報導這件事的發展,而這本書則提供了更加深入的內情。其中有些人要求別公開身分以保護自己,我們也答應隱其姓名。此外,我們非常感激所有肯花時間和我們談論事件始末的人士。

經由這些對話,可以清楚得知大多數人都同意以下事實:卡洛斯・戈恩不僅在他協助創建並主導了近二十年的雷諾-日產-三菱汽車聯盟留下不可磨滅的功勞,他對這個產業和日本也產生了持久的影響。他無疑是有史以來涉足這個國家的外國人當中,影響力數一數二的人。

他對日產汽車做的變革重塑了汽車業,而且影響了全球經濟,一直到今日。在這個不同國家與商業文化截然不同的企業有可能為了共同願景而團隊合作的時代,他開創了一種新型的全球化事業,使這些企業即使擴大到了驚人的規模,仍能以某種方式保留自己的身分——在此例由於企業彼此結盟,它們成了全球最大的汽車集團。

然而,戈恩的醜聞卻讓日本的公司治理、司法系統甚至獄政,受到了嚴厲的關注。這件事可能會帶來變革,這在一個總是在意國際形象的國家經常發生。這件醜聞也讓政府在私有企業界身兼股東與牽線者一事,引來更多質疑。最後,這場騷亂顛覆了戈恩留下的輝煌的創新企業領導人形象,讓批評者質疑他對真正的法日跨國汽車聯盟的願景,是否真的是未來業內整合的模範,還是只是曇花一現的幻影。

然後就是世人都想問的一個爆炸性問題:這位長期被追捧為全球管理大師的人,是否真的不當地隱瞞自己的薪資,並從這個他所拯救、讓

他聲名大噪的公司吸走了資金？戈恩（和他的共同被告、前日產董事格雷格‧凱利一樣）否認自己有任何不當行為。但戈恩在日本被起訴四次並逐出汽車業之後，他所留下的名聲，將永遠帶著這個令人懷疑的汙點。

在處理這個問題時，我們所面臨的難題不是要加進什麼，而是可以省略什麼。各種說法橫跨了二十年、三大洲、數個國家和幾十個關鍵人物。有很多方面都相當複雜，令人費解，有時甚至難以想像，要不然就是極為離奇。一名全球知名、備受推崇的汽車業高層人士被捕，事前沒有跡象能證明他可能有任何不當行為。在一個有很多地方和西方規範背道而馳的司法系統裡，他被拘禁了130天，而且起初還拒絕讓他聯絡律師和家人。後來，在保證會出庭為自己洗清罪名之後，這位著名的汽車業高層藏身在一個大箱子裡，由一名前美國綠扁帽隊員帶領的一組特工人員偷運出境。然後，他以國際通緝犯的身分在黎巴嫩繼續生活。即使到了今天，這整個漫長驚險的過程仍令我們覺得難以置信。

對於戈恩的故事，有個會誤導人的簡單敘事方式：把重點擺在好人、壞人、個人貪婪，以及像是為好萊塢打造的逃亡過程。我們的處理方法，以及決定寫這本書的主要動機，是要提供一個更細緻入微的人物，來報導一個更複雜的故事，乃至會持續多年的衍生影響。和該聯盟及其未來息息相關的，是遍及五大洲的數十萬個工作職位——從印度的汽車經銷商到田納西州的車廠工人，再到巴黎郊區的設計工程師，然後再加上世界各地供應商和企業夥伴的數千個職位。

除了解釋這些異常且快速變化的巧妙手法，我們還希望把這些事件放在更廣泛的文化、政治和歷史的角度，嘗試回答這些事件所引發的許多問題。像是：日本的司法制度不公正嗎？戈恩是那個制度的受害者，

還是個因貪婪、自負而冒犯了道德規範的謀劃家？有自身國家認同的大企業真的可以合作嗎？國家主義正在取代全球化嗎？汽車業如何適應變革的衝擊？這些只是我們嘗試齊力解決的一些思考脈絡。

最初是美國作家和文學經紀人約翰·布特曼（John Butman）向我們提議兩人合作寫一本書的，後來他又不斷鼓勵哄騙我們這兩個記者，寫出不是只能撐一天或一星期的文章，而是經得起時間考驗，超過一千字的內容。約翰明白，戈恩的事跡並不是聳動的頭條新聞那樣簡單。他很清楚，關於汽車業與日本企業界之外的一些內容會吸引讀者，也看出我們這樣的搭檔（一個汽車迷和一名政策專家），可能會做到我們兩個人都無法獨自辦到的事。我們衷心感謝他的洞見與慧眼。

遺憾的是，約翰驟逝，沒能看到這部作品。不過在我們的書裡，可以看到他的精神和他給我們的啟發。

最重要的是，我們希望這本書成為引人入勝的著作。我們在報導裡所揭露的內容時而帶來啟發、令人驚訝、有趣，時而令人不安。我們希望這本書能帶動讀者探討，而且不只探討卡洛斯·戈恩和他留下的影響，也探討司法的原則、汽車業的未來，以及政府在國際企業中扮演的角色。

——漢斯·格萊梅爾與司馬衞，2021年4月於日本東京

CHAPTER
1

戈恩衝擊
Ghosn Shock

　　日產汽車的公務飛機要開始降落到東京時，卡洛斯・戈恩繫緊安全帶，把往後靠的舒適桶狀座位立起，稍微伸展了一下四肢。他望著橢圓形窗子外頭，凝視著底下這座延伸到地平線的大都市。

　　這架飛機有一個後機艙，雖然在類似這次從貝魯特起飛的長途航程裡，他喜歡待在後艙睡覺，但他還是常抱怨那個長年宿敵——時差。

　　「無藥可治，無訣竅可解。我什麼方法都試了。沒有任何效果，」他曾經吐露不時要跨越全球時區的壓力：「不管怎樣，在第一天，腦子總有一段時間不是很清醒。」[1]

• • •

　　確實，儘管這趟行程包含夜間航班，這次日本之行對戈恩來說，一開始和其他任何一次日本行沒什麼兩樣，當時他還是傳奇的「雷諾－日

1　Hans Greimel, "Ghosn on Why Renault-Nissan Really Needs 2 CEOs," *Automotive News*, January 10, 2016, https://www.autonews.com/article/20160110/BLOG06/160119977/ghosn-on-why-renault-nissan-really-needs-2-ceos.

產－三菱聯盟」這個汽車帝國備受推崇的會長（相當於董事長）。自從戈恩在1999年首次踏上日本土地，重振當時瀕臨破產、已變成這個亞洲經濟強國國恥的日產汽車公司以來，他這十九年來已經飛過這段航程無數次了。

企業的CEO往往是飛行常客，他們的白金尊榮里程會隨著其活動範圍而增加。不過時常飛往世界各地的戈恩，把它帶到了一個全新的層次。近二十年來，身為汽車業最受矚目且備受推崇的領導人，他經常在合作夥伴總部所在地——東京與巴黎郊區——之間的所有地點飛來飛去，他把這個法日汽車聯盟，打造成罕見能實際運作的國際汽車財團的範本。

即使其他不少的合併嘗試，像是戴姆勒－克萊斯勒、福斯－鈴木、與福特－馬自達，都被丟進了屍橫遍野的結盟破局墳場，戈恩的三方合作——這個在企圖心、規模和跨文化敏銳度所下的大膽險棋——卻似乎有所進展。

戈恩的進展令人刮目相看。這位出身米其林的輪胎業前高層主管，在雷諾汽車擔任第二號大人物還不到四年，這家法國汽車製造商就派他去拯救日產，做為對這家陷入困境的日本車廠進行54億美元紓困案的條件之一。年僅45歲的戈恩空降到日本第二大汽車廠擔任營運長。不過到了2000年，他被拔擢為社長，並在2001年成為執行長。在這段過程中，他成了名人等級的企業高層，因為像施巫術般讓奄奄一息的日本車廠起死回生而備受讚譽。

對於收購瀕臨破產的日產汽車控股權，法國公司雷諾算是下了很大的賭注。現在大家都知道日產汽車頗受歡迎的Altima轎車、Rogue跨界

休旅車和GT-R跑車——而當年雷諾汽車對於戈恩在重建日產汽車的出色表現印象深刻，因此在2005年任命他為雷諾的執行長。這讓戈恩對位在兩大洲的這兩家全球公司，產生了前所未有的影響。他是第一個同時擔任兩家《財星》排行榜前五百大公司執行長的人——並且還不是隨隨便便的兩家公司，而是傑出的汽車製造商團隊，是名列世界前茅的經濟大國法國與日本的工業實力的領頭羊。只有最大膽的商場巨頭才會嘗試這樣艱難的任務。

就某些方面來說，戈恩本人就是全球經濟的縮影。他熟稔英語、法語、葡萄牙語和阿拉伯語四種語言，並持有法國、巴西和黎巴嫩三個國家的護照。他到晚年時，至少還有四個地方可以住，包括位在巴黎、貝魯特、里約熱內盧海濱科帕卡巴納區（Copacabana）的住所，以及位在東京，可欣賞到令人驚嘆的天際線景觀的高樓層豪華公寓。[2]1954年，他在巴西的一個黎巴嫩裔家庭出生，六歲時搬到黎巴嫩。後來，他就是在法國完成了學業，並且開始了使他首度成名的這個職業——後來讓他背上臭名。

擔任雷諾和日產的負責人時，戈恩有條不紊地把兩家公司更緊密地聯繫在一起。他也總是在尋找新夥伴加入他們的勢力範圍。與德國的梅賽德斯－賓士豪華車製造商戴姆勒公司、以及俄羅斯最大的汽車製造商AvtoVAZ合作，讓雷諾－日產聯盟的影響範圍更擴大了。2016年的一項重要交易，讓雷諾－日產聯盟取得Pajero休旅車供應商三菱汽車公司

2　Marcelo Rochabrun and Ritsuko Ando, "Art and Cash-Filled Rio Apartment the New Battleground for Nissan, Ghosn: Court Filing," Reuters, December 10, 2018, https://www.reuters.com/article/us-nissan-ghosn-exclusive-idUSKBNIO91P9.

的控制權，也因此讓該集團獲得世界領先的規模，足以號稱是全球最大的汽車集團。

更重要的是，戈恩似乎是靠策略來達成目的，而不是藉由強迫。雷諾－日產－三菱聯盟是一種新型的企業合作。確實，雷諾持有日產43.4%的股份，不過這個合夥關係並不是一種全面合併，戈恩就用這種方式謹慎地管理聯盟，當做試圖尊重日產汽車獨立性的一種緩慢整合。由於日產最初是需要紓困，它僅持有雷諾15%的股份。但是，雖然它的持股比較少，卻經常被賦予更大的發言權。

有時候，主要合作夥伴日產和雷諾之間會關係緊張。但戈恩敏銳地察覺，透過合併方式把它們結合在一起是玩火自焚。做為合作夥伴，在採購避震器、剎車片之類的所有產品時，它們會共用資源提高採購規模，來取得更便宜的價格；它們也共用設計引擎、傳動系統以及汽車機械結構方面，這些顧客看不到的專業知識。但是每家公司都保留了自己的車款風格、行銷方式、品牌名稱，以及或許是最重要的──自己的行政部門。可以肯定的是，這是一種微妙的平衡。打亂這種平衡的話，可能會產生廣泛的影響。

但是不管怎麼樣，戈恩還是成功了。

他不僅把日產從破產邊緣救回來，還把它打造成一個能夠獲利的全球性創新企業。戈恩在日本成了家喻戶曉的英雄──連一般民眾都稱呼他「戈恩桑」。粉絲們會攔下他要簽名，而他外張的鼻翼、深色的頭髮和拱形眉毛，在大多數人的樣貌都很相近的地主國裡，總是特別顯眼。有人開玩笑說他長得像豆豆先生（Mr. Bean）。但是沒有人會弄錯──戈恩總是穿著精緻的義大利羊毛服飾，而不是寒酸的英式粗花呢套裝。

在一個「上班族」商界領袖都像同一個模子刻出來、乏味無趣的國家，戈恩的外貌和舉止都是個魅力十足的全球CEO。戈恩直率、口若懸河、充滿活力而且很活躍。他幾乎沒有時間閒聊，每天的行程都安排得精細到以分鐘計，就像完全準點的日本子彈列車一樣。他在公開演講的時候，有時會帶著濃重的法語口音，結結巴巴地講著一向能清楚表達的英語。但他運用了一種與生俱來的溝通天賦，讓聽眾相信，就算他講得結結巴巴，也能理解他講的每一個字。戈恩對任何問題都回答得很快，從不迴避棘手的問題。他的風格是把腦海裡想起的大批事實和數字，用連珠炮的方式還擊。

戈恩成為汽車業——不，該說是國際商業界——極受矚目與追捧的高階經理人。評論家把他比擬成將通用汽車公司（General Motors）早期的品牌整併的傑出專家艾佛瑞德·史隆（Alfred Sloan），或是在1980年代把克萊斯勒從人們記憶深處挖出來，再度成為家喻戶曉品牌的美國東山再起大師李·艾柯卡（Lee Iacocca）這類傳奇人物。與他的領袖風範相稱的是，儘管日本文化上對於超高薪會感到不安，戈恩還是成了日本薪資最高的經理人之一，打破了日本的薪資常態。

這個時候，已經是2018年年尾，戈恩一帆風順，正準備以「高瞻遠矚的雷諾－日產－三菱聯盟建立者」身分進行最後一次盛大行動。受益於2016年把三菱汽車納入集團意外地成功，戈恩讓自己達到了在這一行的高峰。他的汽車聯盟在 2017 年迅速成長為全球輕型汽車銷售龍頭，賣了1,060萬輛——幾乎是全球每賣出八輛車，就有一輛是該聯盟賣出的。[3] 它擊敗了德國巨頭福斯汽車公司，並且讓日本的主要競爭對手豐田汽車公司再度跌落到第三名。藉由數量優勢戰略把日產汽車與

全球合作夥伴結合，他將一家瀕臨倒閉的公司轉變成全球龍頭。

戈恩沉浸在這場勝利中，簽下了一紙為期四年的新合約，繼續領導雷諾，包括與雷諾有關聯的所有子公司和相關企業。但這份新的委任合約附帶了一些條件：他的任務是找出方法讓他的汽車聯盟「不會走回頭路」。雷諾想要藉由這個關鍵條款，永久鞏固這三家公司的夥伴關係，使其在戈恩最後離開時不致分裂。這對每個合作夥伴代表什麼意義，完全看它們怎麼詮釋。法國方面似乎認為，這代表這家控股公司能夠保證個別企業保有獨立的企業身分。對日本方面來說，此舉似乎是「完全接管」的代名詞。但戈恩有信心在面對爭端時擺平一切——就像近二十年來他一直在做的那樣。

此時戈恩已經64歲了，大多數這個年齡的高階經理人，都是在海濱別墅悠閒度假或是打打高爾夫球。他依舊穿著量身訂做的服裝，不過他那越來越皺的臉洩漏了年齡，儘管頭髮梳理得完美無瑕又烏黑——據說他會定期染髮來維持年輕的髮色。他還會退一步站在更能綜觀全局的戰略位置。此時的他已經很少前去東京了。與他備受尊崇的汽車業偶像地位相符的，戈恩以雷諾、日產和三菱這三家公司的會長身分監督該聯盟，並擔任雷諾執行長一職。不過日產有自己的執行長西川廣人（Hiroto Saikawa），他是戈恩所親自挑選、最信任的副手，負責處理日產的日常營運。

戈恩的腦子還在擔心一個更重要的任務。他只有三年多的時間，可

以把這幾家公司永遠結合在一起，「不會走回頭路」。對有些人來說，尤其是在法國方面，這將是該聯盟的壓軸大戲。但是在日本方面，時不時有人擔憂，經過全面合併，日本可能會失去自主權。儘管如此，要是戈恩能夠成功，就能鞏固他身為業界最偉大的領導人之一的聲譽，並且在2022年退休時光彩地功成身退。戈恩沒有遵照著自己更好的判斷，而且據稱也不顧家人反對，和雷諾汽車展延了這紙四年的合約。他實在無法拒絕完成這最後一章。

· · ·

這一次，他的灣流G650專機，在11月昏暗的太陽落到地平線上時，降落在東京羽田國際機場。這架專機客製的註冊號碼——印在機尾引擎上的黑色編號「N155AN」——讓人們看一眼就知道在飛機上的人是誰。這個編號是對搭乘這架專機前往全球各地的日產高層，不怎麼含蓄的致意。

戈恩此次到訪的議程活動之一，是慶祝他的雷諾－日產－三菱聯盟的晚會。晚會由東京都知事主辦，預定在東京市中心的三菱開東閣舉行，那是一棟由一名早期工業家所建造、擁有百年歷史的歐式大別墅。這是戈恩會長習慣成為關注焦點的慶賀盛會典型。議程還包括一項重要的高層討論：內容是有關戈恩所設想的，將這三家公司聯合在一起的控股公司；他希望在這個春季盡快做出決策。

戈恩在11月19日下午稍晚時下機，由於以前來過很多次，他左彎右拐地迅速通過羽田機場的入境大廳。但這一次，當他到達燈火通明的日本出入國在留管理局，那裡有條有理的特勤人員對每一位入境者採取

指紋並拍照時，這次例行到訪突然變成了令他困惑的一場冒險。

據戈恩自己後來表示，他毫無戒心的遞出證件時，一名多事的出入國特勤人員又仔細看了一次他的文件。

「您的護照有點問題，能不能勞煩移駕到另一個房間談談？」這名男子有點反常地問道。戈恩同意了，等著他的是東京地方檢察廳特別搜查部的一名官員——特搜部是一個由不留情面的精英執法人員組成的組織，通常負責打擊組織犯罪與政界貪腐的任務。

「戈恩先生，我是檢察廳的人。我們想和你談談，」該男子說。戈恩抗議說他有點忙，但這位官員並沒有接受戈恩的拒絕。「不，不，不，你必須跟我們走。」調查員堅持。

就這樣，這位遠近馳名的企業高層都還沒有獲得入境許可，就被拘留並且帶去審問。一直到深夜，他都被關在位於小菅附近，龐大的東京拘置所內的一間牢房裡，該地區靠近首都北部舊城區的荒川河畔。

戈恩從沒預料到會發生這樣的事。那些官員拿走了他的手機，甚至不讓他打電話給女兒瑪雅，當時她在戈恩位於東京市中心的公司公寓等著他。戈恩有四名成年的子女，除了瑪雅，還有兩個女兒和一個兒子。瑪雅後來表示，她父親被捕的最早消息來自推特。

戈恩後來說，檢察官並沒有立即明確清楚地告知為什麼拘留他，反倒劈頭便問：「你覺得你為什麼會被逮捕？」

戈恩瞪目結舌，不知道怎麼回答。

「我甚至搞不清楚發生了什麼事，」戈恩在一次採訪中回憶道。「你根本不知道這件事是認真的還是誤判。你不知道為什麼被捕。我還以為自己降落在朝鮮，而不是日本。」

一直到了隔天,才終於讓戈恩打「一通電話」。

震驚的戈恩在拘置所度過了第一夜之後,有人問他想聯絡誰幫他找律師。他吩咐檢察官聯絡日產高層川口均(Hitoshi Kawaguchi)。這看來是個理所當然的選擇。

身為日產汽車副社長,川口負責與政府往來,在日本政界最高層都有人脈。戈恩有所不知的是,川口已經和檢察官合作好幾個月了,前一天晚上的拘捕行動,就是這場調查的最高潮。川口就是內應。

• • •

大約在11月19日的晚餐時間,戈恩被捕的消息像是在日本投下一顆炸彈。涉入這次拘捕行動的另一方是朝日新聞社,它是《朝日新聞》這份全國大報的出版發行商。它的一名網路記者在羽田機場現場,記錄下這件駭人聽聞的事件。從它的錄影畫面可以看到,這架公務機滑行到停機坪。然後,畫面切換到一名身穿深色西裝的檢察官爬上它下降的登機梯的場景。這群人在四處翻找時,拉下了飛機的百葉窗,以防止搜查過程遭外人窺探。這段影片成了熱騰騰的戈恩關鍵時刻的象徵性快照。

距離這個陷阱現場只有二十分鐘車程的日產汽車橫濱全球總部,在這則頭條新聞震驚全國之時,進入了危機模式。當智慧型手機跳出新聞快訊時,很多人都認為,一定又是媒體有什麼地方搞錯了。當然,這些頭條怎麼可能是真的?卡洛斯・戈恩?被逮捕?

但是,在將近二十年前乏人問津、卻被戈恩拯救回來的日產汽車,卻毫無遲疑地證實了這件離奇的事。戈恩確實被拘留了,日產執行長西川廣人本人將在當晚稍晚,召開緊急記者會解釋原因。

甚至早在日產發出晚上十點的記者會邀請之前，媒體就已經蜂擁至橫濱海濱附近、燈火通明的日產總部大樓。爭奪記者席的記者隊伍，在這家汽車製造商通風的展示廳、大廳的堤道上大排長龍，幾乎要排到大樓前門外了。數百人擠進只有站立空間的八樓簡報室，這時面色陰沉的西川廣人走了進來，電視攝影機開始全國現場轉播。

西川廣人當時64歲，一輩子都在日產汽車工作，他表情冷漠，留著剪得很短的平頭，態度沉著冷靜。從第一天開始，他就一直是戈恩信任的助手，也是戈恩在日產復興期間的得力幫手。當時戈恩委託西川廣人，打破公司那種猶如安逸的老同學關係、盤根錯節的供應商網絡，強硬要求他們降低零件價格。戈恩本人曾在2016年10月任命西川廣人為共同執行長，當時他正在規劃日產在三菱的控股權。在任命西川廣人時，戈恩說：「我的想法和他的想法沒有差別。」甚至在公司內，西川廣人還因為和大老闆關係密切而被稱為「戈恩之子」。

此刻，西川在日本及國際媒體的注視下，變得嚴酷且激動。有時候他會支支吾吾地尋找合適的措辭，他抨擊這位以前的導師，說他在掌權期間是公司財務上濫權行為的「主謀」。

西川廣人說，戈恩在官方財務文件裡匿報了他的收入，董事會將在這一週過些時候投票，解除他的會長職務。西川廣人還宣布，日產董事會的美國董事格雷格·凱利（Greg Kelly）也在當晚被捕，並被指控為戈恩所涉嫌參與的計畫的共犯。儘管凱利在美國正等著治療嚴重的頸部疾病，但他表示有人捏造假的邀請，將他誘騙到日本參加一個緊急的高層會議。同樣在11月19日下午，他降落在東京的另一個國際機場——這兩名企業高層幾乎同時被捕。

　　西川廣人說，戈恩之所以能夠濫權並且隱瞞近十年，是因為他把很多權力攬在自己身上，成為一個不容挑戰、不受約束的霸王。他表示，「這是戈恩先生長期掌權的負面影響。」

　　「這是不能容忍的行為，」西川堅定地表示。「我很難用言語來表達。除了抱歉之外，我覺得非常失望和沮喪，也很絕望和憤慨。」西川廣人表示，他的老闆被捕並不會影響日產與雷諾的長期合作夥伴關係。但他也揚起眉毛表示，這個結果打開了改革的大門：「這是個改變我們工作方式的好機會。」

· · ·

　　戈恩被捕之事，簡直令人難以置信──幾乎就像聽到艾柯卡或奇異公司的傑克・威爾許這類代表性人物剛剛被警察帶走，更不用說被關進牢裡。或者說，除了日產內部的一小部分人士（畢竟他們已經和檢察官祕密合作了好幾個月），這件事對大家來說都很難以置信。

　　事實上，由於整起事件相當令人震驚，日本媒體很快特地為它創了個名稱：「戈恩衝擊」。這個標語，和這位思維創新的高階主管最初登陸日本，開始瓦解其傳統的商場舊習，讓當時奄奄一息的日產汽車從破產邊緣起死回生時，引起的「戈恩衝擊」一樣。

　　不過這個詞，也有點是在向「經濟大衰退」（Great Recession）致意。日本人將這次經濟大衰退稱為「雷曼衝擊」，因為造成這次全球金融危機的部分原因，是 2008 年時，華爾街重量級的雷曼兄弟公司依破產法第十一章，申請破產保護。這家投資銀行的破產案至今仍是美國史上規模最大的。「戈恩衝擊」並未引發全球經濟崩潰。但在許多方面，這件

事對雷諾－日產－三菱聯盟的打擊同樣嚴重。這一切都是因為該集團的領導人突然被掃出家門。

戈恩都還沒被拔掉雷諾－日產－三菱聯盟負責人職務，他被捕之事就立刻拖累了日產和雷諾的股價。日產的股價在隔天下跌了大約5%。一年後，暴跌了27%，到了2020年3月上旬，已經貶值近一半。雷諾的股價在事件發生後的幾天裡下跌了近8%，最後下跌了三分之二。這兩家公司以及後來的三菱，銷售量和獲利很快相繼內爆。到了2020年初，由於雷諾－日產－三菱聯盟群龍無首，這三家車廠全都陷入虧損。

事實上，戈恩衝擊所引發的一波波混亂，席捲了全球汽車業和日本法務局。危在旦夕的不僅是車廠的命運，還有依賴該集團保住工作的成千上萬人的命運。戈恩被捕也引發人們開始質疑日本企業在道德管理方面的名聲，並且仔細審視日本司法系統的公平和平衡。

長期醞釀的緊張局勢浮上了表面，就像母球擊碎了破損的撞球桌一樣，戈恩衝擊引起了無數次碰撞。

公司之間、人與人之間、法律制度、新舊技術之間的衝撞。更總體地說，存在著文化、國家的衝突，以及區域經濟國際化的問題。都亟欲保護「本國企業」的法國與日本政府，發現自己得盡力處理日益嚴重的危機。確實，事情逐漸變得明朗，由於巴黎與東京的政府官僚機構對該汽車聯盟的發展方向爭論不休，這場危機多多少少算是它們自作自受。

雷諾汽車的管理階層完全措手不及。法國政府的官員也是，他們對現在衝擊著雷諾的這場騷動特別擔憂，這家成立於1898年的汽車廠，是法國工業的基石。法國政府擁有雷諾15%的股份，有近兩倍的投票權，這讓法國政府能夠牢牢控制這家汽車製造商──進而控制日產。雷

諾擁有日產43.4%的股份，但是在雷諾－日產－三菱聯盟的協議下，日產只能持有雷諾15%的股份，沒有投票權。

戈恩被捕一事，暴露了雷諾－日產－三菱聯盟檯面下長期積壓的衝突，而長久以來，雷諾－日產－三菱聯盟的領導人，一直把它描繪成完美的跨文化合作。在這個並未完全合併的合作中，摩擦點在於哪家公司真正擁有控制權，以及在戈恩的新命令下會發生什麼事，讓這種合作「不會走回頭路」。

日產是雷諾的皇冠上的寶石。多年來，這家曾經在破產邊緣搖搖欲墜的日本公司，其銷售額和獲利都超過了昔日的白衣騎士。[4] 它成長為生金蛋的金雞母，經常以健康的定期股息，幫有政府撐腰的雷諾汽車的資產負債表注入活水。

挽救與日產的合作關係，代表著挽救雷諾汽車的就業機會。而且對於當時被民粹主義「黃背心」上街頭抗議低工資和貧富不均的示威活動包圍的法國政府，保住就業機會是首要之務。法國總統馬克宏（Emmanuel Macron）承諾，會對雷諾－日產－三菱聯盟穩定性一事保持「高度警戒」。

但即使雙方的管理高層都公開重申了他們對雷諾－日產－三菱聯盟的承諾，不信任還是在背後醞釀著。由於不清楚日產調查的細節，也不知道日產有什麼證據支持對戈恩的指控，雷諾汽車方面不願意這麼快就背棄他們長期以來的領導人。「這是對雷諾汽車的攻擊，」一位雷諾－日產－三菱聯盟的高層回憶道，「人們的態度就像，『他是我們的人，而我們甚至不知道原因。』」

對很多人來說，這一切真的是臭不可聞。日產把逮捕戈恩事件描述

4　編註：「白衣騎士」在商業上指向另一家公司提供協助的企業或個人。

成一樁冷冰冰的刑事案件。但也有人說，這更像是影集《冰與火之歌：
權力遊戲》（*Game of Thrones*）裡的暗算陰謀。

法國的頭條標題更是清楚地說出：「戈恩事件是日產煽動的叛變
嗎？」、「卡洛斯・戈恩入獄：是醜聞還是陰謀？」[5]

《華爾街日報》編輯委員會很快就把整起事件戲稱為「戈恩宗教裁
判所」。「共產主義中國嗎？不，是資本主義日本，」這家商業日報抗議
道，「公開的事實很複雜難解，但這個事件應該困擾著任何關心日本正
當法律程序和公司治理的人。」

確實很複雜難解。日產表示，逮捕戈恩的行動，源自於一名發現財
務違規行為的內部舉報人。2018年春末日產啟動一場內部調查。包括
公司審計師、舉報人和川口在內組成的一個小組，開始挖掘財務紀錄，
試圖釐清其中的細節和相互關係。他們最後和檢察官合作，後者為戈恩
以及被控為其共犯的凱利設置了陷阱。

有些陰謀論者認為，日產甚至策劃了這次搜捕，以阻止戈恩完成整
合公司並完成雷諾－日產－三菱聯盟最後任務的計畫。這種說法並非無
的放矢。在拘捕戈恩數小時後的日產深夜記者會上，一名日本記者直截
了當地問西川廣人：這不就是董事會叛變嗎？西川平淡地回答：「我們
不這麼認為。」

但對於把這三家公司結合得更緊密的計畫，西川廣人本人是態度最
懷疑的人。他認為，戈恩首選的解決方案——把它們合併到一家控股公

---

5 Hans Greimel, "Was the Ghosn Sting Compliance or Coup d'État?" *Automotive News*, December 2, 2018, https://www.autonews.com/article/20181202/OEM02/181209978/was-the-ghosn-sting-compliance-or-coup-d-etat.

司之下——根本就是全面合併。那會導致強大、獨立的日產汽車就此終結。在這次拘捕行動之前，西川廣人和戈恩曾經就此事關起門來吵過，外界猜測，在這次爭執之後，戈恩打算換掉西川廣人。

戈恩被捕後，日產和雷諾的關係變得冷冰冰的。平常藉由面對面會議、電話或視訊連結進行的雷諾－日產－三菱聯盟通訊，變成改由公司代表律師以書面進行。日產的內部調查及其調查結果、任命新董事會成員取代戈恩和凱利，以及日產全面改革公司治理以提高透明度和問責制的新措施，引起了爭執。雷諾－日產－三菱聯盟似乎走上了以前那些跨國合作夥伴關係終究會解體的老路。

日產迅速採取行動把戈恩拉下馬。在他被捕的三天後，董事會解除了他的會長職務，隔週，三菱汽車也跟著這麼做。然而，雷諾任命戈恩的副手蒂埃里・博洛雷（Thierry Bolloré）為臨時執行長，戈恩似乎還有機會重返工作崗位。

・・・

但戈恩只是繼續待在東京的監獄裡受罪，不能保釋。到了2019年1月初，他因三項罪名被起訴。慢慢地，這些指控罪名的面貌逐漸清晰。前兩項指控稱他違反了日本金融法，在2010至2017年的會計年度（從2010年4月1日到2018年3月31日）期間，他沒有申報超過八千萬美元的遞延收入，而這筆錢大概是給他退休之後的酬勞。日產汽車也以公司實體身分，因為涉嫌財務申報不實而被起訴。據稱縱容戈恩這麼做的凱利，也被控相同罪名。

在前一年12月下旬提出的第三項罪名是涉嫌背信，挪用了另外的

數百萬美元日產資金供戈恩個人使用，以彌補他在經濟大衰退期間的投資損失。

如果戈恩這兩個月的訴訟過程被連續起訴，而且被單獨羈押也不能保釋，這似乎太曠日廢時也太嚴苛了，那是蓄意的。

這是日本對於任何觸犯法律的人，明訂的做法中的一部分，而且它在很大程度上與西方國家的做法有衝突，尤其是牽扯到白領犯罪方面。日本的制度允許有權有勢的檢察官用不同的附帶指控進行「再逮捕」，這讓他們得以在未正式起訴嫌疑人的情況下，羈押留置嫌疑人。

在日本，檢察官可以經過法官批准，在沒有正式起訴的情況下，羈押嫌疑人長達23天。而且在這段羈押期間，嫌疑人有可能在辯護律師不在場的情況下，每日接受數小時的審訊。對於檢察官來說，這種安排還有一個好處，那就是允許調查人員對那些急於獲釋的嫌疑人施壓，讓他們認罪。這也幫檢察官爭取到時間去尋找新證據，讓他們能夠「再逮捕」嫌疑人，然後一而再、再而三地重複這種過程。

這種似乎和西方人權自由概念相悖的法律手段，構成了日本司法制度多次被提到的99%定罪率的基礎。美國人和歐洲人可能會懷疑，這防呆的量刑機器是否會遭到操弄。然而，對此日本人卻引以為豪，還認為這是該國犯罪率、暴力犯罪或其他形式的犯罪會這麼低的根本原因。批評者說，在一個遭到逮捕就幾乎保證會被關進監獄的國家，「無罪推定」（證明有罪之前是無辜的）幾乎只能算是一種理論上的理想。

事實上，由於日方不讓戈恩與律師聯絡，他甚至難以公開回應這些指控。直到在一次行政法庭短暫現身時，他才首度有機會充分為自己辯護，當時他親自向法官逐條進行辯護，堅稱自己是清白的。被羈押了一

個多月後，他那著名的黑髮露出了灰白的髮根，臉也變得憔悴，這要歸因於以米飯、醬菜和味噌湯為主，簡單清苦的牢飯。這位被拉下馬的會長戴著手銬，穿著深色西裝，沒打領帶，腳踩綠色塑膠拖鞋。

由於戈恩案成了國際頭條新聞，它讓日本法律制度這些變化無常的狀況成為焦點。他的抗爭成了日本與西方之間司法衝突的象徵，為此日本政府不得不在全世界的面前捍衛其法律體系，處境十分尷尬。對於戈恩的支持者來說，他現在已經成了日本人權倡議的有力焦點。而這種劇變甚至激勵了日本國內的聲音，使他們更加大膽地要求法律改革。

在聯合國人權理事會裡的一個工作小組稱戈恩是「恣意」逮捕行動下的受害者，被剝奪了獲得公平審判的權利時，國際上對於日本司法與獄政做法的嚴厲譴責達到了最高峰。

該機構主張，日本應該給予戈恩賠償金或其他補償。〔6〕

• • •

2019年1月24日，在戈恩第一次被捕的兩個月後，這位垮台的大人物被迫從雷諾辭職。

但是這並沒有消弭日產和雷諾之間的緊張關係，有越來越多業內觀察家認為，這兩家公司即將分道揚鑣。雙方之間的積怨越來越深。鑑於日產的規模更大、獲利也更高，日產裡有許多人厭倦了長期屈居次級地位，希望在雷諾－日產－三菱聯盟事務中擁有更多發言權。然而，對雷

---

6 Opinions adopted by the Working Group on Arbitrary Detention at its eighty-eighth session, August 24-28, 2020, Human Rights Council Working Group on Arbitrary Detention, November 20, 2020, https://www.ohchr.org/Documents/Issues/Detention/Opinions/Session88/A_HRC_WGAD_2020_59_Advance_Edited_Version.pdf.

諾的許多人來說，重新平衡股權是不可能的；他們認為雷諾的控制權是股東權利的問題。而雷諾透過持有日產43.4%的股份，得以當家做主；事情就是這樣。在巴黎郊區布洛涅－比揚古（Boulogne-Billancourt）雷諾總部的保守派們，不願意讓這個地位較低的合作夥伴在聯盟中發號司令。

2019年一整年，雙方的激烈爭執與相互指責越演越烈，並在雷諾的新管理層要再次推動雷諾－日產－三菱聯盟「不會走回頭路」時，達到最高峰。當雷諾遭到拒絕，於是繞過日產，出奇不意的想透過和義大利－美國汽車巨頭飛雅特克萊斯勒汽車（FCA）合併來達成目標，日產與雷諾之間局勢變得更加緊張。雷諾突然冷落日產，並很快追捧起FCA，這讓日本和世界各地的許多業界觀察家像挨了一記悶棍。他們開始懷疑，雷諾和日產能否挽回已經成立十九年、似乎一度開創了一種全新合作方式的雷諾－日產－三菱聯盟。

確實，這樣的混亂狀態，使得大家開始質疑戈恩遺緒最根本的基礎：也就是讓企業文化、甚至國家認同都截然不同的兩家公司組成搭檔，並透過相互尊重和共同目標促使它們合作是有可能的。這整段看起來如此美好的說法，現在看來就像戈恩用花言巧語所塑造的幻覺。

戈恩追求更大的規模，真的是應對全球汽車產業壓力的解答嗎？在全球化時代，政府在產業裡的作用是什麼？法國對雷諾的持股，顯然讓它和日產的關係變複雜了。但是日本政府在保護國家優良企業方面，也有著悠久歷史。日本強大的經濟產業省（METI）並不是日產汽車的官股管理人，但很明顯的，在日產陷入困境時，它會支援日產。

回想起來，戈恩對雙方政府的所有干預都感到悲觀。

「由於政治實體加以干預，這家最大的汽車集團實際上已經被解散

了，」他在為本書接受採訪時說，「毫無疑問，一方面是有日本政府干預，另一方面則有法國政府干預。如今，每一方都會說是另一方起的頭。但是不用懷疑，他們最終還是要對這些公司倒閉負責。」

就連一開始對戈恩的指控，也暴露出對於高階主管該拿多少薪資，各國的標準也存在衝突。在日本和法國，社會普遍預期執行長的薪水較為適度，比美國的薪資標準來得保守。但身為一名可以選擇任何工作的國際級能手，戈恩的薪資計算方式就不一樣了，他也期待憑自己的能力能獲得更高的薪資。

至少從日本和法國的標準來看，戈恩的薪水算是很高的，因此多年以來，它一直是日產股東大會上的一個引爆點。公司花費了大量時間和資源，證明這些獎金是留住人才的必要代價，盡量轉移批評。戈恩也擔心他的高額薪酬會在法國引起不必要的注意；法國是另一個工資較低的國家，加上政府身為最大的股東，必須嚴格控制高階主管的薪資。然而，檢察官表示，當他把將近一半的日產獎金，違法隱藏在他的一個退休補償計畫裡面時，就做過頭了。

戈恩為什麼這麼做？為了避免因為扣下這麼大筆可能引起非議的金額，而尷尬地受到審查──甚至可能遭到解僱。

• • •

隨著 2019 年逐漸過去，戈恩的法律困境更加惡化，他面臨第四項指控、另一次背信指控，以及迄今為止最嚴重的罪名。

如果被定罪，全部加起來他得面臨長達十五年的牢獄之災。

到此時為止，這場對決越來越受到國際關注。在日本，在對他不利

的處境下，戈恩的妻子卡羅爾（Carole）成了他的主要救世主，試圖贏得國際輿論支持。她和她丈夫能力強大的法律團隊——包括一位前法國大使與一名人權律師——請願要求聯合國譴責日本的法律制度，甚至向美國總統川普與其他世界領導人施壓，要求他們在國際峰會上聲援戈恩的立場。戈恩在保釋前被羈押了130天，成了他們指控日方一再濫權的頭號證據。

由於戈恩建立的雷諾－日產－三菱聯盟在沒有他的情況下，表現越來越差，戈恩似乎打定主意，要在日本法院裡駁斥針對他的指控，恢復自己的聲譽。

戈恩甚至詳細敘述了他是怎麼被陷害的：他不是騙子。相反的，他是被日產當中一群背信忘義的日籍高階主管和東京的政府官僚陷害的，他們想藉由除掉該計畫的首席設計師，來阻止和雷諾合併。他的敵人想要保護日產的獨立自主和他們自己的飯碗，於是與日本檢察官勾結，進行了一場規模宏大的集體陰謀。

日產和檢察官的看法不同。他們認為，戈恩位居不受限制的權力中心太久了，以致沒有清楚劃分公司公款與個人財產之間的界線。他之所以令人震驚地跌落神壇，全是因為自己行為不當所造成，和雷諾和日產之間的任何戰略差異完全無關。

當雙方都在為日本歷史上規模最大、審查最嚴格的企業訴訟案做準備時，這些戰線變得更加牢固。2019年底，戈恩獲得保釋，住在東京一處由政府批准的住所，而且——從各方面來說——完全專注在和他的律師一起準備為他的人生奮力一搏。拯救了日產之後，他現在要想辦法救自己。期待越來越高漲。

但是後來，這位極具權謀的策略家再度讓世人跌破眼鏡。在審判日期懸而未決的情況下，戈恩經由一名美國前綠扁帽隊員所帶領的一群特工人員協助，明目張膽地棄保逃出日本，飛到他的祖籍地黎巴嫩。這次驚心動魄的黑夜大逃亡，動員到中途祕密飛車橫越日本，把當時65歲的這名產業領導人裝進超大的音響設備箱，並且通過鬆懈的機場安檢把他偷運出國。

戈恩留下了一筆破紀錄的保釋金——15億日圓（約1,370萬美元）。

然而對戈恩來說，這個代價是值得的。基本上他現在是自由的，住在一個和日本沒有引渡條約，不會將自己的國民遣送至他國的國家。突然間，大家不清楚他是否會上法庭回應那些指控。對他的控方來說，戈恩逃跑無異證明了他有罪。但是對於不要把自己的命運交在日本法官手上，他有不同的解釋。

2019年新年除夕，戈恩在貝魯特著陸。「我沒有逃避司法——而是擺脫了不義和政治迫害，」他在隨後發表的一份聲明裡說，「我現在在黎巴嫩，不會再被以有罪推定、歧視猖獗、會剝奪基本人權的日本司法體系綁架。」

他曾經是一名具代表性的國際商人，現在則是代表性的國際逃犯。

戈恩後來在黎巴嫩接受採訪時坦承，回顧被捕那天，他從未想像到會經歷這樣驚心動魄的旅程——對於他、他的家人或是他建立的汽車王國而言。在他被捕的第一天晚上，警衛在他背後關上牢房房門時，他的感覺和世界上的其他人一樣。

「你嚇壞了。你不會生氣。你只會覺得嚇壞了，」戈恩說。「這聽起來不只是像卡夫卡的小說情節。它就是卡夫卡的小說情節。」

CHAPTER

2

搖滾明星執行長
Rock Star CEO

戈恩第一次踏上日本整頓日產汽車，是早在1999年5月的事。當時一支經過精挑細選、由雷諾的三十名高階主管組成的團隊抵達日本，要在兩個月內診斷病人病灶，準備投下一劑猛藥。

1999年10月18日，東京車展開幕的兩天前，一群人聚集在東京的皇家公園飯店大宴會廳。焦慮的情緒高漲；戈恩即將簡單介紹大家期待已久——以及令某些人、尤其是日產的管理階層擔心害怕已久——的日產汽車復興計畫，這是他的團隊在最近這三個月所準備的。

大多數人都預料，這個因為先後在米其林輪胎公司與雷諾汽車，因為在裁減營運開支與工作職位方面展現出不留情面的效率，而有著「Le Cost Cutter」（成本削減大師）稱號的人，將會在這個場合引起轟動。此時，作為雷諾派來整頓日產汽車的代表，戈恩在會議中滔滔不絕的指出，該國第二大汽車廠的日本籍前任社長做錯了什麼，才導致公司失敗——這家藍籌股公司的歷史，可以回溯到1910年代，它的名字正是日語的「日本」與「產業」的縮寫。

戈恩是很典型直言不諱且鞭辟入裡的人。日產缺少利潤導向，缺乏

38

客戶服務，缺乏跨部門合作，缺乏迫切感，最關鍵的是，缺乏對長期計畫的共同願景。全球市占率持續下滑，從1991年的6.6%，至1999年已降到4.9%。在這段期間，年產量減少了60萬輛。該公司在日本的工廠，擁有年產240萬輛汽車的產能，但他們僅生產了128萬輛。日產在過去八個財報年度中有七年出現虧損，包括戈恩剛空降的這一年。[1]

「關於日產的關鍵事實和數字顯示了一個現實：日產的狀況很糟。」他這麼說。

在他說話的整個過程中，有個人表情漠然地坐在一旁：日產社長塙義一（Yoshikazu Hanawa），他已經背負「把公司賣給外國人的人」這個不光彩的名號了。塙義一名義上是戈恩的上司，而且比戈恩年長二十歲——在注重資歷的日本，這一點意義重大。但是大家都心知肚明，現在實際執掌日產的人是誰。

出席此次活動的《汽車新聞》（Automotive News）前總編輯理查・強森（Richard Johnson）提到，這種緊張與對比程度令人震驚。「在提問與回答的時間裡，塙義一大多是聽從他這名『下屬』的話。若是日本文化裡沒有什麼比丟盡顏面更嚴重的折磨，那麼塙義一勢必承受著難忍的痛苦。」強森當時這麼敘述。

「在語驚四座的戈恩先生旁邊，塙義一臉色蒼白，未來我們回想起1999年東京車展，只會記得戈恩那天的表現，」強森繼續說道，「戈恩展現出他的活躍與自信，而塙義一似乎感到丟臉並準備離開的樣子。」[2]

儘管雷諾汽車用54億美元現金注資日產，取得最初的36.8%股份，

---

1   "Ghosn: 'We Don't Have a Choice,'" *Automotive News*, November 9, 1999, https://www.autonews.com/article/19991108/ANA/911080721/ghosn-we-don-t-have-a-choice.

而且其股份日後還會增加，但外界仍不看好雷諾會改善日產的處境。

2005年時，戈恩曾經出版了回憶錄《換檔：日產的歷史性復活內幕》（*Shift: Inside Nissan's Historical Revival*），記述了這場大膽的救援行動。書中，他回想起當時已經陸續在通用汽車、BMW、福特和克萊斯勒擔任過高階主管的同業大人物鮑伯・盧茨（Bob Lutz）說的話，他對於把錢浪費在日產汽車上的瘋狂舉動嗤之以鼻。盧茨比喻，雷諾的策略就像是冒險「在貨櫃船上放50億美元，然後把船沉到海裡」。[3]戈恩也承認，當時他認為自己成功的機會是一半一半。不過在公開場合上，他說如果他不能成功，就會辭職下台。

• • •

日產的問題，只是廣泛影響整個日本的困境中的其中一部分。第二次世界大戰後的數十年間，日本的經濟成長不斷創新紀錄，似乎所向披靡。但事實並非如此。在1990年，後來被稱為「泡沫經濟」的泡沫幾乎毫無徵兆地破滅。到了1999年，人們談論的都是「失落的十年」。整體的經濟成長都停滯在接近零的水準，沒有明確出路。對於未來出路的疑慮無處不在。

• • •

2 Richard Johnson, "Three Heroes Emerge to Resuscitate Nissan" [sic], *Automotive News*, November 22, 1999, https://www.autonews.com/article/19991122/ANA/911220783/three-heroes-emerge-to-resucitate-nissan.

3 Carlos Ghosn and Philippe Riès, *Shift: Inside Nissan's Historic Revival* (New York: Currency Doubleday, 2005).

日產汽車也不例外。政府偏愛「以拖待變」，但這種做法對這家日本第二大車廠是行不通的，因為要耗上十年以上。使得日產藉由裁員達到復甦一事變得更複雜的是，到了1999年，日本的勞動市場出現令人擔憂的警訊。當時失業率上升到4.7%，雖然這還不到美國1982年12月失業率10.8%的一半，但對於日本這個以「終身僱用制」為榮的經濟體來說，是一次震撼教育；這種僱用制度讓日本在1960年代的經濟繁榮時期，失業率低到只有1%。

的確，終身僱用制當時——到目前依舊有很大程度上——是更廣泛的把國家、企業與員工凝聚起來的社會契約的一環。這個制度使多數人都享受到經濟繁榮的好處，縮小貧富差距，完成紮實的基礎設施，幾乎沒有重大暴力犯罪，而且就像大多數遊客會注意到的，街道乾淨沒有垃圾。這不是個能輕易挑戰的制度。

甚至在戈恩準備到日本之際，豐田汽車公司社長兼日本某經營者團體負責人奧田碩（Hiroshi Okuda），在1999年5月的簡報會上告訴記者：「裁員是管理層最不該做的事。如果你只是為了提高獲利能力或拉抬股價而裁員，就日本的管理方式來說，這是錯誤的做法。」[4]

• • •

戈恩與日產的第一次衝突，甚至早在他安頓下來之前就已經在醞釀。然而，面臨需要詳細說明救助日產的方法時，這位插手的外來者幾乎沒有為了避免衝撞而踩煞車。在皇家公園飯店宣布日產復興計畫時，

4　Miki Shimogori, "Toyota Chief Sounds Alarm on Restructuring Spree," Reuters, May 13, 1999, Factiva, https://global.factiva.com/ha/default.aspx#./!?&_suid=161352354216 406872577845336212/1999.

戈恩絲毫不怕被批評地承諾會遵循以下原則：

「不會有神聖不可侵犯的事，不會有禁忌，不會有限制，」他說。「相信我，我們別無選擇了。」[5]

從工廠作業員和經銷商，到客戶和供應商，戈恩的團隊調查了數千人，以了解問題的全貌。他懇求基層員工參與，這做法在日本是很不尋常的，但這協助他贏得了日產員工的信任，也讓他們下定決心做出改變。基於調查所蒐集的情報，他訂立了一系列數字目標與財務指標。條理分明地關注細節、成本、效率與利潤，成了戈恩往後在日產的職業生涯裡，用連續的中期商業計畫來推動公司前進的標誌。

根據這項復興計畫，日產汽車要在四年內，把債務減少將近一半到67億美元。在這段期間，必須要削減20%的成本。日產將關閉在日本的五家工廠。更具爭議的是，得裁員兩萬一千人。光是裁員對象以日本勞工為主，就是一個可能爆發的火藥桶。但戈恩並沒有就此停下。

一大堆讓這家日本企業坐立難安的改革依舊進行著。戈恩承諾要破除長期以來讓日本商界順暢運作，卻往往沒有增加價值，有時甚至可能降低績效的傳統做法。

他著眼的目標，是日本企業獨有的「經連會」（keiretsu）企業合作體系、透過交叉持股來結合公司的習慣，以及長期以來依照資歷優先來升職的老規矩。戈恩威脅到以人脈為主的整個日本商業文化傳統。

日產和日本其他許多大型企業集團一樣，長期以來一直仰賴供應商和其他附屬公司網絡，變成像是一種垂直整合的一站式商店。這樣的企業社團在日本被稱為經連會，有其優點。它們藉由和合作夥伴公司交叉

5　"Ghosn: 'We Don't Have a Choice.'"

持股，在經營困難時協助彼此穩定財務狀況。它們可以降低與違約以及參與投標這類麻煩事相關的交易成本，而且能夠更輕鬆地借重合作公司的專業知識。這種牢固的關係，也有助於使所有企業都專注在長期目標上，而不是追求短期的快速獲利。

但是經連會也背負著沉重的包袱。珍貴的資本被交叉持股綁死了，要不然這些資本可以做為公司擴張或開發新產品的資金。而且因為安逸的連帶關係取代了成本競爭力，它們有可能變得越來越肥胖與陳腐。

只經過短短幾個月，戈恩就毫不留情地對這一切開鍘。成本和獲利將成為新的最終裁決因素。

首先，他削減了日產的交叉持股。當時，日產持有大約1,394家經連會企業的股份，其中持有大多數公司20%以上的股份。事實上，他認為日產參與的所有合作案中，只有四個對日產的核心業務是絕對必要的。藉由打破這些束縛，戈恩可以拿回急需的資本。

接下來，日產把其採購零件、服務和原料的8,045家供應商裁減掉一半。合約將交給最具競爭力的投標廠商，連帶關係就滾一邊去吧。

日產還實施了根據績效晉升的制度。這項新制度將利用獎金和股票選擇權來激勵經理人，而這也為引發戈恩日後法律糾紛、令各方人士各說各話的薪資問題，埋下了伏筆。

最後，做為對日本商業傳統的最後一擊，戈恩跳級略過兩代的日產高階主管，任用四十多歲的員工加入新的復興團隊，而這個團隊將重新啟動公司並決定其命運。日產將來會論功行賞，而不是看年資。

「他採取的措施不同於日本的傳統做法。這次重組的嚴苛程度在日本並不常見，」一名法國高階主管在談到戈恩最初的三十人工作小組時，

這樣回憶道。「人們並沒有預期到會是用那種方式運作。」

「不過在某種程度上，最初大家為了重振公司，還是很願意承受這種辛苦，」這位高階主管說，「同時，我認為他們對於變成聯盟而不是被收購，也感到鬆了一口氣。」

. . .

侵入性手術不僅產生了效果，而且以驚人的速度拯救了日產。

到了2002年，日產汽車比預定計畫提早了一年，從虧損中反彈，轉虧為盈，營業淨利率達到穩當的4.5%，同時也把債務縮減到7,000億日圓（53億美元）以下。而在截至2004年3月31日為止的財報年度，也就是在轉虧為盈的兩年後，離戈恩上任還不到五年，這家曾經瀕臨倒閉的公司，營業淨利率便飆升到驚人的11.1%。全球銷售量大增，戈恩上任時為260萬輛，在截至2005年3月31日的財報年度，已增加至近340萬輛。

戈恩在1999年初從大約131,000人裡裁員掉數千個職位。不過日產總算活下來了，到了2005年初，其員工增加到183,000多人。戈恩關掉了五家工廠，但日產在他的任期內又持續另外開設了十家組裝廠，其中包括和合作夥伴企業合作的幾家。這些新工廠大部分都設在日本國外，這也是日本政府和媒體可能不太讚許他的原因之一。但是擴展到海外也幫助日產維持國內業務穩健發展。

其中一座新工廠是在2000年底宣布設立，位於美國密西西比州坎頓（Canton）、造價9.3億美元的組裝廠，它會帶領日產在重要的美國市場東山再起。

早在1969年，日產就憑藉打進美國市場的代表性產品Datsun 240Z大眾款平價跑車，贏得了初期消費者的青睞，在美國扎根。1983年，日產在美國田納西州士麥那（Smyrna）建立了在美國的第一家組裝廠——而這家工廠後來成為北美最大的汽車製造廠。

但是在1990年代，日產在美國推出的汽車，基本上是將為日本本土市場設計，較小、較窄的車款重新包裝而已，不太受美國顧客青睞，使得美國的銷售量急遽下滑。相較之下，日本的競爭對手像是本田和豐田，早就知道要用車體較大較寬、可靠耐用的轎車，像是雅哥（Accord）和Camry，來迎合美國市場口味。[6]

根據戈恩自己的估算，日產在1999年銷售的43款不同車款，只有四款有獲利。

隨著日產重新定位，坎頓的新工廠就能協助日產，在真正開始起飛的兩個重要區塊滿足美國的需求。戈恩決定，該工廠將生產該品牌的首款大型皮卡車，以及首款大型SUV車款——這兩種車型，絕對必須滿足美國市場對堅固耐用的大型主力車款的需求。

原本心懷質疑、擔心這家日本產業旗艦會被完全拆散的人，成了部分戈恩的最大支持者。有時一些媒體會在報導中，把戈恩的「Le Cost Cutter」綽號改成「Le Cost Killer」（成本殺手），以便看起來更有衝擊性。但日本很快就拋棄了這些標籤，給他取了新綽號，比如「Fix-It先生」和「7-11」，後者是向他傳聞中的長時間工作致敬。他能贏得公眾的好感，部分是因為通過一場經過策劃的媒體宣傳活動，這些媒體活動會盡

---

6 Lindsay Chappell, "Carlos Ghosn," *Automotive News*, May 19, 2008, https://www.autonews.com/article/20080519/ANA03/805190330/carlos-ghosn.

量把他人性化，並強調他的文化敏感度。在日本這個國家，大企業的高階經理人往往是一些沒有什麼特色、穿著不合身的炭灰色西裝，換來換去也差不多的人，戈恩在當中看起來就很顯眼。

「日產對外聯絡的廣報部無法跟上我的步調，」戈恩在《換檔》這本書中回憶道。「讀者很清楚我的一天通常是什麼樣子，知道我會去參觀工廠，知道我和家人共進晚餐。事實上，有些人認為我在這方面做得過頭了。」

· · ·

就一個扭轉局勢的事件來看，這故事讀起來很平順且愉快，不過當然，這段路程很顛簸，有時候會很痛苦，尤其是在一開始的時候。

戈恩在他上任以來的第一次股東大會，2000 年度股東大會上，因為演說前沒有鞠躬而受到抨擊。英國《金融時報》當時報導，一名與會者對著塙義一大吼：「你必須教他一些禮節！」戈恩反駁道：「日本有很多我不知道的習慣，不過那是因為我很認真工作，沒有時間耗在日產以外的事情上。」[7]

尊重日產本身的特性，是戈恩贏得日本人心的一個重要因素。他恢復生產了日產品牌最讓人津津樂道、因景氣低迷時期需要縮減成本而停產一些車型，照顧到了日本人的自豪感。其中最主要的，是重生的日產 Z 系列「350Z」。他在 1999 年的日產復興計畫單獨挑出這一款車，做為這次復興的象徵。戈恩還讓高性能車 GT-R 重出江湖，這一款傳奇跑車

---

7 "Bad Manners," *Automotive News*, July 1, 2000, https://www.autonews.com/article/20000701/SUB/7010704/bad-manners.

在全球的車迷社團中被暱稱為「哥吉拉」（Godzilla）。

細心顧及到日產的自尊，有助於幫員工吸收所有劇變造成的壓力。

「日產成了能賺錢的公司，Z系列回歸了，GT-R也回歸了，大家都很興奮，因為之前公司差一點就倒了，而且他的個性很有意思。」戈恩的轉型團隊中一位日本高階主管這樣表示。

確實，儘管有很多日本評論家肯定很想把戈恩歸類為一般外籍人士，尤其在剛開始的時候，只不過很難辦到。事實上，他並不像一般人刻板印象中的外國人。在巴西亞馬遜河流域上游出生、在黎巴嫩長大、在法國受教育的戈恩，與外界總是有點格格不入。他在巴黎繼續接受高等教育，畢業於著名的巴黎綜合理工學院（École Polytechnique），取得工學學位。在法國商界的上流階層裡，戈恩一直是個局外人。身為一個世界公民及長時間的外人，他對許多日本人來說似乎更具親和力。他不是他們先入為主想到的金髮藍眼的歐洲人。而且戈恩的身高只有170公分這件事，也不會傷人自尊。「他個子不高。這點很重要。」一名跟他共事很久的日籍同事說。

戈恩的獨特性讓他能突然地率先顛覆傳統，生活方式不同於這個國家那些沉悶、拘謹的日本高階主管。他所造成的大反轉，很快就讓他成了日本的稀有動物，一個超級巨星執行長——一個他不會退避的角色。

「我聽說日本人常會迷戀某個公眾人物一段時間，」戈恩在《換檔》裡寫道。「他們似乎拜倒在『戈恩狂熱』之下。」

人們會攔住他要簽名，甚至被他個人生活中最細微的細節所吸引。他們會想知道他的眼鏡在哪裡買的，或是他在哪裡理髮。而或許最有名的事，就是甚至有一本2001、2002年間出版的漫畫書歌頌他的功績。

它的書名是《卡洛斯・戈恩的真實故事》(*The True Story of Carlos Ghosn*)，在日本亞馬遜網站上的新書售價大約70美元，而二手書仍然可以賣到100美元以上。

戈恩周圍的人注意到，他似乎很喜歡人們這樣關注他。

「是的，我從沒聽過他過度抱怨，」一位和他關係密切的法國高層回憶道。「我認為他很自豪能在各地都獲得認可。他遠近馳名。」

戈恩顛覆了日本的商界傳統，並且用經驗老道的外交手腕，沉著冷靜地巧妙避免一場可能爆發的文化衝突。他被視為搖滾明星執行長。

「當日產復興計畫顯然完全成功時，它就像奇蹟般發生了，而且大家都將它歸功於戈恩，」該法國高層主管說。「在日本，這件事就是奇蹟。原本沒人認為有可能成功。」

• • •

不過即使戈恩主導了這場衝撞的路線，最初那幾年，其他衝突也已經蓄勢待發。

的確，沒過多久，日產的股價就開始超越雷諾的股價，業界的觀察者開始猜測，權力會從救世主手上轉移回到被拯救者，從法國轉移到其日本的合作夥伴。

2018年戈恩被抓進監獄時，掌管日產汽車的是西川廣人。西川廣人年紀只比戈恩大四個月，在日產汽車的少壯派當中資歷尚淺，卻受到戈恩提拔。戈恩任命他擔任新成立的採購戰略部門高階經理，他的任務是打破經連會並盡量深入研究成本。簡單的說，他是聽命於戈恩的。眾所周知，西川廣人表現得很出色。

「他被指派一項任務或目標時，就會把它完成。」一名曾和戈恩與西川密切共事的日產前高階主管說：「西川總是能取得好的結果。但他總是逼迫大家達到一個目標數字，而且就是會逼迫大家完成。他是個任務取向的人。」

西川協助發起了雷諾－日產採購組織（RNPO），這是一種集合各家公司採購能力來壓低零件與服務的價格，以換取更高訂購數量的方式。這個組織是該汽車聯盟最早、最成功的勝果之一，也是持續最久的成果。確實，這個名為RNPO的組織在後來的二十年裡，即使處在其他五花八門的麻煩之中，仍一直支撐整個集團的獲利能力與產品規畫。把這些公司綁在一起也讓它們更難拆夥。

事實上，在2001年成立之後僅僅七年，RNPO就進展到涵蓋該聯盟所有採購的90%，總金額高達947億美元。經連會已經變成無足輕重了。

戈恩對於西川廣人能夠榨出每一滴油水的天賦印象深刻，因此提拔他擔任日產美洲管理委員會的會長，這項職位非常重要，戈恩本人就接掌了三年。所以，2007年，他把這個位子交給西川廣人掌管，讓他走上通往頂峰的快速道路。

在那個時候，戈恩已經開始進行更重要的事情了。

• • •

戈恩令人拍案叫絕的日產汽車大轉型，讓他在2005年奪下雷諾汽車執行長職位。他現在是兩家汽車製造商的執行長，以及日產的共同會長。在2005年4月的雷諾汽車股東大會上，他把同時領導日產和這家法國汽車製造商，描述為艱鉅且迥異的任務。「在汽車製造業，成功不會

49

維持很久，而且沒辦法保證能成功，」他說，「想要成功，我們必須每天都很努力。」[8]

在《換檔》一書中，戈恩把它描述為開拓新的領域，不僅是對汽車業，而且是對整個國際商業界：「排定在 2005 年開始的行動確實是全新的事物。但汽車聯盟本身就是新模式，我們在日產取得的成就也是新經驗。這一切新事物都有一種連續性，」他寫道，「我們正在創造經營管理上的一種新模式和新參考案例，但是我們也在經歷一個即使處在公司的世界之外，也很有價值的經驗。」

如英雄般成功拯救日產汽車一事——以及隨之而來的極高地位與聲望——似乎也讓這位奇蹟創造者滋生出根深蒂固的權利意識，埋下隱約顯現的衝突的兆頭。在後來的幾年裡，戈恩要求根據他的才幹與達成的成就，把薪資提高到相稱的程度。而此舉反倒在日本越來越引人側目，導致他和日產股東對立。這件事傳回法國也開始嚇到不少人，法國的社會規範是絕口不提薪資的事。許多人認為，光是他每年的獎金就已經太高了。但是在戈恩看來，最起碼他一直都對得起他所要求的價碼。

事實上，對於自己救起了日本第二大車廠，後來卻遭到逮捕、入獄、並且被控告，戈恩很少忍住不說他的不滿。即使成了國際通緝犯住在黎巴嫩，名譽完全崩壞，他也堅稱要戰鬥到最後，以恢復他在汽車業成功完成最偉大的東山再起所留下的名聲。

「1999 年以前的日產，是一家沒有存在價值的公司。」2020 年 2 月戈恩在黎巴嫩接受採訪時，這樣告訴《汽車新聞》。「實情就是這樣，

8　"Ghosn Sees Potential in Renault-Nissan Alliance," *Automotive News*, April 29, 2005, https://www.autonews.com/article/20050429/REG/504290705/ghosn-sees-potential-in-renault-nissn-alliance.

像行屍走肉一樣。」

「甚至連日本的銀行，也是一毛錢都不想借給日產汽車……我對這家公司的野心以及和這家公司的合作，是日產起死回生的基礎，」他說，「我正準備為自己辯護，捍衛我的權利，為我留下的成績辯護，保衛我的名聲……我最不想看到的，就是那些欺騙與撒謊的人逍遙法外。」

　　在卡洛斯・戈恩第一次設法接手世界上最積重難返的企業文化之一時，他面臨的挑戰完全算不上絕無僅有。他很早就知道，他必須了解到應該無視哪些規矩，才能創造出雖然痛苦卻必要的變革，還有哪些社會規範依舊是不容挑戰的。日本與其他工業化國家之間的這些差異，範圍從不痛不癢的交易的枝微末節，到一家公司在社會裡的角色這種基本問題。

　　在世界各地游刃有餘地工作的外籍高階經理人，聽聞了日本商業文化有多複雜之後，往往是戒慎恐懼地來到日本。該鞠躬還是握手？（都可以，但要讓對方先做動作。）對方遞給你的名片你要怎麼處理？（仔細地看過，說個不傷和氣的簡短意見。不要只是直接塞進口袋裡。）在不得不出席的晚宴上，你會拿你面前的酒瓶重新倒滿啤酒嗎？（絕對不要。這麼做意味著主人招待不周。）你在晚宴上可以喝到醉嗎？（只有在宴會主人醉了之後才可以，而且隔天也絕口不提這件事。晚宴上發生的事，就留在晚宴上。）

　　接下來，有一些更重要的問題，在日本的答案往往和在世界其他

國家的不同，例如：為什麼某家公司會存在？股東是要擺第一還是擺最後？工人只是代表投入的勞動力，或者他們是重要的利害關係人？企業和政府是盟友還是天敵？著眼於長期願景是明智的策略，抑或只是沒有得到成果的藉口？

願意（收費）向日本公司傳授經營之道的外國人沒有少過。然而值得記住的是，日本人做生意的歷史和其他人一樣悠久。世界上歷史最悠久的四家企業都來自日本。最久的是東京附近的西山溫泉旅館，最早在西元705年開業。前紀錄保持者為大阪的建設公司金剛組，在西元578年創立，2006年因負債過多被迫清算，應驗了一句古老的格言，即過去的表現可能不代表未來的結果。因此，雖然許多管理大師可能對日本持懷疑態度，但這些公司以及後來的日本大企業，在六標準差或價值流圖出現之前好幾百年，就打造出一套企業價值和原則。在這個世界中，企業主和員工有一個共同的願景，就是公司在個人之上，把客戶的需求放在最優先才會成功。

1990年代末，一位朝日新聞社資深編輯在一篇採訪報導裡，就總結了這種傳統的日本企業觀點。朝日新聞社最主要的日報《朝日新聞》是日本（甚至全世界）發行量第二大的報紙，每天發行超過六百萬份。其管理階層認為，該公司的工作，就是用優渥的薪資聘請最優秀的人才。還有捐贈鉅額給一些基金會、博物館以及其他公益受贈者，剩下的才是分給股東拿走。

這種方法仍然引領著今日許多日本企業，這些企業即使在困難的時期，仍然不會選擇裁員。在外國投資人對日本企業的諸多批評中，這是其中一個焦點，他們認為公司的目的是盡量多賺錢，而所有社會問題是

政府要負責的。

但這種「全球性」的觀點本身如今也在轉變，在許多方面更接近日本的傳統概念。幾十年來，對沖基金和企業掠奪者一直在推動「股東價值」概念（從不斷上漲的股票價格可以看出）的地方，現在已經出現了新的聲音。就連世界經濟論壇（WEF）這個典型的有錢有勢者高談闊論的地方，也明顯注意到2020年的風向，利用其成立五十週年的時機，發布了新的「達佛斯宣言」（Davos Manifesto）。就像WEF創辦人克勞斯·史瓦布（Klaus Schwab）所說的，「公司應該繳納合理的稅款，對腐敗零容忍，在其全球供應鏈中維護人權，並倡導一個有競爭力的公平競爭環境。」[1] 這樣的道德基礎，還比較接近有1400年歷史的日本公司，而不是現今的對沖基金。

需要接受美國在二戰後主導的全球資本主義世界，這一點本身就反映出日本的一個關鍵特質，就是長期以來，日本社會已經展示它不需要基礎上的改變就能夠適應的歷史。

總而言之，日本在戰後時期的改變，很可能要比外界認為的還要小。1979年，亞洲研究專家、哈佛大學教授傅高義（Ezra F. Vogel）所闡述的日本經濟體系的優勢，以及認為有很多地方可供美國借鏡學習的說法，就相當具有說服力。他的著作《日本第一：對美國的啟示》（*Japan as Number One: Lessons for America*）旨在說明日本的團隊合作方式和謹慎的決策，怎麼讓該國成為「全世界最具競爭力的工業強國」。可惜的是，他的著作，尤其是書名，被認為是日本人準備來搶美國人工作的某種警告。

---

1 "The Davos Manifesto 2020," World Economic Forum, December 2, 2019, https://www.weforum. org/the-davos-manifesto.

　　這類恐懼，在1990年代被同樣片面的觀念，認為「日本經濟已經一蹶不振」所取代。自從1990年隨著泡沫經濟崩潰，導致日本的高度經濟成長突然停滯以來，美國官員就告誡日本官員，他們必須「讓經濟重回正軌」。在1960年代和1970年代日本經濟狂飆的時候，曾被視為美德的許多價值觀（形成共識、貫徹一致、詳盡的知識），在1990年代變成了負擔（規避風險、缺乏想像力、過度重視細節）。

• • •

　　戈恩在1999年來到日本，也算不上開路先鋒，就某方面來說，他只是歷史上進入日本錯綜複雜的經商環境的最新人物罷了。就像他的前人一樣，他必須表現出堅決和固執，伴隨著靈活性和妥協。和日本一樣，他也必須在不做基礎上的改變來適應新環境。

　　戈恩可能分析過外國介入日本的悠久歷史，其中大多未能達到最初的樂觀預期結果。在近代，第一次這樣的嘗試是在1570年左右，當時的葡萄牙人和後來的荷蘭人，以及鄰國中國與韓國，獲准和日本進行有限程度的貿易，當時的日本是一個亟欲孤立的國家。這些貿易大多是經由九州本島南部的長崎港進行。這並不是什麼熱絡的待客之舉，也預示了現今外國人對於管制過度的怨言——有無數的限制管制著每年可入港的船隻數量，以及可以在城市裡定居的外國人人數。為了確保「外國的做法」不會影響民眾，他們在海港的一個兩英畝大的專用島大興土木，用來收容所有外來的人，只有一座橋通往市中心。這麼做除了限制不見容於日的文化交流，也為了阻止基督教傳播，因為傳教士已經把日本和其他亞洲國家，當做尋找新信徒的成熟地區。

這種互惠但有限制的關係持續了兩百五十多年，直到1853年美國海軍准將馬修‧培里（Matthew Perry）大張旗鼓地打破了這場宴會。他的兩次遠征用砲艦外交嚴陣以待，意在打開日本門戶。日本人直接用他們傳統的那一套來回應。藉拖延戰術代替堅決反對，用意是推遲避免不了的問題，然後勉強接受新的現實，最後才將外來的改變納入其體系。整個轉變過程只花了五十年，在第二次世界大戰後的1960年代和1970年代經濟榮景期間，也以大致相同的方式上演了類似的情景。

在外國入侵的威脅下（鑑於培里有限的武力，這本來是一次規模很小的威脅），日本官員在1854年簽署了《神奈川條約》，並在1858年簽下《哈里斯條約》（即《美日修好通商條約》）。這些條約打開了日本的市場，允許貨物進口，降低關稅，並允許外國人定居。在美國帶頭之下，英國、法國和俄國也都隨後提出了類似的要求，並接著簽署條約。日本人最厭惡的事情之一就是引入「治外法權」，在治外法權之下，外國國民就不受日本法律制度管轄（現在的戈恩毫無疑問會支持這種做法）。

培里的遠征最後造成的經濟轉型，可以說相當驚人。打從1853年日本官員第一次看到蒸汽機[2]，他們就接受了西方的新做法。到了1900年代初期，政府推動的企業集團（稱為財閥[3]）正在改變這個國家。其中許多財閥仍是今天大家耳熟能詳的名字，包括今天的企業巨頭三菱、三井和住友的各種分支機構。這三個集團仍然是銀行暨金融服務、汽車、房

2　"The Gift Locomotive That Charmed Samurai Japan," Nippon.com, August 5, 2017, https://www.nippon.com/en/nipponblog/mo0123/the-gift-locomotive-that-charmed-samurai-japan.html.

3　Árni Breki Ríkarðsson, "Origins of the Zaibatsu Conglomerates: Japanese Zaibatsu Conglomerates in the Meiji Period 1868-1912," January 2020, https://skemman.is/bitstream/1946/34702/5/BA_Origin_of_the%2oZaibatsu_Conglomerates%28Arni Breki Rikardsson_2020%29.pdf.

地產、進出口推廣和天然資源領域的積極參與者。另一個鮮為人知的財閥是「日本產業」（Nihon Sangyo Co.）。該集團廣泛參與房地產、保險、礦業和漁業領域。1933年，它收購了一家名為「DAT汽車製造公司」的小公司，不久之後，該單位就開始使用母公司的簡稱：日產（Nissan）。[4]

　　日本在工業與經濟上的成功，也為軍事轉型打造好了條件，這也進一步撐起了日產這樣的產業巨頭。1850年代，見識到美國和其他西方國家軍艦那難以匹敵的武力時，日本海軍還自慚形穢，然而到了1904年，日本海軍在日俄戰爭中，就已經能夠對抗俄國軍隊了。日本在1905年取得的明確勝利，是亞洲國家首次戰勝歐洲強權，而且在很明顯出現了一個新的區域強權、甚至它還可能成為全球大國時，在全世界引起了大震撼。這一切都需要現代化工業，而日產就是其中的受益者。

· · ·

　　就某些方面來說，日本太過成功了。它藉由朝鮮和中國而隨後發展出來的軍事化和擴張主義，在往後造成了野蠻的殖民主義，種下第二次世界大戰戰敗的種子。這次慘敗，迎來了可以說是美國現代史上影響日本最深的外國人：道格拉斯·麥克阿瑟將軍，一名專斷的人物，他主導著日本歷史上最動盪的時期之一，其影響至今仍根深蒂固。

　　在美軍的管理之下，麥克阿瑟的許多做法對日本的發展方向產生了深遠的影響，從法律制度到一直持續的軍事同盟，使得日本領土還留駐著五萬名美軍。長期以來，沖繩居民一直抗議著縣內駐有大批美軍，而東京居民在2020年抱怨飛機低空飛行問題時，則被告知，比較好的航

4　Nissan, "Company Development," nissan-global.com.

線只能留給美軍使用。

影響更為全面的，是治理日本的憲法，它是1947年由一批美國專家在一個星期內制定出來的。這部憲法放棄使用武力，而儘管有一些保守派人士反對，他們提醒這部憲法是由「外國人」起草的，但它今天仍然留著而且未曾修改，這在各國中是獨一無二的。

麥克阿瑟對企業界的影響差不多一樣深遠。他接管了戰前的財閥集團，下令把它們分拆或變成股份公司。然而，在這裡，積重難返的利益集團再次設法適應了新環境。根據一份1947年的委託書，麥克阿瑟當局擬了一份名單，列有預計由「去集權化委員會」（Deconcentration Board）指導的325家公司。但就如國務院的一名資深顧問在1949年的一份報告中所述，這些命令最終僅對當中28家公司執行，在其他公司都被悄悄擱置了。公用事業、金融和保險公司都被豁免。其中一個取得進展的公司「王子製紙公司」，其顧問就指出「繼任的公司繼續使用同一棟建築物的辦公空間，並維持密切聯繫」，這是日本適應新環境、但維持不損及其主要目標的一個好例子。

另一個案例是[5]：日本最大的證券公司野村證券（Nomura）子公司的股份被賣給了員工，以協助安撫占領當局。但當局不知道的是，員工是用公司借給他們的錢買的，在麥克阿瑟從東京羽田機場起飛離開後不久，他們就盡忠職守地把股份賣回給母公司。

儘管如此，許多大公司最後還是以某種方式分道揚鑣。但這並不代

5　David A. C. Addicott, "The Rise and Fall of the Zaibatsu: Japan's Industrial and Economic Modernization," *Global Tides* 11, no. 5 (2017), http://digitalcommons.pepperdine.edu/globaltides/vol11/isS1/5.

表這種在現今被稱為「裙帶資本主義」（Crony capitalism）的模式會就此結束。財閥組織解體，催生了不那麼階級化、有連鎖關係的經連會體系，在這個體系裡，涉足範圍包山包海的各種企業，以鬆散的合作企業形式結合在一起，並且經常互相交叉持股。大多數的經連會是繞著一個金融機構創立，以協助滿足各個成員的資金需求。日產是在現已解散的富士銀行所帶領的芙蓉集團（Fuyo Group）的成員。芙蓉集團至今還在，日產是成員之一，但這個聯盟只是個鬆散的組織，成員之間僅有少數穩定的聯繫。

在日本歷史上，有一個更緊密、圍繞著龐大的三菱集團組成的聯盟，現在的成員大約有六百家公司（甚至連三菱的人都聲稱他們不知道究竟幾家）[6]，擁有獨立的股權結構。這個集團成員的聯繫，在法律上受到社會責任與公益活動所規範與限制。在現實中，還是會有密切的關連，尤其是在包括貿易公司三菱商事、銀行業巨頭三菱日聯金融集團（Mitsubishi UFJ Financial Group, Inc.）、以及日產合作夥伴三菱汽車在內的企業核心集團之間。直到2020年為止，三菱商事仍然是三菱汽車的第二大股東，持股比例為20%，僅次於日產的34%股份。這兩家公司在快速成長的東南亞市場也是合作夥伴，而根據該貿易公司的高階主管所述，三菱汽車的營運狀況仍然是他們關注的重點問題。在戈恩事件對雷諾－日產聯盟造成壓力之後，日本公司的長期策略方針，可能意味著將對三菱汽車的地位做出新的處置。

• • •

6　Corporate profile, Mitsubishi Group, https://www.mitsubishi.com/en/profile/group/qa/.

　　經連會體系的用意，是透過交叉持股關係來建立企業凝聚力，創建龐大的企業利益網。這麼做的正面意義是，各企業顯然有興趣看到其他公司也能正常營運，這點和西方資本主義模式相去甚遠，西方的模式會想盡辦法壓迫供應商，向顧客收費越高越好，並且把競爭對手搞到精疲力盡。經連會組織是日本企業在看到一種模式消失後，如何轉向另一種模式的例子。京都大學外國語教授原智志（Satoshi Hara）在他論述日本文化傳統的著作《七轉八起》（*Fall Seven Times, Get Up Eight*）中說，自由市場經濟和民主思想（以及以自由平等為本的個人主義），是在第二次世界大戰之後由美國人傳入日本的。他認為，日本人沒有察覺到這會讓他們流失幾百年來培養出的節儉、同情心和敬老這些傳統的道德價值觀，就接受了這些西方思想：

　　　　在第二次世界大戰戰敗後，日本人在經濟重建的官方大旗之下，汲汲營營地追求經濟利益。在這麼做時，他們只是把西方的新思維照單全收，沒有認真思索過它的涵義……
　　　　在戰後，日本上氣不接下氣地進行著經濟重建與發展，沒有時間去反思他們建立新生活所真正需要的價值觀和美德。[7]

　　在商業世界裡，這就反映在公司應該讓其客戶、供應商與公眾都受益的概念上。交叉持股是這種均衡關係的一部分。它們提供了一組普遍能幫上忙的企業主，他們不會特地關注自己的股東價值，其簡單的原

7　Satoshi Hara, *Fall Seven Times, Get Up Eight: Aspects of Japanese Values* (London: Gilgamesh Publishing, 2020), 23, 25.

因是：那些股東通常就是自己的事業夥伴。你提高價格追求更高利潤的話，可能會損害到他們。它還會防堵任何惡意的企業收購，有鑑於日本的焦點是放在合作而不是對抗，所以這種惡意收購的威脅主要還是來自海外。在1949年時，日本上市公司的交叉持股比例，如麥克阿瑟所願，降到了20%，但隨著舊聯盟重生，又開始重新上升。該比例在1990年達到50%以上的頂點[8]，這代表全部的股權有超過一半，都落在友好企業的手中。

這一切原本都運作得很好，直到這種體系再也行不通。問題出現在1990年之後的股市崩盤，它導致股價在十三年內下跌超過80%。這些虧損和經連會裡的公司、企業一樣環環相扣。因此，在這些公司自己的業務陷入困境時，它們還得為其他親密戰友的問題付出代價。這就嚴重拖累了經濟，尤其因為股市低迷狀況一直到十九年後的2009年才觸底。有很多討論提及，有必要解除此前這些如今成為重擔的交叉持股。但行動比嘴巴慢了很多。一直到了2014年，以及經過好幾輪慘痛的降低資產帳面價值，持股比例才下降到總量的16%。最後，日本政府和東京證券交易所在2015年強化的公司治理新規範，才終於迫使那些頑固的企業動了起來。[9]

該過程也呈現出，日本政府和監督機關會怎麼先嘗試與企業部門合作，從上而下的監督是最後一步，而不是第一步。這種關係後來也出現在戈恩事件中。美國對於賦稅、監督管制和勞工權利的持續爭議與觀點，不只和日本有很大的差別，事實上也和其他許多亞洲國家不同。國

---

8 "Japanese Companies Must Comply or Explain," *Nikkei Asia*, July 21, 2015, https://asia.nikkei.com/Business/Markets/Stocks/Japanese-companies-must-comply-or-explain2.

家資本主義的概念在中國發展到了極致，在中國，你很難知道公司會在哪裡結束，共產黨從哪裡開始。麥肯錫諮詢集團（McKinsey & Company）在2010年的一項調查發現，67%的亞洲企業把政府看成其靠山，而只有38%的美國企業和40%的歐盟企業持有這種「雙贏」觀點。

在日本，政府在協助引導自由市場的「看不見的手」方面，扮演著核心角色由來已久。從1868年開始的明治時代，到第二次世界大戰結束，財閥由與政府合作的權貴家族所有，並經常藉由出錢贊助公共項目，以交換各個領域的壟斷權。第二次世界大戰戰後，經連會時代到來時，細節有些不同，但過程幾乎沒有變化。正如傅高義所指出的，負責這項工作最重要的單位是通商產業省（MITI；Ministry of International Trade and Industry），它是現在的經濟產業省（METI；Ministry of Economy, Trade and Industry）的前身，幾乎參與了日本經濟的各個領域。[10]「通商產業省官員這麼持續不懈地照顧日本產業的福利，還因此被國人戲稱為『教育媽媽』，就是那種過度焦慮，老是守在孩子身邊、催促他們學習的母親。」這些官僚積極參與企業組織再造、推動企業合併、協助陷入困境的公司或產業，並且在具有戰略重要性的行業上幫忙創造贏家。

在1970年代，政府的這種支援顯而易見，當時的日本已經變成全球第二大經濟體，而從外國人的角度來看，日本也是全球第二大市場機會。對日本來說，這並不是他們想要的突出表現，日本想要成為出口大

9 Kazuaki Hagata, "Abenomics Improved Japan's Corporate Governance, but More Work Remains," *Japan Times*, September 12, 202o, https://www.japantimes.co.jp/news/2020/09/14/business/corporate-governance-abenomics-japan/.
10 Ezra F. Vogel, *Japan as Number One: Lessons for America* (Cambridge, MA: Harvard University Press, 1979), 70.

國，但大致上對大多數進口產品採取閉關政策。貿易壁壘的範圍大到令人眼花繚亂，導致多年來和美國各屆政府白熱化的齟齬不斷。

讓美國競爭者更惱怒的是，他們的日本競爭對手經常借鏡美國的概念，尤其是威廉·愛德華茲·戴明（W. Edwards Deming）的品質管理理論。戴明在1950年代來到日本，向渴望學習如何在生產流程初期就關注品質，並且建立合作關係取代產品配額的公司講課。以他的名字設立的「戴明獎」，至今依舊是日本產業界非常令人夢寐以求的獎項，日產汽車在1960年就因為在工業工程方面有卓越表現，而獲得該獎項。

最開始，日本和現在的中國一樣，藉著高額關稅阻礙進口競爭，來保護國內汽車產業。這種做法為豐田和日產等本土龍頭企業，提供了發展國內市場並建立出口基地所需的保護傘。日本在1978年取消了汽車進口關稅。[11]只不過在那時候，他們並不需要關稅。日本汽車正在逐步征服海外市場。

外國廠牌要在日本飽和的市場裡真正站穩腳跟，時機已經太遲，它們在當地缺乏零售網絡，而且只能提供不合日本人口味或市場需求的大型吃油怪。而位在相反側的方向盤，更是一點幫助也沒有。在日本成為全球汽車製造業巨頭的過程裡，政府下的指導棋發揮了重要的作用。

自由貿易是資本主義的一環，直到近年，日本仍然沒有很喜歡自由貿易。它們抵制進口產品的策略，通常是用拖延戰術耗著，希望問題會無疾而終。來自國外的壓力確實會減少，但並非出於日本公司所希望的

---

11 Donald W. Katzner and Mikhail J. Nikomarvo, "Exercises in Futility: Post-War Automobile-Trade Negotiations between Japan and the United States," 2005, Economics Department Working Paper Series, 52, https://scholarworks.umass.edu/econ_workingpaper/52.

原因。改革遲緩加上低成本競爭的打擊，Sony（索尼）和松下失去了作為電子產品領導品牌的光環，並且看著它們的出口市場逐漸消失。與此同時，日本汽車製造商將大部分產品生產轉移到海外，在它們要銷售汽車的國家開設工廠。對於想要銷售產品的外國公司來說，正在老化並萎縮的日本市場已經不再有吸引力。一旦再也沒有人關心，而且讓公司自生自滅時，戰爭實際上就結束了。

在這種新環境下，經濟產業省的官員表示，他們不再對企業伸援手。一名前經濟產業省官員說：「和幾十年前不同，現今的日本政府並不會過度煩惱要保護日本產業免受外國實體資本的介入。」另一位前官員說：「雖然政府，尤其是政府官員，可能會同情日產這類公司的管理階層，但他們很難站在有危險的立場上公開支持他們。」

對於戈恩來說，經濟產業省並不像它自己聲稱的那樣默不作聲。在他2020年於黎巴嫩出版的書中[12]，他指控經濟產業省中離任與現任的人員，都參與了一場令他失望透頂的陰謀。他描述了前經濟產業省官員兼新任日產董事會成員豐田正和（Masakazu Toyoda）是這場陰謀的主謀，並且說當時的經濟產業省大臣世耕弘成（Hiroshige Seko）藏身幕後。他說披露文件會有法律上的問題，所以沒有提出證明。

經濟產業省沒有直接回應戈恩的指控。一名官員駁斥了經產省有參與日產董事會內鬥的說法。在同時，從日產發出的電子郵件顯示，經產省非常樂意就聯盟問題接觸法國官員，並且認為確實有必要挺身保護日產這家日本公司。

---

12 Carlos Ghosn and Philippe Riès, *Le temps de la vérité: Carlos Ghosn parle* (Paris: Éditions Grasset & Fasquelle, 2020), 113-114.

　　在這場危機中，日本和法國政府都公開表示，他們希望看到一個壯大的雷諾－日產聯盟，但雙方有個很大的歧見，那就是這個聯盟真正的意義是什麼。當法國總統馬克宏針對這兩家汽車製造商的未來，向日本首相安倍晉三施壓時，安倍回答說，這得取決於這兩家公司。「最重要的是維持穩定的關係。」據稱他這麼說，「這不是政府可以決定的事。」對於獲得政府支持的日產來說，現有的聯盟組織顯示，這種關係可以保持下去，沒有必要進行重大變動。借用日產一則電子郵件裡的話來說，儘管日產對「現狀」感到滿意，但法國政府想要從同居關係變成婚姻關係──想要找出某種最終能達成實質合併、甚至連名稱也合併的組織。

　　對於日本經濟產業省來說，這是底線，如果是由國外推動全面合併，它就不會裝作不插手日產的公司事務。因為全面合併會讓日產變成不是日本的。東京的官僚們心知肚明，這所需要的不會只是輕輕地推來推去。「如果法國政府希望達成一項只對他們有利的交易，我們就不會容許這種情況發生。」一位日本經濟產業省官員說。

　　這個事件裡出現的另一個問題，是日產總部所在地橫濱區的國會議員所扮演的角色，此人正好也是日本極具權勢的政治人物。當時，菅義偉是內閣官房長官，是在首相之下的第二號人物，負責政府跨部會的政策協調。日產執行長西川廣人在 2018 年 5 月就雷諾關係問題所寫的一連串電子郵件裡表示，菅義偉和首相安倍晉三「非常謹慎，但是非常堅定的支持」。這些往來的電子郵件也談到，請求菅義偉在他與經濟產業省交涉時從旁協助。戈恩在 11 月被捕時，日本媒體注意到，日產的政府關係負責人、導致戈恩下台的內部調查關鍵人物川口均，在隔天拜訪了菅義偉。儘管媒體報導說川口和菅義偉關係密切，但幾乎沒有證據能

證明菅義偉在這件事、或是在逮捕戈恩的決策裡,有著更積極的影響。
2020年,菅義偉從推動者的身分,變成接替安倍擔任日本首相。

　　總而言之,從紀錄片、還有對政府官員與公司高階主管的採訪內容
都指出,日本政府的一個要求就是,嗯,日本式的。很明顯,日本政府
非常關心該國這個深具代表性的品牌的現狀,而且有許多人擔心,法國
明目張膽的作為,可能會使日產將來有可能無法維持著日本企業身分。
在同時,官僚們顯然對他們所聽到的消息持懷疑態度。一名經濟產業省
官員表示,由於洩露出來的消息這麼多,很難去相信哪些消息是公司內
部傳出來的。這位官員說,日產的問題不是「由誰掌理」,而是這家公
司該怎麼終結其長期的內鬥史,「成為一家了不起的公司」。

CHAPTER

4

全球標準
The Global Standard

戈恩成功同時執掌雷諾和日產兩家車廠，使他成為汽車界的傳奇人物。而他自己為了讓這個角色蒙著一層面紗，經常語帶謙虛（實則炫耀）地說，任何想要當執行長的人，在嘗試這種需要小心翼翼又耗費心神的跨文化平衡行動之前，勢必要明智地三思而後行。

「我不會推薦其他人去做我一直以來在做的事。掌理兩家公司，還得在兩個國家間來回奔波，對一般人來說非常吃力。我非得做這工作是因為我別無選擇，」跨時區飛行、擔任兩家公司執行長的戈恩在2014年告訴《汽車新聞》，「我被擺在必須這麼做的職位上，對聯盟來說明顯有好無壞。」[1]

他說，他理想的交棒方式，是繼位的執行長個別獨立，一個負責雷諾，另一個負責日產。這言外之意像是在說，一般人沒人能夠承受這種重擔——他是無可取代的。

1　Luca Cifferi, "Why Ghosn Favors Separate CEOs for Renault and Nissan," January 10, 2014, https://www.autonews.com/article/20140110/COPYo1/301109952/why-ghosn-favors-separate-ceos-for-renault-and-nissan.

很多專家似乎都一致認為戈恩有其獨到之處。

《財星》雜誌（Fortune）把他評為美國以外的「全球前十二大高階主管」之一。[2]由普華永道（PricewaterhouseCoopers）和英國《金融時報》合作的聯合調查，則把他列為全球第三大最受推崇的商業領袖，僅次於微軟的比爾·蓋茨和奇異公司的傑克·威爾許。[3]總部位於底特律的全球汽車業聖經《汽車新聞》，在它的全明星年度排行榜三度選出戈恩為「汽車業年度領導人」：分別在2000年、2001年和2003年。

在日本經歷2011年致命的大地震、大海嘯、福島核災，造成超過一萬九千人死亡之後，一項對日本民眾進行的民意調查裡，問到他們會選擇哪位「名人」來領導國家，戈恩是名單上僅有的兩名非日本人之一。另一人是當時的美國總統巴拉克·歐巴馬，順位還比戈恩低兩名。[4]

2006年，戈恩被授予名譽形式的大英帝國爵級司令勳章，這個勳章是授予那些在商業、科學或藝術等領域產生革命性影響的人。戈恩的貢獻在於拯救了日產汽車，這家公司當時在英國有5,500名員工和200家經銷商。[5]

戈恩的商場縱橫術，成了MBA研討會和傑出管理學書籍的主題，

2 Clay Chandler, Janet Guyon, Cait Murphy, and Richard Tomlinson, "Foreign Powers," *Fortune*, August 11, 2003, https://money.cnn.com/magazines/fortune/fortune archive/2003/08/11/346836/index.htm.

3 World's Most Respected Companies survey, 2004, PricewaterhouseCoopers, https://www.globenewswire.com/news-release/2004/11/19/319007/67904/en/General-Electric-is-the-World-s-Most-Respected-Company-According-to-Financial-Times-PricewaterhouseCoopers-Survey.html.

4 The Reconstruction Agency (Japan), https://www.reconstruction.go.jp/english/topics/GEJE/index.html; Bertel Schmitt, with Carlos Ghosn, "Down by the Waterfront," *The Truth about Cars* (blog), July 16, 2011, https://www.thetruthaboutcars.com/2011/07/with-carlos-ghosn-down-by-the-waterfront/

同時吸引了競爭車廠試探挖角——尤其是被逼到無路可退的美國車廠——希望借助他的能力幫自家公司鹹魚翻身。

「他是個嚴厲的執行長、導師，他對每次討論會的準備程度絕對令人驚嘆，」一名在戈恩到訪日本時，經常向他簡報的前高階主管說，「相當常見的情形是，你帶著一份好幾頁的PowerPoint簡報幻燈片。在我試著向他報告時，他已經預先讀了十頁，對一切瞭如指掌。」

在商業交易中，戈恩給人的印象是粗魯和冷酷，或許還有傲慢——不過他很實事求是，也不是惡意的。他不太擅長和人閒聊。開會時間一點也不浪費的從開始算到最後一秒。他身邊的人有時會玩一種計算他時間價值的遊戲。估計他的每個小時值十五萬美元到二十五萬美元。戈恩就是秉持著「時間就是金錢」的心態，他說話速度很快——大多數公開演講者每分鐘能說130個字，他通常的語速則是每分鐘160個字。幾乎他所有的下屬——況且他也只有下屬——都稱呼他「戈恩先生」。很少有人獲得同意——或是有勇氣——叫他的名字「卡洛斯」。

在那些吹捧戈恩才幹的書籍裡，其中一本叫做《戈恩因素》(*The Ghosn Factor*)，這本2006年出版的書向讀者保證能從「全球最有動力的執行長」身上學到二十四堂課。書裡的每一章都會強調一句「戈恩式領導風格」的格言，例如「打破常規」、「專注在獲利能力」、「授權讓員工做事」和「創造價值」。

作者里瓦士－米考德 (Miguel Rivas-Micoud) 在談到戈恩時寫道：「造就卡洛斯‧戈恩，讓他與其他所有人不同的是，他說到就真的會做

5　Reuters, "Car Maker Turnaround King Ghosn Now a Knight," January 9, 2007, https://uk.reuters.com/article/autos-ghosn-knight/car-maker-turnaround-king-ghosn-now-a-knight-idUKNOA42749020061024.

到⋯⋯他信奉完全透明，以及公司內部持續進行各個方向的溝通。他也相信無論在哪裡，辛苦付出都會得到回報。」

第二十二章「獎勵績效」概述了論功行賞的重要性。事實上，戈恩因為把以績效為主的晉升制度、以及經理激勵計畫帶進日產汽車，而備受讚譽，這些改革為日產僵化的企業階層注入了新血和新想法。[6]

• • •

正如戈恩相信對員工應該論功行賞一樣，他也堅信自己這樣一個有遠見的領導人，應該會得到相應的獎勵才對。而他對於自己的市場價值也心知肚明，因為有人告訴過他（或者像批評者說的，有人向他誇大）——多年來，有很多挖角他的人上門來，試圖引誘他跳槽。

對戈恩的能力著迷的人裡頭，包括了柯克・科克萊恩（Kirk Kerkorian）這位拉斯維加斯賭場大亨，他是個行動派的億萬富豪投資客，對於涉足汽車業試試水溫有點興趣。

到了2006年，科克萊恩已經持有通用汽車9.9%的股份，成為該公司的最大股東。那一年，他提議通用汽車和雷諾－日產建立三方聯盟，這讓通用汽車管理階層嚇得不知所措。通用汽車在2005年虧損了105億美元重摔一跤之後，正面臨萬劫不復的窘境，而科克萊恩心裡打的如意算盤就是拱戈恩上台，讓他施展他的魔法。[7]引誘戈恩來帶領通用汽車轉虧為盈的談判拖了數個月，但最終，通用汽車執行長瑞克・瓦格納

6   Miguel Rivas-Micoud, *The Ghosn Factor: 24 Lessons from the World's Most Dynamic CEO* (New York: McGraw-Hill, 2006).

7   Jamie LeReau, "Kerkorian Proposal Surprises GM," *Automotive News*, July 3, 2006. https://www.autonews.com/article/20060703/SUB/60630067/kerkorian-proposal-surprises-gm.

（Rick Wagoner）堅持認為通用汽車不需要外援——他藉由召開董事會，投票反對討論與雷諾－日產結盟合作，擋下了插手進來的科克萊恩，並且在這個過程保住了自己的位子。

甚至在科克萊恩打這個如意盤算之前，底特律的對手福特汽車公司就已經向戈恩提議過了。[8]而且不只一次，而是兩次。福特汽車創辦人亨利・福特的曾孫比爾・福特（Bill Ford）在2003年第一次接觸戈恩，提供他營運長職位，並承諾最後會讓他接替比爾・福特擔任執行長。這次提議對戈恩來說是完全沒有可能的。他要麼就是擔任執行長和董事長，不然就什麼都不要。[9]

畢竟，在2005年，戈恩已經是雷諾汽車的頭頭，「同時」繼續在日產汽車擔任執行長。當時雷諾正面臨一些困境，但他才剛剛接手並且正在為這家法國公司制定復興計劃。他看到了把兩家公司結合起來的巨大潛力。

戈恩的拒絕並沒有讓福特打退堂鼓。事實上，此舉甚至可能勾起比爾・福特的胃口，因為在2006年科克萊恩多管閒事、想把戈恩安插到通用汽車時，這位美國汽車大亨再度對戈恩示好。福特當時放出消息：如果通用汽車沒有進展，我們隨時可以頂替。戈恩再次回絕了——當時他留在雷諾和日產擔任執行長，同時兼任日產的共同會長一職。福特最後從波音公司挖走了艾倫・穆拉利（Alan Mulally），穆拉利接下來就妙手

8　Nick Bunkley, "Wanted Man: Jobs He Might Have Had," *Automotive News*, February 27, 2017, https://www.autonews.com/article/20170227/OEMO2/302279956/wanted-man-jobs-he-might-have-had.

9　Bryce G. Hoffman, *American Icon: Alan Mulally and the Fight to Save Ford Motor Co.* (New York: Crown Business, 2012).

回春地拯救了這家車廠。

　　但是通用汽車這邊，事情進展得並不順利。僅僅在三年後，2009年6月，這家美國最大的汽車製造商便因為受到全球金融危機影響，申請了美國破產法第十一章破產保護。做為對通用汽車和克萊斯勒的八百億美元紓困計畫的條件之一，通用汽車受到政府監管；克萊斯勒也是底特律的競爭對手，也申請了第十一章破產保護。[10] 主導紓困計畫的，是歐巴馬政府任命的「汽車特任官」史蒂夫‧拉特納（Steve Rattner）。白宮最後把拉格納解職，並尋找新的執行長人選來協助通用汽車擺脫破產危機時，拉特納很清楚誰能成功。

　　「在許多人的心目中，戈恩是自通用汽車之父艾爾佛雷德‧斯隆（Alfred P. Sloan Jr.）以來，汽車業出現的最佳執行長。」拉特納在他2010年講述這次紓困計畫的著作《全面翻新》（Overhaul）裡寫道。[11] 對拉特納而言，戈恩是「很認真的──幾乎就像線圈彈簧──誠摯且精準，全都包裹在一個由決心與驅動力組成的小包包裡。」

　　2009年，拉特納在華盛頓特區的四季飯店和戈恩共進晚餐時，也提議要他執掌通用汽車，帶領它走出經濟大衰退。這次也一樣，戈恩回絕了。這位雷諾－日產執行長後來說，他覺得自己對目前的雇主太過忠誠，無法棄船離去，留下他們在沒有船長的情況下度過全球金融風暴。

• • •

10 TARP Programs, US Department of Treasury, January 8, 2015, https://www.treasury.gov/initiatives/financial-stability/TARP-Programs/automotive-programs/pages/default.aspx.

11 Steve Rattner, *Overhaul: An Insider's Account of the Obama Administration's Emergency Rescue of the Auto Industry* (New York: Houghton Mifflin, 2010).

多年來，在戈恩備受追捧的同時，他也成為一個具有國際觀的產業領袖，對生活中的事物具有更好的品味：在各大洲都擁有住宅，搭乘私人飛機全球走透透，在達沃斯世界經濟論壇（Davos World Economic Forum）和政界及金融界的上流社會人士往來——而最重要的是，他身邊的很多人都說，他自認應該要求更高的薪資。

一名認識戈恩二十多年的法國汽車界高層表示，在戈恩成為雷諾執行長以及整個聯盟的關鍵人物時，世界也變了。「他開始到世界各地旅行，他的生活開始改變，遇到了很多他以前沒見過的人。除了顯著的自我意識，他還擁有非凡的個人魅力。也許他覺得沒有極限。但每個人都會有極限。」

戈恩也對現代藝術和時尚產生了興趣。事實上，他會要求和日本一些最具創意的人士會面，包括畫家兼雕塑家村上隆、攝影師杉本博司，以及時裝設計師山本耀司。戈恩對服裝的品味，從單調的上班族演變為執行長的時髦風格。值得注意的是，他也終於選擇做眼科雷射手術，丟掉古板的眼鏡。[12]

早期，對於在公開露面的場合像是新車發表會時，要挑什麼衣服穿，戈恩經常尋求建議。日產甚至有一個造型師團隊，幫他量身定做各種場合的搭配穿著。但他很快就擺脫了這種被牽著走的狀況，按照自己的方式做事。

「他最初可能對於選擇穿什麼西裝沒那麼有自信，但他逐漸有興趣

---

12 Matthew Campbell, "Inside the Takedown of Renault-Nissan Chairman Carlos Ghosn," Bloomberg News, January 31, 2019, https://www.bloomberg.com/news/features/2019-01-31/inside-the-takedown-of-renault-nissan-chairman-carlos-ghosn.

去學習這方面的事。」一位與戈恩密切合作超過十五年的日本高階主管說,「他認為,要成為頂級的企業高階主管,就必須對藝術有鑑賞力。他不再僅僅關注商業領域。」

一年一度的世界經濟論壇,在瑞士阿爾卑斯山區的滑雪勝地達沃斯舉行,而戈恩成為第一個在該論壇上,和國家元首與全球銀行業精英交流的汽車界大人物。在這場年度盛會的第一天,他接連接受十幾個全球廣播媒體採訪,引起眾人注目。以戈恩的立場來看,這是在年初為全球汽車業設定公共議題的聰明方法。其他汽車界高階主管後來也跟隨他的腳步前往達沃斯,但幾乎很少能產生同樣的影響。例如,豐田汽車公司社長豐田章男(Akio Toyoda)參加了2010年的活動,卻遭到日本媒體抨擊,因為許多人認為這只是一場奢侈的自我放縱。嚇壞了的豐田章男再也沒有回去過。

「戈恩成了達沃斯的名人,」和戈恩密切合作近兩年的一名法國高階主管說。「在當時,我認為我們看到了光明正向的一面。你的老闆受到國際認可,而且幫公司帶給眾人正面的印象。但就個人來看,他更像一名演藝界的明星。」

2015年,戈恩被法國版《浮華世界》雜誌(Vanity Fair)評為「全球最具影響力的法國人」。[13]雷諾汽車在公司網站上也利用這話題大肆宣傳。

回到黎巴嫩,日產為戈恩安排了一間公司房產,他自己則投資了位在該國北海岸一家叫做Ixsir的先進釀酒廠。他的家人購買了一艘由義

---

13 "Carlos Ghosn Voted World's Most Influential French Person by Vanity Fair," Groupe Renault, December 22, 2015, https://group.renault.com/en/news-on-air/news/carlos-ghosn-voted-worlds-most-influential-french-person-by-vanity-fair/

大利造船公司法拉帝（Ferratti）客製的121英尺Navetta 37遊艇。[14]這艘遊艇依照該公司目錄上所列，有七間浴室、五個主艙和四個船員艙，名字取做「Shachou」，日語意為「社長」或是比較白話的「老闆」。

在美國或歐洲，這種憑著位高權重吃香喝辣的行徑，很少引起大驚小怪。而在日本也一樣。至少一直到2010年，日本財務公開規則突然改變，把戈恩的薪資攤在令人不安的陽光底下以前，都還不會。在該年之前，日本公司在其公開文件中，可以簡單地把分配給所有董事的薪資總額匯總在一起。但是在全球金融危機之後，為了更透明，日本金融廳要求，各家企業總薪資超過一億日圓（當時大約為一百萬美元）的任何董事，其個人薪資都需詳細列出。

不用說，戈恩賺到的錢遠不只這麼多。事實上，日產的報告稱，他在2010年以現金和股權形式獲得的報酬達8.91億日圓（960萬美元）。[15]按照《財星》前五百大公司的標準，這價碼算是很便宜的。但是在當年，日產的其他高階主管沒有人收入超過兩億日圓（220萬美元）。戈恩的薪資是日本上市公司的執行長裡最高的。當時全球最大的汽車製造商、日本企業皇冠上的明珠豐田汽車，其社長豐田章男甚至不需要報告當年的薪資——他的薪資總額完全沒有超過門檻。當豐田章男終於在2011年獲得加薪，他的薪酬也只達到1.36億日圓（147萬美元），這數字還只是戈恩薪資的零頭而已。[16]日本三大車廠的另一家本田技研工業，其社長

14 Sean McLain and Nick Kostov, "Nissan and Carlos Ghosn Spar over Yacht," *Wall Street Journal*, August 23, 2019, https://www.wsj.com/articles/nissan-and-carlos-ghosn-spar-over-yacht-11566603222.

15 The English translation of the "Yukashoken-Houkokusho" for the year ending March 31, 2010, Nissan, March 31, 2019, https://www.nissan-global.com/EN/DOCUMENT/PDF/FR/2009/fr2009.pdf.

16 Form 20-F, Annual Report Pursuant to Section 13 or 15(D) of the Securities Exchange Act of 1934, Toyota Motor Corp., 2011.

伊東孝紳在財務公開的第一年拿回家的薪資更低，只有1.15億日圓（合120萬美元）。[17]

　　戈恩順利處理過無數跨文化難題，但薪資問題成為一個缺陷。大批上門找他的企業界人士，在在證明了他是競爭對手緊盯的大魚。但戈恩賺的錢是日本同行的六倍多這個事實，讓很多日本觀察者感到不解與生氣，而且是日產自己的投資人開始發難的。很多人抱怨，只不過占用了戈恩一半的工作時間，卻得付給他全額的薪資——畢竟，戈恩的注意力得分給雷諾和日產兩家公司。戈恩的薪資——如今已經公開，所有人都能看到——突然成為年度股東大會上的一個引爆點。而關於戈恩薪資的敏感衝突——無論是在日本還是在法國——最終證明是這個汽車業大人物垮台的傳奇故事中，最大的衝突之一。

• • •

　　時至今日，日本典型的股東大會仍然有一種回到更單純的年代，返璞歸真的感覺，那時代的企業至少會對不起眼的個人投資客做出口頭承諾。通常會在6月左右，在酒店宴會廳或會議中心舉行盛大聚會，吸引來自日本偏遠地區的數百名股東。

　　這些投資者大多是領老年年金的退休夫妻，他們的退休基金有一部分包含在他們的股份裡。該公司的高層會出面親自回答他們的問題，傾聽他們的抱怨，並清點他們當天活動的票數。最後，會按照日本傳統方式，送禮物給股東們帶回家，例如盒裝的甜豆點心或裹好的毛巾套組，

---

17 Form 20-F, Annual Report Pursuant to Section 13 or 15(D) of the Securities Exchange Act of 1934, Honda Motor Corp., 2010.

以感謝他們的忠誠。這種股東大會大多是半天左右的聚會。

在戈恩執掌時期的日產股東會，幾乎像嘉年華似的，在橫濱國際平和會議場（Pacifico Yokohama）的國際會議廳舉行。這是一座龐大的建築物，附屬位在橫濱海濱的洲際飯店，距離日產22層樓高的全球總部不遠。日產最新的車輛都陳列在入口大廳，工程師和業務員在一旁待命，解說這些新車的特點。而當天的高潮是大家都走出巨大的禮堂，到宴會廳享用咖哩飯午餐。在宴會廳裡，日產的高階主管們會與群眾打成一片，儘管戈恩通常會在這個時候請求允許他離席。

主持問答時間的，是一名暱稱「淑女小姐」的年輕女士，這個角色是在致敬該品牌的Fairlady Z雙門轎跑車，因為這輛Z-Car是日本全國知名的名車。打扮成可愛的電梯女郎全套裝扮的「淑女小姐」，會從舞台上的玻璃箱裡，隨機抽出幸運參加者的門票號碼，詢問抽中的股東他們有何看法，股東們的見解有的空洞、有的精闢。甚至在最好的情況下，問答時間也可能變得很熱烈。但是，當戈恩豐厚的待遇組合方案浮出檯面，這些投資者變得憤憤不平，而且也不畏懼表現出來。

「你總是這麼說：戈恩先生的薪資很高。我同意，」在2011年的股東會上，一名股東就發飆了。「全年的總股息是224億日圓，而你的薪資占了其中的10億元。大約是5%。但是營運獲利和歲入相比只有3%……和你們分發的股息比起來，你的薪資要高得多……對於這幾點，你有什麼想法？」

戈恩的薪水，會成為日本股東與日產傳統派越來越激烈的爭論焦點，不足為奇。在所有行業裡，日本和其他已開發國家，尤其是和美國之間，最明顯的斷層線之一，就是高階主管的薪資。

在2018年的年度調查中，韋萊韜悅企業管理顧問公司（Willis Towers Watson）估計，日本大企業的社長平均年薪落在相對適中的1.23億日圓（110萬美元），其中包括基本工資和短期獎勵措施。相比之下，美國前幾大上市公司的執行長，平均薪酬為379萬美元。一旦加進了長期獎勵措施（通常以各種股票期權規畫的形式），這個薪資差距還會擴大，而股東們往往天真地以為這些規畫不用花到他們什麼成本。這樣一來，日本的社長薪資稍微漲到1.56億日圓（140萬美元），而美國同行的薪資則會飆升到1,330萬美元以上。眾所周知，日本企業的高階主管們對這種狀況引以為傲，他們會痛斥美國人太過貪婪，並且說自身的做法如何展現了組織的重要性高於個人。

• • •

這並非只是他們的自圓其說，而是在許多方面都已經成為日本文化的一部分了，時間甚至可以追溯到封建制度的「市場開放前」時代。在一直持續到1868年的世襲貴族時代，階級制度把武士、農民（主要是務農維生的農民）和熟練的匠人擺在商人之上，商人被認為是（除了浪人以外）社會的最底層。當然，這並不會阻擋他們變成巨富。這種人格分裂所造成的一個結果，至今仍然可以在日本傳統建築形式上看到：在京都和其他古城中心的商人住家，大多是精心建造，卻幾乎沒有任何裝飾，以住戶的財力來看顯得不尋常。[18] 這種做法有禪宗的信仰根源，同時也反映了在該國商人需要保持低調，以避免出鋒頭和引起反感。日本

18 Katsuhiko Mizuno, *Courtyard Gardens of Kyoto's Merchant Houses*, trans. Lucy North (New York: Kodansha International, 2006).

在1603年到1868年封建制度下的江戶時代，特別禁止商人擁有超過一、兩層樓高的房子。日本從以前到現在都認為炫富是失禮的行為。

在日本，低調不炫富還有其他歷史因素。日本多數的大公司原本都是家族企業，最初是以財閥集團化，以及在第二次世界大戰戰後的經連會系統中，轉型為集中度較低的合作社而崛起。這種趨勢到今天還持續著。如果沒有先見之明投對了胎，豐田章男就不可能步步高升，變成世界上極為成功的公司的最高層。豐田章男的祖父創立了這家公司，其家族仍然擁有大約1%的股份，市值大約20億美元。此外，託了在豐田集團企業擔任領導職務的諸多家族成員的福，豐田家的人馬也一直在豐田汽車位居要職。同樣的，優衣庫（Uniqlo）母公司迅銷（Fast Retailing）的創辦人柳井正，仍持有其集團21.6%的股份，足以讓他成為日本首富。

最後，如果你是這家公司的老闆，你的薪水用什麼形式支付又有什麼關係呢？任何企業家都會精打細算，不論是身為員工或者身為老闆，這筆錢以後還是你的，是哪一個身分真的不重要。此外，薪水通常是最不能節稅的獎勵方式，尤其是當你控制公司的槓桿要讓無數避稅計畫成真時。只有在你引進能理解到自己可能是短期僱員的「聘僱幫手」——像戈恩這類專業經理人——他們的年薪才會成為問題。

在公共場合必須顧及顏面的這種日本作風，並不代表在私底下一定要節衣縮食。日本的稅制反倒助長了一大堆附加福利，這些福利墊高了收入，也讓商場運作更順利。管理當局對於企業「業務費」的認定相當寬鬆。東京的赤坂地區，其位置距離許多大企業的總部只有咫尺之遙，也很接近政府高層官員的權力走廊，擁有高檔且極度小心的餐廳，吃一頓飯要價數千美元，它們會把重要決策者帶到私人包廂聚會，以迴避公

眾目光。企業高階人士也能享受全天候待命的專車與司機接送，而且他們在市中心和高房價地區的公寓，會以公司的業務成本名義支付。

這種事並不像表面上看來的那麼難以置信。在日本，高階主管在日常生活中，實際上一直在工作。他們在晚上的奢華娛樂，幾乎總是和某類企業合夥人或公司高階主管在一起。和配偶共進晚餐不是這套公式裡的選項，他們的妻子也樂於過自己的日子（性別平等仍然是個遙不可及的夢想）。任何得和老闆，或是更不妙的，得和合作夥伴的老闆共進晚餐的人，都能體會到這種方式的價值。

企業界的這種慷慨之舉，還擴展到餽贈昂貴的禮物給商業夥伴，這是日本整個送禮文化的一種延伸。當你受邀出去吃飯，一般還會收到一份禮物，即使這飯局已經是對方請客。沒有自己備妥禮物，在日本文化中是很失禮的行為。

· · ·

當2010年新的薪資公開規則提出時，戈恩就明白他的薪資會是個不定時炸彈——不只在日本，在法國也是——法國的文化習俗對於坐領高薪這種事，可說是更加敏感。

在與戈恩同時被捕，並被指控策劃幫助隱瞞老闆薪資的美國籍日產董事格雷格·凱利的審判過程裡，就特別強調了這點。在2020年的法庭聽證會上，一位負責高階主管薪資的日產資深經理作證表示，戈恩擔心那些規則在2010年變更後，沒有其他日本高階主管的收入足以跨越公開門檻。

其中一名經過認罪協商的檢方證人大沼利明（Toshiaki Ohnuma）表

示，在那一年，最初被要求透露薪資的高層，僅有戈恩和另外兩名非日本籍高階主管。大沼說，當時戈恩似乎比較不擔心日本籍高階主管實際上賺的錢要少得多，而是更擔心世界其他國家會發現這件事。

「這些董事領到多少錢，將會在日本籍員工間廣為人知。有人擔心這可能會引發抱怨，因為每個員工都盡心工作，卻只有非日籍董事才能拿到更高的薪水。」大沼作證說道。

大沼表示，戈恩提出一個新奇的解決方法。這位藉由毫不留情樽節支出，獲得「成本削減大師」名聲的會長，認定要消除不滿的最好方法，是提供額外津貼給三名日本籍高階主管做為獎勵，其中包括曾被視為他的得力助手的西川廣人。這些額外的津貼，足以把這些高階主管的薪水墊高到超過門檻，這下他們的預期收入同樣必須公開。這麼一來，公開揭露名單裡就有三名非日籍和三名日籍主管，至少人數一樣了。

在這麼有創意的會計手法下，戈恩的總收入仍然遠高於其他人。所以在股東面前，他通常都帶著明確、問心無愧的堅定想法，就是新的日產汽車所遵循的，是不同的國際規則。

「的確，我們不按照日本的標準付薪水。我們按照全球標準給薪，因為我們希望能吸引到全球的人才，」2011年戈恩和投資者攤牌時，冷靜而鎮定地反駁道。「當你拿日產的待遇與豐田或本田的待遇比較，嗯，我們的待遇是不一樣。這是因為我們的競爭對手只按照日本標準給薪的結果。我們不是這麼做。這是最大的區別。」

股東大會之前，凱利準備了韜睿惠悅（Towers Watson，後來成為韋萊韜悅企業管理顧問）為日產編集製作的資料。該份資料顯示，和全球的基準相比，日產的高階主管薪資並不高。例如，2011年戈恩的薪資

為1,250萬美元。但汽車業執行長的業界平均工資，只略低於1,800萬美元。當時最高薪的執行長薪資接近2,900萬美元，將近戈恩的2.5倍。

　　和其他曾經向戈恩示好的企業的最高薪資相比，日產似乎虧待了它的救命恩人。例如在2010年，戈恩首次公開自己薪資的那一年，艾倫·穆拉利——這位在戈恩拒絕福特汽車的邀約之後接任福特執行長，在大衰退期間拯救福特倖免於難的英雄——賺了超過2,600萬美元的薪酬。[19]

　　2010年，擔任通用汽車公司董事長兼執行長的丹·艾克森（Dan Akerson）年薪為250萬美元，看似少了很多，不過通用汽車的高階主管薪資會被壓到這麼低，是政府紓困的條件之一。[20]要衡量通用汽車傳統上偏高的薪資標準，一個更好的例子應該是發給瑞克·瓦格納的薪酬總額，這位仁兄擋下了和日產的合作，後來導致通用汽車破產。即使通用汽車丟臉地跌跌撞撞走著破產法第十一章的法律程序，宣告倒閉，瓦格納在2007年的銀行存款也將近2,000萬美元，到了2008年還有超過1,600萬美元。在2009年，通用汽車破產的那一年，他的薪資部分被砍到只剩一美元——你沒看錯，確實是一美元。但是瓦格納在被炒魷魚之前，其他部分的酬勞仍然拿到將近300萬美元。[21]

　　關於股東對於戈恩的薪資有出乎意料的反彈時該如何因應，一名曾經協助公司做準備的前日產高階主管表示：「在這些會議上，採用了一

19 Bernie Woodall, "Ford Increases CEO's Pay 48 Percent to 265 Million," Reuters. April 2, 2011, https://www.reuters.com/article/us-ford-mulally/ford-increases-ceos-pay-48-percent-to-26-5-million-idUSTRE73072S20110401.

20 Bernie Woodall, "GM CEO Akerson Paid 2.51 Million in 2010 SEC Filing, Reuters. April 22, 2011, https://www.reuters.com/article/us-gm-compensation/gm-ceo-akerson-Paid-2-53-million-in-2010-sec-filing-idUSTRE73K5SD20110421

個非常具體的策略。」

「這個主張就是，日產並非一家日本公司。它是一家跨國企業。而且比起豐田、本田或任何其他日本公司，更是如此。因此，這家公司對於高階主管，尤其是外籍高階主管，所設定的薪資與吸引海外人才的方式，基本上是以美國標準支付薪資。」

日產當然有穩固的立場說自己是一家真正的國際企業。在2015年，這家汽車製造商排名前一百名的職位裡，有48名是非日籍。有一些是法籍的，出身自雷諾汽車，但還包括了來自巴西、葡萄牙、英國、荷蘭、美國、印度、德國、義大利、西班牙、中國、加拿大和南非的人才。其他日本車廠沒有一家能夠自誇，其最高階層的國籍有這麼多樣化（最起碼豐田和本田就沒辦法這樣自誇）。而那些對手車廠的高層主管，也私下批評日產不再是一家「純正的日本」公司。

「難就難在要想辦法斷定日產是一家日本企業，但事實上它不算是，」一名日產前高階主管說，「但因為它在東京證券交易所上市，就被日本人認定是日本企業。其實，在日本以外的地方，戈恩那樣的薪水並沒有什麼了不起。真的。但在日本國內，顯然會引起軒然大波。」

• • •

經過這些年，暗地裡針對戈恩巨額薪酬的憤怒也逐漸退去，就連日產善變的投資人，也對於窮追猛打這件事覺得厭煩。但是他報告的薪資不斷攀升，在他任職公司的其餘時間裡，只有兩年薪資下降，在2017

21 Form 10-K, Annual Report Pursuant to Section 13 or 15(D) of the Securities Exchange Act of 1934, General Motors Corp, 2010

年3月31日結束的財報年度達到最高點：略高於10億日圓（約900萬美元）。[22]然而即使如此，戈恩的收入仍然遠低於同時期的同行。那一年通用汽車執行長瑪麗‧芭拉（Mary Barra）賺了近2,200萬美元，而福特執行長吉姆‧哈克特（Jim Hackett）則賺了近1,700萬美元。

許多在日產和戈恩共事過的人說，他救了這家公司，他拿到的每一分錢都是應得的。「顯然他賺了很多酬勞，」該聯盟的一名前高階主管說，「但是客觀地說，如果金錢是他最想要的，那他早就離開了。」

後來，在2020年對格雷格‧凱利的訴訟裡，清楚透露當時日產內部普遍害怕戈恩會跳槽。凱利在其他高階經理人的協助下，研究了詳細的計畫，以便在不用公開高得驚人的總額的情況下，為戈恩增加報酬。凱利本人表示，該公司必須這麼做來留住戈恩這樣的人才，然而他堅稱他們只考慮了合法方式，而且只是當做戈恩退休後的退休金。

戈恩一直以來擔憂的，不只是在日本公開他的薪資引發的輿論會導致他難堪；他顯然也非常擔心可能引起法國方面反彈，因為法國對高階主管薪資的敏感程度更加棘手。在凱利的訴訟期間，一名重要的政府方證人作證說，戈恩害怕如果外界知道了他的薪資組合的實際範圍，雷諾會解僱他。

「戈恩先生擔心他的真實薪資水準被揭露，法國政府會解僱他，因為法國政府對他的薪資很敏感。」在戈恩手下管理執行長兼會長辦公室的日產高階主管哈里‧納達（Hari Nada）說。對於確信必須把戈恩這種人才留在公司裡的日產高階主管來說，確保戈恩在雷諾汽車的地位是很重

---

22 English translation of the "Yukashoken-Houkokusho" for the year ending March 31, 2017, Nissan Motor Company.

要的事。「戈恩先生是雷諾汽車在日產的代表,」納達說,「他在日產的權力,要從雷諾提名他進入日產才能取得,而這又要靠法國政府決定。」

戈恩周圍的一些人表示,直到最後,薪資對他來說仍然是個痛處,部分原因是他的收入比不上他的全球同業對手。還有部分原因是,他討厭必須不斷證明這個數額合情合理,儘管這數字比業內其他人拿的還要少。

「眾所皆知他心灰意冷。因為他認為,薪資就是對他這個人的價值所打的分數,」一名和戈恩很親近的前雷諾高階主管表示。「當他拿自己的薪資和福特的行政總裁、通用汽車執行長、或類似的人比較時,他會覺得自己矮人一截,因為他認為自己有相同的價值,甚至高過某些人一等。但由於法國是法國,日本是日本,而這些國家自有其參考基準,他無法拿到相同等級的報酬,這就是事實。」

然而,在日本很少被提到的是,戈恩同時領了身兼雷諾汽車會長兼執行長的薪水。即使雷諾名義上是聯盟的控股夥伴,但因為法國政府持有雷諾的股權,所以給錢就不像日產那麼大方。早在戈恩被捕那時的很久之前,2018年5月,戈恩與雷諾簽下了只領100萬歐元(大約合120萬美元)固定基本薪資的契約,不過該數額會因為浮動薪資和長期激勵措施而增加,可能會增加一倍以上。[23]

在三菱加入他的聯盟成為第三方時,戈恩的薪資又跳了一級。在把這家規模較小的日本車廠納入自己麾下之後,戈恩擔任聯盟新會長的收

---

23 Peter Sigal, "Why Ghosn's Renault Paycheck Depends on EV Sales," *Automotive News*, June 18, 2018, https://www.autonews.com/article/20180618/COPYor/306189967/why-ghosn-s-renault-paycheck-depends-on-ev-sales.

入為2.27億日圓（約200萬美元）。[24]

這些薪酬加總起來，戈恩的待遇才比較接近底特律的水準，不過再怎麼樣，他還是必須在兩大洲管理著三家不同的公司，這樣的酬勞依舊低於期望。

但隨後在2018年末，日本檢方似乎是突如其來地表示，一直出現一些不一樣的東西。他們說，此刻被拘留的戈恩，在那些年並非只是在業內同行的庇蔭下，勉強以低於標準的薪資待遇生活。他實際上是用一個違法的遞延報酬計畫，偷偷存入要在退休之後支付的巨額款項。檢察官表示，在八年的時間裡，這筆隱匿的金額累積高達八千多萬美元。事實上，那幾年大多數的年份裡，未見光的金額，甚至高於在爭論不休的那幾次年度股東會裡向股東公開的薪資。

檢方表示，其結果是戈恩在這段期間的薪資總額（包含工資、激勵獎金和延期支付），幾乎是他與日產匯報過的兩倍。如果是真的，他是在玩兩面手法──一方面抱怨領的薪水比不上福特和通用汽車的執行長，然而實際上至少賺得一樣多，要是你把他公開的薪水和這個遭指控藏匿起來的酬勞加總起來，再加上雷諾和三菱的薪水，至少也超過。

這些重磅炸彈的指控，讓外界對於戈恩對薪資的執著，有了關鍵的新看法，並且讓戈恩與他所建立、治理的汽車帝國陷入重重危機。

在逃到黎巴嫩之後回顧起這起事件，戈恩堅稱，要不是他在面對所有挖角時，還對雷諾與日產這麼堅定地不離不棄，或許永遠不會這樣非得面臨牢獄之災。他本來可以收拾好一切一走了之，前往底特律，轉而

---

24 English translation of the "Yukashoken-Houkokusho" for the year ending March 31, 2018, Mitsubishi Motors Corp.

擔任福特或通用汽車的執行長。在2020年1月的貝魯特記者會，他被捕之後的第一次記者會上，他肯定會對十年前拒絕汽車界大老史蒂夫‧拉特納，使得他執掌通用汽車的提議胎死腹中一事，感到惋惜。

「他提的給薪是我目前薪水的兩倍，我說：『你知道嗎？我很清楚你開的條件很誘人，但是船長不會在船隻有難時棄船而去。』」戈恩說，「我錯了！我當時應該接受他的提議的。」

CHAPTER

5

記憶是短暫的
Memories Are Short

1999年的日本，已經是一個信心崩盤的國家。

自從1957年以來，日本銀行（Bank of Japan，日本的中央銀行）每年都會進行季度短觀調查（Tankan survey，企業短期經濟觀測調查），以衡量日本企業的意見。日本的企業對於短觀調查十分重視，有99%的受訪者都會回覆這份機密問卷。調查中最受關注的要素，是關於企業狀態的擴散指數（Diffusion Index），該指數會把正面觀點的數量，減去負面觀點的數量做比較，所以得分為零代表企業總體上對於經濟發展方向持中性的態度。

1998年12月公布的重大企業的總體數字為負56。

這是自1970年代中葉石油危機以來的最低分數，距離1989年泡沫經濟高峰時令人興奮的正53分，差距非常遙遠。日本經濟在1998年倒退陷入不景氣，經歷了二戰後最長的衰退期。[1]怡富證券（Jardine Fleming Securities）首席經濟學家克里斯‧考爾德伍德（Chris Calderwood）當時對

1　William Mallard, "Japan Economy Extends Record Fall," Reuters, December 4, 1998, https://global.factiva.com/ha/default.aspx#./!?&_suid=161343872729204180506078849916.

路透社說：「1998年是煩擾、衝擊與痛苦的一年。」通常樂觀的商界領袖已經被這種狀況嚇壞了。[2]

「日本的經濟正處於崩潰邊緣。」Sony會長大賀典雄（Norio Ohga）在1998年春天就曾經提出警告。[3]

這個在二戰後的大部分時間裡，工業化世界中成長速度數一數二的經濟體，從1990年泡沫經濟破滅以來到這個時候的十年間，已經經歷過兩次大幅萎縮。問題的核心是資產價格無法持續上漲，尤其是房地產價格。這一點被總結為一段警語，即在1989年的房產價格高峰時期，東京市中心占地350英畝的天皇皇居的價值，大概超過佛羅里達州或加利福尼亞州的所有房地產價值。此外精明的經濟學家會談到日本的房地產市場「獨特」在哪，談到日本的投資客從不出售，所以房價一直居高不下。在1989年，就在崩盤之前，一名分析師就剛好不幸說到：「大多數分析師覺得，房地產價格暴跌的可能性微乎其微。」

事實上，日本的房地產價格後來暴跌，這個經濟體一下子蒸發了數十億美元，並且使得股市獨自陷入長期下滑。這兩個市場花了二十年，在2009年全球不景氣尾聲之後不久才觸底。此時，土地和股票的價值僅有其峰值的20%水準。

度過這次市場下跌花了令人難以置信的長時間，部分原因是日本政府採取了謹慎的措施和會計規則，允許公司不斷推遲清算日。大家很容易把這做法看成官僚慣性，但是在許多方面，這是一種有目的且一致的

---

2 Linda Sieg, "Japan's Economic Glass-Half Empty or Half Full?" Reuters, March 9, 1999, https://global. factiva.com/ha/default.aspx#./!?&_suid=.

3 Edmund Klamann, "Sony Chief Says Japan Economy Risks Collapse," Reuters, April 2, 1998, https:// global.factiva.com/ha/default.aspx#./!?&_suid=16134388894290100276218 45358925

政策方法。透過慢慢解除呆帳和通縮壓力，日本避免了突然通貨緊縮可能帶來的社會動盪。沒有出現資產大拋售。沒有大規模商店倒閉潮和購物商場停業。有95%的勞動力繼續保住工作，對大多數人來說，生活幾乎沒有什麼變化。一些日本官員甚至對於和美國的景氣低迷情況有別而沾沾自喜，認為日本既然有錢，就可以慢慢來處理。聽慣了日本經濟不景氣之類頭條新聞的外國遊客，來到一個看起來一如既往、整潔又現代化的東京時，還會嚇一跳。有不只一位美國企業高階主管在這段期間到訪日本後表示，如果這樣是一場經濟不景氣，那麼我也想來一場。

然而，衰退是真的，儘管利率掉落到創紀錄的低點，而且政府也花錢不手軟，想盡辦法要重現高經濟成長率的輝煌歲月。然而事與願違，這些做法使日本成為全世界政府債務負擔最大的國家。

Sony的大賀典雄並不是唯一一個警告日本可能陷入通貨緊縮困境的人，在這場困局裡，更低的價格和持續的經濟緊縮一起螺旋式下沉。政府官員試著維持樂觀，聲稱政策措施會解決問題，但很明顯風險正在增加。1999年2月在日本銀行召開的政策委員會，其會議紀錄中提到需要「避免可能加劇的通貨緊縮壓力，並確保經濟衰退會停止」。雖然措辭是各國中央銀行最愛用的謹慎官僚語言，但是有一名董事會成員說得更直接。該成員警告說：「日本的經濟已經陷入通貨緊縮的惡性循環。」這段話事後證明有先見之明。[4]日本銀行在接下來的二十年試圖擺脫通縮，但成效甚微。這種毛病產生變異，最後還證明了會傳染，崩跌的價格最終蔓延到歐元區經濟體和其他地方。

4　Minutes of the Monetary Policy Meeting, February 12, 1999, Bank of Japan, released on March 17, 1999, https://www.boj.or.jp/en/mopo/mpmsche_minu/minu_1999/g990212htm/

• • •

雖然決策者表現出謹慎的擔憂，但日本企業的董事會卻是戒慎恐懼。1997年11月，日本四大證券公司之一，有著百年歷史的山一證券（Yamaichi Securities）宣布停業。山一證券倒閉，是十年後大衰退的一種小型前兆，其原因是平常不過的錯誤商業決策，加上隱藏16億美元呆帳的計畫被揭發。山一在策略上的失敗和隱瞞真相的違法手段，對於日本的企業領導人來說並不意外。讓他們震驚的是沒有人出面救他們。主要往來銀行本身也面臨大量呆帳，使得它們沒辦法或是不願意介入。就連山一證券透過其經連會合作的夥伴企業富士銀行，也拒絕伸出援手。富士銀行也有自己的問題，五年後，也就是2002年，它在銀行合併中消失了。

「在這種情況下，金融市場找到一個虛弱的金融機構，把它切除掉了。」當時一名金融分析師表示。《華爾街日報》在對山一證券的報導中說：「遭受龐大的呆帳問題、病態的股市、沉重的政府預算赤字，以及眼看可能再度陷入停滯的經濟這些大麻煩，日本不情願地轉而採取唯一的解藥：放鬆管制，任由自由市場無情的擺布。」[5]

通貨緊縮問題一個可能的解決方法，是讓日本勞動力市場正常運轉，這個觀點主要是外國經濟學家提出的。在日本的終身聘僱制下，員工對於他們在大學畢業後一個月內進入任職的公司，會一直很死忠。由於幾乎沒有人會離職，所以不存在留不留用問題，因此就沒有真正的理

---

5   David P. Hamilton and Bill Spindle, "Yamaichi Securities Shuts Down in Japan's Biggest-Ever Failure," *Wall Street Journal*, updated November 24, 1997, https://www.wsj.com/articles/SB880310313773643500.

由去獎勵良好的工作表現，尤其在物價大多每年都在下跌的情況下。雖然建立一個自由流動的勞動力市場，有助於政府達成提高生產力和結束通縮壓力的目標，但是要在1999年這年實施一項會在短期內拉高失業率的政策，時機並不怎麼洽當。雖然1999年日本有4.7%的勞工失業，但按照全球標準來看，失業率仍然很低。（到了2002年10月，日本的失業率達到創紀錄的5.5%高點。）

「在美國，人們通常會覺得自己有可能失業，而且認為自己可以找到另一份工作，」當時一名日本官員告訴路透社，「在日本，領薪水的上班族一旦失業，就會認為他的職業生涯結束了。」這名官員明確表示，日本政府擔心「失業率上升可能導致政治不穩定」。執政黨的立法官員可能也會失業。[6]

· · ·

戈恩面臨一個看來棘手的問題：如何做到節省成本以拯救日產，同時避免工人和怯懦的政府官員與之敵對。和雷諾合作的綜效（synergy）會是重要的一步，但必須步步為營。鑑於日產的困境險峻，即使是日本政府官員，對於外國對這家令人敬畏的日本企業的影響，也不得不強作鎮定。同時，戈恩所擁有的自由度，是日本國內出身的執行長所沒有的。

「戈恩在某種程度上被視為身披閃亮盔甲的白馬騎士。在日本完全沒有人認識他，」一名活躍於歐日企業合併圈子的投資銀行家說。「大家都很怕，但我認為他們也認知到，像這個沒人知道的外國人這類人物是必要的，因為不這樣做的話日產也無路可走，這真的是最後的手段。」

6　Linda Sieg. "Tough Times in Japan May Not Be Tough Enough," Reuters, January 29, 1999.

　　戈恩出身法國一事沒有造成什麼問題。儘管很多國家往往對法國人很有意見，但法國人在日本的形象是無與倫比的美麗、有型和有文化。法國是日本遊客到歐洲旅遊的首選目的地，甚至據說有一種「巴黎症候群」，讓日本人在前往這座「光之城」時，因為該城市不如他們想像的那麼美好，而震驚得瞬間感到極度憂鬱，甚至生病。這種情況似乎是都市傳說裡才會出現，但它還是有辦法躋身維基百科，在其條目裡占一席之地。這樣的感情是有回報的。在法國，受日本美術、時尚和美學影響形成的日本主義，在十九世紀成了一種趨勢，而且一直流行著。

　　在企業界，在以前其他跨國聯盟有這麼多前例都失敗的情況下，這一次跨國聯盟的成功，文化上的相似性同樣功不可沒。日、法兩國對於官僚都有一定程度的喜愛，而且員工擔心的裁員問題在兩國都很少見。

　　對於日產，很明顯是出現正面的結果了。該公司在戈恩上任時幾近破產，但是到了2007年，其市值已飆升達令人咋舌的820%。總之，戈恩那段時期幫日產增加了600億美元的市值。「在最初的六、七年，一切都很順利。這些讚譽不是平白得到的。」前述那名投資銀行家這麼說。

　　市值成長大部分來自關鍵的海外市場強勢成長，尤其是美國和中國。但是日產也前所未見地，著手解散和公司有關係的經連會系統，以削減成本。在這部分，日本正在復甦的經濟發揮了作用。

　　日本整體的平均經濟成長率略高於1%。雖然這些數字遠遠比不上1960、1970年代的經濟繁榮時期，不過也已經足夠有利於日本企業填補其資金缺口了。在此期間，日本企業的總獲利穩步地增加，從戈恩上任的1999年到2007年增長了85%。

　　在同一段時間裡，短觀的企業信心調查上升到正23，和1998年12

月的負56相比有很大的改善。這意味著，日產的供應商和企業夥伴更能夠接受戈恩所帶來、更嚴峻的談判條件。就像合作企業一名高階主管所說的：「一個體制一旦建立起來，就沒有人願意改變它。戈恩引發了整個體制的變化。」勞動力市場正在改善也意味著，在戈恩執掌下的日產發起裁員兩萬一千人一事，其政治熱度降低了。2007年，主要報導的失業率一度小幅上升到接近6%，不過這時已經下降到4%以下。

就企業價值而言，2007年那一年代表了戈恩和日產的高峰。由於兩次重大事件——也就是2008到2009年間的全球金融危機，以及2011年3月的可怕地震、海嘯與日本北部的核電廠核災——的巨大影響，其股價一下子就和其他日本企業一起大幅下跌。在安倍首相積極的經濟成長策略下，日本經濟後來在2013年復甦。這一次，日產陷入了新的困境後，就沒有那麼好運了。

當日本經濟在2013年開始有起色時，戈恩已經在日產工作將近十四年。對任何擔任高階經理人職位的人來說，這算是很長的時間了，尤其是一名專門來讓企業起死回生的人。這也是戈恩從1978年開始職業生涯以來，任期最長的職位。到現在，媒體對這位汽車業傳奇人物的狂熱關注已經開始消退。從2000年代初《時代》和《財星》雜誌得到的全球讚譽，到2017年登上黎巴嫩的致敬郵票。不論戈恩的表現如何，他都已不再是「最佳的新興大物」。

雖然其他外籍高階主管避掉了像戈恩鋃鐺入獄這樣的命運，但也有一些人面臨了自己的艱困時期與敵對反應。一名曾經和許多駐日的外籍高階主管合作的顧問便說：「如果你是在日本的外籍執行長，而你犯錯的話，他們會把你大卸八塊。」

　　麥當勞加拿大資深高階主管莎拉‧卡薩諾瓦（Sarah Casanova）就是這樣的例子，她在2013年就任日本麥當勞執行長。該連鎖店從1971年以來，已經成為日本人生活中不可或缺的速食店，到2010年已拓展到有3,300多家門市，對於日本家庭具有特別強烈的吸引力。

　　但在莎拉‧卡薩諾瓦到職後不到一年，這家連鎖店就因為一家供應商涉嫌使用過期肉品，以及另一家供應商從日本境外運入含有異物的加工雞肉，而受到醜聞的打擊。儘管麥當勞表示這些指控從未獲得證實，但卡薩諾瓦沒有「好好地」道歉，而在媒體上飽受抨擊，因為這可是滔天大罪。在這個國家，無論是本國企業還是外國企業，任何企業面臨醜聞時，深深地鞠躬道歉是必要的儀式。[7]此後麥當勞每家分店的銷售額銳減近四成，公司開始出現虧損。[8]卡薩諾瓦確實設法解決了許多問題（除了食品安全問題，公司還過度擴張），銷售額開始回升。但是她花了三年才讓公司走出困境。[9]

　　目前大部分業務都在海外的日本板硝子株式會社（Nippon Sheet Glass），在很短的時間內就換了兩任外籍執行長，兩任都沒有撐過兩年。最近，製藥商武田藥品工業聘用了法國人克里斯多夫‧韋伯（Christophe Weber），他在2019年以620億美元收購愛爾蘭製藥商夏爾（Shire），在董

7　Masami Ito, "Apologizing in Japan: Sorry Seems to Be the Hardest Word," *Japan Times*, February 21, 2015, https://www.japantimes.co.jp/news/2015/02/21/national/social-issues/apologizing-japan-sorry-seems-hardest-word/.

8　Daryl Loo and Masumi Suga, "McDonald's Japan Posts ¥22 Billion Loss after Food Woes," *Japan Times*, February 5, 2015, https://www.japantimes.co.jp/news/2015/02/05/business/corporate-business/mcdonalds-japan-posts-%C2%A522-billion-loss-food-woes/.

9　Suguru Kurimoto, Hiroyasu Oda, and Kento Hirashima, "McDonald's Lovin' It in Japan as Consumers Forget Scandals," *Nikkei Asia*, September 20, 2017, https://asia.nikkei.com/Business/McDonald-s-lovin-it-in-Japan-as-consumers-forget-scandals.

事會裡從一開始就引起董事會成員擔憂，這是日本企業有史以來在國外的最大宗收購案。[10] 很少有其他外國人嘗試執掌日本的企業集團。2012年的一項研究發現，日本企業的執行長裡面只有1%是外國人，而歐洲企業的比例為30%。

• • •

第一家看到由外國人掌權的日本大企業，是汽車製造商馬自達，而這個決策是來自國外。1996年，福特把它在這家陷入困境的日本車廠的股份增加到了33.4%，足以讓它實質掌握行政任命。福特後來連續任命了幾名外籍執行長，當中的第一個人是英國人亨利・華萊士（Henry Wallace）。[11] 這項任命案並不怎麼受歡迎。他的日籍前任執行長強力否認他要下台，並且在他們的聯合記者會上鬧得不可開交。日本輿論對於這件事的反應，普遍來說是嚇得不輕，而新聞媒體關注的重點是接下來會裁員多少人。華萊士不會說日語，一些金融分析師質疑他要怎麼經營一家日本公司，每份文件和會議都需要幫他翻譯，而三年後的戈恩也要面臨這些問題。「我沒辦法清楚告訴你，我被說過多少次『你不了解日本的商場慣例』，」華萊士在1996年的一次採訪中說，「這種話只是代表他們不想改變而已。」[12]

10 Igarashi Daisuke, "Takeda CEO Would Have Scrapped Shire Deal If Leaked," *Globe Asahi News*, August 5, 2019, https://globe.asahi.com/article/12596062.

11 Bob Murray, "The Best-Known Westerner in Japan," *Management Today*, September 1, 1997, updated August 31, 2010, https://www.managementtoday.co.uk/japan-best-known-westerner-japan/article/411100.

12 Valerie Reitman, "Japan Is Aghast as Foreigner Takes the Wheel at Mazda-Putting Wallace in Charge, Ford Shows It Is Taking Control," *Wall Street Journal*, April 15, 1996.

　　儘管華萊士成功推動了馬自達所需要的轉型，但此事大部分的功勞都被歸於美國人馬克‧菲爾茲（Mark Fields），他在1999年被福特派到日本時年僅38歲。就像戈恩在日產所做的那樣，菲爾茲把目標擺在日本的資歷制度，拔擢年輕人，在眾多競爭對手中打造出鮮明的馬自達品牌。他待了三年。「戈恩就和他那媒體造神出來的形象一樣令人敬畏，但相較之下，菲爾茲也毫不遜色，」曾擔任菲爾茲的演說撰稿人，也是後來戈恩的演說撰稿人約翰‧R‧哈里斯（John R. Harris）這麼表示。但是在2008年福特與馬自達這兩家公司斷絕大部分關係之前，菲爾茲以及福特整家公司在協助馬自達站穩腳跟這件事上，幾乎沒有獲得什麼讚譽。馬自達最成功行銷手法之一的「Zoom Zoom」這個標語，可是出自福特汽車之手。在哈里斯看來：「馬自達教福特怎麼製造汽車，而福特教馬自達怎麼銷售汽車。」

　　接下來最受矚目的外國高階主管，是前哥倫比亞廣播公司（CBS）執行長、英裔美籍的社長霍華德‧斯金格（Howard Stringer），他曾經承接扭轉電子商品巨頭Sony命運的艱困任務。Sony，和日產一樣，試圖重新找回過往的榮光。甚至比起日本車廠，Sony更能象徵這個國家的形象，它也是一個準備好迎接或接管世界的創新領導者。日本汽車是因為品質優異及價格具有競爭力而取得成功，而Sony之所以成功則完全是因為創新。在1979年問世的Sony Walkman「隨身聽」，本身就是一個個人主義的傳奇故事，也等於預告了蘋果iPod時代即將來臨。研發Walkman隨身聽，是Sony共同創辦人井深大（Masaru Ibuka）個人的要求，他自己想要一台隨身音樂播放機，這樣就可以在外出旅遊時聽聽歌劇。Walkman隨身聽這種以前沒有人知道、甚至沒人需要或想要的產品，

成了一個極其成功的產品的經典案例。在接下來的二十年裡,該公司賣出超過2.3億台隨身聽,這還只是其頂級電子產品的產品線裡的一部分而已。

但是到了2000年,Sony——就像日本多數企業那樣——變得組織肥大而且找不到方向。該公司投下巨資,花了34億美元收購好萊塢代表性公司「哥倫比亞影業」(Columbia Pictures Entertainment)。會打這個算盤是想結合硬體和軟體,這是個還沒有人成功過的策略。

霍華德・斯金格是1997年在美國加入Sony集團的,並且在2005年成為該集團的會長,當時,這家昔日的領導品牌陷入了產品線品質參差不齊的泥淖。在當年的全球品牌排名裡,韓國三星有史以來第一次超越Sony,把它踢下第二十名的位子。[13]在東京五光十色的銀座區,就能很明顯看出問題,很多大品牌都在此地設有展示廳,為它們的產品營造令人興奮的氛圍。在兩年前開幕的蘋果展示廳,每天都有大量人潮。地點設在附近的Sony展示廳,給人的感覺就是死氣沉沉。

和戈恩一樣,斯金格很清楚他必須改變現狀,用他的話來說,就是他想要讓Sony「再度變酷」。他開始盡量晉用能設計出可以執行複雜軟體的產品的年輕工程師,而且最好是能和當時越來越普及的網路世界有關的產品。他啟動了耗資20億美元的重建工作,裁掉一萬名員工,關閉了十一家生產基地。簡單地說,他選擇讓公司開始走向一條漫長的道路。

儘管做了這些努力,但是要立竿見影是不太可能的。2012年斯金

13 "International: Samsung Overtakes Sony in 2005 Interbrand Top 10o Ranking," Exchange4Media, August 8, 2019, https://www.exchange4media.com/marketing-news/internationalsamsung-overtakes-sony-in-2005-interbrand-top-100-ranking-17147.html.

格下台時，該公司的股價比他在2005年掌權時還低了60%。雖然有一些外部因素，像是2011年毀滅性的地震與海嘯或多或少有些負面影響，但它確實仍然在虧損。在許多方面，斯金格做得最成功的事，是他挑來接他的位子、以繼續重建公司的人選。51歲的平井一夫（Kazuo Hirai），就以能夠掌理一家日本大型企業來說，算是年輕的了，而在某些方面他算是另一個「外國人」。他在加州長大，據說英語說得比日語更流利。平井在2019年退休時，Sony即使已經不再是鼎盛時期那般的全球重要製造商，但也獲利頗豐厚。財經日報《日經新聞》在一則關於平井一夫離職的報導裡，寫到了他是怎麼「重塑Sony」的，他「為一家經常陷入內部權力鬥爭的公司，注入了清新的氣象」。這篇文章討論了Sony的悠久歷史、其具代表性的創辦人，以及歷年來的各個領導人。報導裡頭一點也沒提到斯金格的功勞。〔14〕

　　從某些方面來看，這種忘恩負義的表現情有可原。很少有人或公司願意提起他們最脆弱的時候。從歷史可以證明，扭轉局面的專家在離開舞台之後，鮮少會因為他們的所作所為而受到讚揚。最著名的例子，或許要算二戰時期的英國首相溫斯頓・邱吉爾。他在一生職涯的大多數時期，都被視為激進派人物（在某些人眼裡還是種族主義者），後來被視為從納粹德國手中拯救英國，甚至拯救自由世界的完美領袖。只不過，他的錯，是在位太久。在歐洲戰勝過後僅僅兩個月（1945年7月），英國人民在選舉中就毫不客氣地把他趕下台，之後又在1951年，在戰後

---

14 Kunio Saijo, "Jeans, Music and Drastic Cuts: How Kaz Hirai Remade Sony," *Nikkei Asia*, June 19, 2019, https://asia.nikkei.com/Business/Companies/leans-music-and-drastic-cuts-How-Kaz-Hirai-remade-Sony.

逐漸失去其帝國光環與全球影響力的英國，重新擔任領導人。在那時，英國比較關注的，並不是重回大國強權的計畫，而是國內問題與社會改革，然而邱吉爾對這些領域卻是興趣缺缺。他在1955年因健康狀況不佳而下台，他戰後從政的紀錄也沒有太多正面評價。

企業界的寬容度和選民差不了多少。一大失寵案例是通用電氣公司的事件，這家製造商涉足領域廣泛，從鐵路、機車到家用電器無所不包，在魅力非凡、前途無量的傑克‧威爾許（Jack Welch）帶領下一飛沖天，但是在他離開之後不久，就急轉直下。威爾許在1981年到2001年的二十年任期內改革了該公司，在商業專家領域被譽為他那個時代最偉大的高階經理人。1999年，《財星》雜誌甚至封他為「世紀經理人」。說到適當地犒賞高績效高階管理人員──包括他自己，威爾許的想法和戈恩相似。威爾許退休時領了一筆退休金，其中包含估計價值4.17億美元的一家外部企業管理公司的福利，這是有史以來最大筆的退休金。[15]

威爾許在備受關注之下離職（正如他的獎金所意味的那樣），但他也種下了通用電氣最終幾乎倒閉的種子。在他離職時，該公司43%的業務來自通用電氣金融服務公司（GE Capital）。有鑑於金融服務的利潤極其龐大，在短期內這是明智的生意。

但是時代會改變。2008年的全球金融危機帶給全球各大公司極大的損失，也威脅到通用電氣的生存，金融業似乎並不是一個很好的賭注。處理這個混亂局面的責任，落到了威爾許精心挑選的繼任者傑佛瑞‧伊梅特（Jeffrey Immelt）身上，接下來的惡性循環，絕大部分責任都

---

15 "Jack Welch at General Electric: $417 Million," *Forbes*, January 19, 2012, https://www.forbes.com/pictures/ehii45khf/jack-welch-at-general-electric-417-million/7sh=58ee 289453bd.

要算在他頭上。雖然該公司在2020年員工仍然超過二十萬人，但它只是保有昔日的外殼而已。它的總市值只有威爾許時期最高點的10%，還非常丟臉的被全球企業界最獨特的組合「道瓊斯工業平均指數」踢出去。

　　該歸咎在威爾許身上嗎？哈佛商學院助理教授、組織行為學專家高坦‧穆孔達（Gautam Mukunda）說，威爾許成功的部分原因，在於他非常適合當時的市場需求。

　　「想想那些表現最好的領導者。當你的方法和潛在環境完美契合，就會出現最高水準的表現。你會完美地適應那個環境。而完美適應特定環境的一個特點是，你越是適應某種環境，對於其他所有環境就適應得越差。」

　　戈恩，是否就像邱吉爾那樣，在職位上待太久了？環境的變化，是否讓他從完美契合變成了格格不入，像通用電氣那樣？撇開詐欺指控不談，一些主要利益相關者擔心他不惜一切代價推動更高的銷售額，而沒有進行適當的投資以保持日產產品線的新鮮感。正如穆孔達所指出的，一個更穩定、依賴共識的環境，不太可能選擇像戈恩這樣扭轉局面的專家。在某些方面，鑑於西方企業的執行長任期通常要短得多，戈恩能夠在公司狀況好轉之後，還長時間擔任公司高層，這是對他的一種敬意。美國企業的執行長平均任期不到七年。[16]

　　小枝至（Itaru Koeda）是在日產工作了四十三年的資深高層，於2008年從該公司董事聯合主席職位退休，他說戈恩確實待得太久了。在格雷格‧凱利的訴訟案作證時，小枝說，戈恩經過了十年之後，身邊都是他

---

16 "CEO Staying Power," Korn Ferry, Winter 2017, https://www.kornferry.com content/dam/kornferry/docs/article-migration/CEOStayingPowerWinter2017.pdf.

親手挑選的人馬，也因此握有太多權力。其他人也同意這說法。戈恩被
捕之時，已經在這個崗位十九年了，大家認為他和周遭的人更加疏離，
與該公司更加脫節了，他沒有看到四周迫在眉睫的威脅。「他透過一個
很小的團體來管理公司，他在自己的公司裡變得更加孤立，」一名和戈
恩共事過的顧問說，「為什麼他看不到將要發生的事？局勢都已經很明
顯了。」

CHAPTER

6

壓力鍋
Pressure Cooker

　　戈恩把設計大膽、雖然外型滑稽的新車款開上舞台時,幾乎壓抑不住他那頑童般的笑容。這是一輛外型圓潤的天藍色掀背車,完全依靠電力運作,不會排放二氧化碳或其他有害氣體。戈恩打包票說,這會是這個還未能擺脫汽油的世界的第一款平價、適合大眾市場的電動車(EV)。它的名字是:日產Leaf。

　　日期是2009年8月2日,此時戈恩上任已經十年,而再過一年,他的巨額薪酬便在年度股東大會上引起股東們的怒火。在當時,電動車還被當做花俏的科學展覽企劃,也有人嘲諷為美化過的高爾夫球車。認真看待電動車的汽車製造商少之又少,更不用說實際製造上市了。幾乎沒有汽車買家想買電動車。

　　但戈恩很看重Leaf,因此把它首次亮相的時機,安排在該公司嶄新且閃亮的全球總部新大樓的開幕式上。這座外部牆面由玻璃構成、高二十二層的大樓,矗立在一座炫目、可以展示三十多輛汽車的陳列廳之上,同時俯瞰著日本首都東京灣以南的橫濱海濱,和日產的舊辦公室形成鮮明對比(後者位於精緻的日本傳統文化紀念碑歌舞伎座劇院、與藍

領階層熙熙攘攘出入的築地魚市場之間，外觀老舊）。戈恩在那天，同時向世人揭開了車子和大樓這兩者的廬山真面目——兩者都各自象徵日產的光明未來，以及對全球領導地位的雄心。

Leaf這個產品是一道分水嶺，前首相小泉純一郎不僅出席了當天的儀式，而且在戈恩小心翼翼駕著車穿過美麗的新辦公大樓陳列廳時，坐上Leaf的乘客座，最後車子停在數百名翹首以待的記者前面。不論對於日本人的獨創與創新，還是對於日產本身來說，推出Leaf都是一場勝利。戈恩似乎是代表著日本全國，把革命性的電動車推廣到全世界。

「這輛車代表一次真正的突破，」戈恩身穿淺藍灰色西裝，暗示全電動車帶來的明日會是晴朗、乾淨的天空，他宣稱：「正如它的名字所意味的，Leaf對環境是完全中性的。沒有排氣管，沒有燃油引擎。只有我們自製的小型鋰離子電池組，提供安靜、高效率的動力。」

在Leaf發布之後，戈恩做出同樣大膽的預測。他說，光是雷諾－日產聯盟，就會在2017年3月之前累計銷售150萬輛電池驅動的電動車。他承諾，屆時日產和雷諾將再擁有七個全電動車車款。

無論如何，戈恩都是汽車業拓展新領域的先驅。他看到了電動車的未來，而競爭對手仍然埋首在油電混合動力車。他想跨過中間這個過渡技術，在主要競爭對手豐田的抬轎之下，直接進入他所認為的零排放汽車的全新未來。

2013年戈恩再度搶在競爭對手前頭，當時他宣布日產將開發自動駕駛汽車，並且在2020年上市銷售。在那個時候，即使是賓士和BMW等高級豪華車品牌，也只是提供基本的駕駛輔助功能，只能在低速時輔助轉向和煞車。戈恩誓言，在這個能夠讓駕駛後躺放鬆、同時自動導航

到路口的自駕汽車領域裡，屬於大眾市場的日產汽車，會在所有品牌中成為全球領導品牌。他這番話引來業內議論紛紛。

「毫無疑問，他是個有遠見的人。日產在許多技術上算是先行者，」一名曾在戈恩手下工作多年的前高階主管表示。「當然，在世界其他國家準備好之前，發展電動車可以說為時尚早。其他車廠嘲笑我們，說電動車永遠不會成功。而又一次，對於自動駕駛汽車，日產早在其他大眾市場的供應者之前，就涉足這個領域了。」

具有強烈企圖心發展電動車和自動駕駛汽車，是戈恩領導能力的標誌，決心追求更大規模也是。他是汽車產業內，對於整合及以量制勝策略，最早與最直言不諱的傳教者之一。高科技和龐大的規模——理想的話，達到全球每年近千萬輛汽車——是相輔相成的。即使是十年後的2020年，也只有豐田和福斯汽車能夠生產這麼大量的汽車。傳統的觀點認為，汽車製造商必須集中資源，投資在電動車所需的高科技、次世代電池，以及自駕車的複雜感應器上。

從第一天開始，數量上的優勢就是雷諾－日產合作的基本準則。但是現在，不斷攀升的成本和激烈的競爭，正對汽車業形成一個壓力鍋，而聯盟似乎完全可以利用本身的規模來克服難關。訣竅是利用雙方的資源來應對。

成本壓力增加了和豐田、通用汽車以及福斯汽車競爭的事態嚴重程度。在小型企業往往被權威人士看衰要不是破產、不然就會被合併的時代，對於增加生產的每輛車都精打細算，是降低單位成本的關鍵。戈恩是預言家之一。「沒有一家產量達到300萬輛的汽車製造商能夠做到這一點。」他在2010年宣稱[1]，在這一年，日產汽車的全球銷售量只勉

強跨過400萬輛門檻而已。[2]

　　再算入雷諾賣出的260萬輛，這個全球汽車聯盟的年銷量就超過六百萬輛，數字很漂亮。[3]然而，這對法、日雙雄還是在領先群後面追著。豐田和通用在2010年都賣出大約840萬輛汽車，而福斯汽車公司也有730萬輛出廠。

　　但是，為了提高產量和削減成本，也讓雷諾和日產在路線上產生衝突。這對合作夥伴正在想辦法克服，要如何利用其產品開發來達到規模，同時保留住各自的品牌形象。汽車製造商被迫投資在高昂的燃油經濟性與安全技術的狀況，更甚以往；顧客未必迫切需要這些技術，但監管機構卻會要求加入。為了滿足這些要求，雷諾和日產的工程師開始為了選擇最好的做法而產生衝突，因為高層敦促他們要更團結合作、共享設計，而最糟糕的是，要敝帚自珍的傲氣工程師做出妥協。

　　「你得在對客戶毫無價值的領域上，投資得越來越多，」一名參與產品規畫的前日產高階主管表示。「投資越來越高，就代表你必須降低成本才能保住利潤。壓力很大。兩家公司的人要達成共識並不容易。」

· · ·

　　大約在那個時候，美國、歐洲、中國和日本等各國政府，開始快速提高燃油經濟性標準。美國的制度是使用「企業平均燃油經濟性」

1　J. Snyder, "Ghosn's Mantra: Go Big or You'll Go Away," *Automotive News*, May 25. 010. https://www.autonews.com/article/20100525/OEMo1/100529890/ghosn-s-mantra-go-big-or-you-ll-go-away.

2　Nissan Motor Co., press release, January 27, 2011, https://global.nissannews.com/en/releases/110127-01-e?source=nng&lang=en-US.

3　Groupe Renault, press release, January 10, 2011, https://media.group.renault.com/global/en-gb/groupe-renault/media/pressreleases/25521/resultats-commerciaux-monde-20102.

（Corporate Average Fuel Economy；CAFE）這種標準，來決定該國的車輛平均消耗一加侖汽油的行駛里程。2007年，美國國會對美國的CAFE規範進行了近二十年來的首次修改。新的燃油經濟性目標，是在2020年達到每加侖行駛35英里，比當時的燃油效率提升了高達40%。

後來，美國總統歐巴馬上任，他宣稱改善得還不夠快。他呼籲到2016年車隊的CAFE平均油耗為每加侖35.5英里。[4]歐巴馬在2012年再次上緊螺絲，設定了一個新目標，也就是到2025年把汽車和輕型卡車的平均油耗提高到每加侖行駛約54.5英里。[5]後來修改為46.7英里，但這仍然是個很高的目標。[6]監管者只想要它們製造出排放更乾淨的汽車，不會在乎企業要如何做到。汽車製造商驚嚇之餘承認，要達成那樣的目標，唯一的方法是最花錢的方式──重新設計車輛改用電力，而不用汽油驅動。即使唐納·川普總統後來放寬了這些野心勃勃的目標，但大多數車廠已經接受了遠程上最終還是得轉往電動車發展。

要符合新的燃油經濟性規定，電動車的成本得提高不少：第一代Leaf車內的24千瓦時鋰離子電池，生產成本大約為10,000美元，占了該車款高達32,780美元定價的很大一部分（但最初只能提供汽車100英里的續航里程）。[7]

4　T. Swanson, "Driving to 545 mpg: The History of Fuel Economy," Pew, April 20, 2011, https://www.pewtrusts.org/en/research-and-analysis/fact-sheets/2011/04/20/driving-to-545-mpg-the-history-of-fuel-economy.

5　Angela Greiling Keane (Bloomberg News), "U.S. Completes 54-5 mpg Fuel Economy Mandate for Light Vehicles," *Automotive News*, August 28, 2012, https://www.autonews.com/article/20120828/OEMI1/120829909/u-s-completes-54-5-mpg-fuel-economy-mandate-for-light-vehicles.

6　Clifford Atiyeh, "U.S. Sets Final Fuel Economy, Emissions Standards for 2021-2026 Vehicles," *Car and Driver*, March 31, 2020, https://www.caranddriver.com/news/a31993900/us-final-fuel-economy-emissions-standards-2021-2026/

日產斥資二十億美元升級位在田納西州士麥那的工廠,來生產每年十五萬輛Leaf和二十萬組電池組。就全球來看,這只是日產為了製造這款新車,所花費的三筆類似開銷之一,另外兩項是分別在日本與英國建立姊妹工廠。[8]總而言之,雷諾和日產打算共同投資40億歐元(約57億美元)在電動車計畫,以擁有足夠的產能,每年生產五十萬輛零排放電動車。[9]

同時,隨著安全標準越來越嚴格,也持續墊高了開發和製造車輛的成本。對所有車廠更雪上加霜的是,在工程師亟欲幫汽車瘦身來節省燃料的此時,新增的新式安全配備與更堅固的車身,卻一再使車輛變重。接著自動駕駛汽車出現,從一開始的光學雷達掃描儀一下子就要花掉數千美元,還有昂貴的電腦晶片,都使成本計算變得更加令人眼花撩亂。

「你需要更多錢,而且由於你沒有錢,你不得不放慢腳步,也因為你無法開發出新車款,你就不能需要什麼就買什麼,」一位前雷諾高階主管回憶起產品規畫的難題。「這個話題我每天得討論不下十次。那是我的噩夢:要怎麼用最好的方法來運用公司的錢開發汽車,而且不超出預算。」

從表面上看,像雷諾-日產聯盟這樣的巨頭,似乎已經準備好在

7 L. Chappell, "Spiffs Will Slice Price of Nissan EV," *Automotive News*, April 19, 2010, https://www.autonews.com/article/20100419/RETAIL03/304199977/spiffs-will-slice-price-of-nissan-ev; Hans Greimel, "Ghosn Electric Cars Are Worth the Billions That Will Be Invested," Automotive News, August 10, 2009, https://www.autonews.com/article/20090810/GLOBAL02/308109870/ghosn-electric-cars-are-worth-the-billions-that-will-be-invested.

8 L. Chappell, "Even before Leaf Launch Nissan Plans Battery Growth," *Automotive News*, October 1, 2009, https://www.autonews.com/article/20091012/GLOBAL02/310129768/even-before-leaf-launch-nissan-plans-battery-growth.

9 J. Snyder, "Ghosn's Mantra."

這個新環境大展手腳。它的規模遍及全球，這位共同執行長對即將到來的技術革命充滿信心。戈恩對於聯盟最後要怎麼獲利有一套公式。藉由開發共用平台與技術、聯合採購和聯合生產車輛，兩家公司就能夠產生「綜效」。這是戈恩用來描述大規模節約和避免支出的流行語。在他被捕的前一年，也就是 2017 年，聯盟設定的目標是到 2022 年之前，藉由這些綜效，節省的成本加獲利要達到 100 億歐元（113 億美元）。

這種策略在某些地方大獲成功，首先是聯盟打造的「共用模組族系」（CMF）底盤平台系統，這個平台系統構成了日產和雷諾兩家公司車輛的基礎。一輛一般的汽車是由大約三萬個零件製成的。而這個策略的目標，是每個品牌使用相同零件的車款越多越好，例如底盤、車架、車身底座、引擎室、駕駛座和電系，繼而打造成兩個品牌都使用的標準化架構。汽車製造商把這種方法稱為「共用化」（commonization）。車輛外觀看起來不一樣，有各自的車體外型和造型元素。但是在車殼底下，顧客看不到的地方，車子基本上大同小異。有些人把它比喻為同樣的技師戴不同的「大禮帽」做裝扮。

這種想法在很久以前就已經出現，當時通用汽車接連推出的雪佛蘭、龐蒂克和別克，有著不同的車名和不同的車身，但是外殼底下幾乎完全相同。1980 年代的雪佛蘭 Citation，龐帝克的 Phoenix，奧茲摩比（Oldsmobile）的 Omega 和別克的 Skylark，在它們經過小幅度拉皮的鈑金底下，本質上是同一輛車。不過近幾年來，福斯汽車利用這種策略獲得最成功的結果——在福斯、Skoda、SEAT，甚至奧迪這些品牌之間共用底盤平台。那裡的成功經驗引起大家仿效，而這種想法甚至在整個汽車業裡蔚為風潮。

聯盟希望到了2020年，有70%的雷諾與日產汽車只使用到三個平台，迷你車、小型車和中型車各一種平台。

聯盟的第一個CMF共用平台在2013年首次亮相後，大受歡迎。它最初用在日產Rogue、Qashqai和X-Trail跨界休旅車，以及雷諾的Kadjar和Koleos跨界休旅車等車款。合夥公司承諾，該平台每年將使用在160萬輛汽車上，把成本削減達30%。Rogue成為日產在全球數一數二暢銷的車款。到了2019年，在推出整整六年後，車款已老舊的Rogue仍然是日產在美國最暢銷的車型，而且是全美第六暢銷的車型。

但是要為共用平台找到共同點，從來就不是那麼簡單。

再怎麼小的細節，還是會引起公司工程師之間的歧見，甚至連從轉向機柱伸出來的大燈撥桿，這樣看似微不足道的零件也是如此。在開發第一個CMF時，每家公司都提出了該組件的傳統操作方式，就像對其他數百件標記要共用化的零組件所做的那樣。但是有一個問題。

日產大燈開關的循環順序是「關閉－自動－停車燈－開啟」，並且藉由「推－拉」撥桿來啟動大燈遠光燈。但是雷諾的大燈則是「關閉－停車燈－開啟－自動」，它的遠光燈用「拉－拉」的動作來開啟和關閉。這操作方式勢必要整合，但即使是在這種無傷大雅的事情上，也花了六個月才達成協議。最後，聯盟使用了日產的遠光燈，以及雷諾的大燈循環操作方式。[10]

「當你碰上技術和產品本身，事情就變困難了，」一名前雷諾工程

---

10 Hans Greimel, "Nissan, Renault Go Modular: Big Savings, Tough Problems," *Automotive News*, October 28. 2013, https://www.autonews.com/article/2013102S/OEMo3/310289967/nissan-renault-go-modular-big-savings-tough-problems.

主管說。「你是工程師時，有時候你會深信自己的方法是唯一的解決方案，尤其在你很努力想解決這件事的時候。這樣就會引起很多爭執。」

• • •

Leaf不僅象徵聯盟在這個大膽的新時代所做的承諾，也體現了充分利用聯盟的重重挑戰。驚人的是，Leaf和共用平台的做法沒有什麼關聯，而且很明顯在它成為實物出現之前，已經研發了很長一段時間。在橫濱南部群山環繞的日產汽車技術中心，日產工程師競相開發這款車的時候，他們在雷諾的法國同行也正忙著開發自己的電動車：雷諾Zoe。

儘管Leaf和Zoe幾乎是同時開發的，但兩者幾乎沒有可以共通共用的組件。一名主持日產開發計畫的高階主管表示，唯一可共用的零件，是連接到兩車款變流器的一條線組，這是電動車裡讓電動馬達產生電流的小零件。「那是一塊有電線穿過去的塑膠製品，基本上是緊緊夾在一起的。」這位高階主管說。

兩家公司合作的領域，想當然耳是汽車最昂貴的組件──鋰離子電池或電動馬達。但是工程師通常既固執又驕傲，一旦牽扯到外來的技術，兩家公司的技術狂熱份子就會染上一種「非我所創症候群」（not-invented-here）。在研發過程中，電池規格成了一個主戰場。

日產希望使用自己的電池，這些電池是由日產和日本電子業巨頭日本電氣公司（NEC）成立的合資企業生產的。雷諾認為這個策略不符合成本效益，也希望向韓國的LG化學有限公司（LG Chem）採購電池。雙方對於電動馬達也有歧見。日產想要用傳統的永磁馬達，因為比較便宜。雷諾想要採用感應馬達，主張這種馬達沒有使用主要產自中國的稀

土金屬，也能減輕供應鏈的煩惱。「大家都說我的系統是全世界最好的。」一名前雷諾高階主管回憶說道。

在一次聯席管理會議上，雙方的高階主管就技術問題發生爭執，當時戈恩被點名要做出決定——這種問題往往由層級低得多的下屬決定即可，要求執行長裁決是很不得了的情形。

不過讓大家都感到失望的是，戈恩沒有做出任何決定。他聽了雙方的意見，就乾脆讓他們各自為政。就某方面看來，這是有道理的。電動車仍舊在使用剛出現且快速變化的技術，避免把聯盟全部的雞蛋放在同一個籃子裡，可能是謹慎的做法。但另一方面，這與當初成立聯盟的主因——利用規模變大來達成一起節約——卻是相悖的。

「這真的很丟人現眼，」這名日產電動車高階主管說。「這些汽車是在同一段時間裡，針對相同的電動車策略研發的，而這兩家公司無法一致同意使用一個共用平台，而戈恩也不下裁決。因此，整個動力系統是由兩個完全不同觀念的設計哲學所完成的。雷諾的觀念是大幅仰賴供應商，而日產則是完全依賴公司內部的研發能力。」當 Leaf 終於在 2010 年上市的時候，插拔充電式汽車市場上只有少數競爭對手，例如雪佛蘭的 Volt、三菱的 i-MiEV、特斯拉的 Roadster 和豐田的 Prius PHV。但是 Volt 和 Prius PHV 還不能算是真正的電動車。從技術上來說，它們是混合動力汽車，因為它們仍然有配備燃油內燃機。

然而到了 2018 年，競爭對手陸續上市，預計到 2022 年會推出一百款電動車型。這些對手的名單增加到包括奧迪、現代、起亞、福特、福斯、保時捷、馬自達、本田、BMW ——總之，幾乎所有大廠都來了。

儘管日產是最早投入電動車市場的車廠，但目前看起來它已經落後

了。經過了近十年，它幾乎仍然只靠Leaf撐起銷售。以前規畫過的其他電動車款，包括高級車品牌Infiniti的一款全電動車型，絕大多數都無疾而終。而可以支應雷諾與日產電動車的共用平台，最早也要到2020年才能投入生產。戈恩設定整個聯盟到2017年初要賣出150萬輛電動車的目標，又怎樣呢？他離那個目標還差了超過100萬輛。到了該年7月，雷諾－日產聯盟在全球賣出的電動車只有481,000輛，然而Leaf就占了超過一半。[11]聯盟在電動車的領先優勢已經被揮霍殆盡。

• • •

戈恩偏袒其中一家公司的次數越多，累積的壓力就越大。即使他對電動車的架構沒有做出決策，但他習慣交由日產來主導關鍵的新技術，包括電動車和自動駕駛汽車。日產的工程師認為這是理所當然的。日產的工程部門更大、更嚴謹，而且被視為創新者。相較之下，雷諾比較算是一個動作快的追隨者。另一家公司可能率先把新技術推向市場，而雷諾則是會很快努力趕上。雷諾往往會順著日產的意，因為在重要的美國與中國市場，這家日本合作夥伴已經打下深厚基礎，還有扎實的專業知識，而雷諾幾乎沒有、或完全沒有打進這些重要地區的市場。

但是兩家公司的工程師對於對方都有些不滿，儘管多數時候沒有明說；雙方都有怨氣。

日產的人往往覺得雷諾那邊的人就算不是懶，也是漫不經心的。這

---

11 Hans Greimel, "New Nissan Leaf Pitched as High-Tech Showcase with 150-Mile Range," *Automotive News*, September 5, 2017, https://www.autonews.com/article/20170905 OEM05/170909882/new-nissan-leaf-pitched-as-high-tech-showcase-with-150-mile-range.

種看法要在日產突然批准了聖誕節和暑假的長假時，才會很明顯察覺。縱觀整個日本企業界，帶薪休假雖是明文規定的福利，但實際上能享受到的員工很少。請假就差不多等於怠忽職守，會被當做拖累同事。

在日本，在職場送禮的老規矩，演變成用來緩和因請假產生的罪惡感。去休假的人必須帶回伴手禮（比如一盒巧克力或其他甜食），分享給同事。這麼做是為了感謝其他人幫忙代理職務。在和雷諾合作之後，日產的員工——尤其是國際部門的員工——現在都在聖誕節前請假離開，或者在夏季休假數週，這在其他日本公司是未曾聽聞的事。

線上旅遊預約網站Expedia進行的一項「假期剝奪研究」定期調查，就呈現了很大的反差。在法國，工人平均每年會獲得三十天年假，而且他們鐵定會全部休好休滿。

在日本，勞工只有二十天年假，不過恐怕連一半都沒休完。[12]

日產和其他日本製造商一樣，一絲不苟地維持著工廠的保養、條理，並且清潔得閃閃發亮。工廠管理的一個關鍵原則稱為5S，它代表日語中的五個原則：整理（seiri）、整頓（seiton）、清掃（seiso）、清潔（seiketsu）和しつけ（shitsuke），意思是「整理」、「整頓」、「清掃」、「清潔」和「紀律」。參觀日本汽車工廠的人，往往會一下子就被一塵不染的地板嚇到，原因之一就是日本人具備這樣的思考模式。雷諾的工廠則給日產的生產工程師留下了相反的印象。據說雷諾有時候沒有清潔地板，就直接在汙垢上面粉刷油漆。

不僅在資金方面，還有人力與其他資源方面，儘管兩家公司都應該

12 "How to Use Your Vacation Time," Expedia, October 15, 2018, https://viewfinder.expedia.com/how-to-use-your-vacation-time/.

為每個項目分攤一半的責任，但時至今日，日產的工程師還是會抱怨，他們在產品的研發上承擔了繁重的工作。在日產，很多人還是免不了發牢騷說「雷諾是個組織龐雜、做事牛步的企業」，其中多少是因為雷諾汽車長期以來一直是國有企業。儘管這些年來法國政府的股份已削減到15%，但對該公司的印象仍然是積習難改。

「雷諾看待這個聯盟是，『日產能怎麼解決我的問題？』」一名前日產高階主管說。「我總覺得雷諾的人有一點懶散，不會靠自己解決問題，還指望日產來解決他們的問題，而不是自己找到一個目標。像日產反倒會說：『這是我的問題。我會自己解決。』」

但這種鄙視是雙向的。雷諾那邊的人偏向認為日產傲慢、僵化，被規矩綁死到無藥可救。對於自己從中得到的回報明明比較少，卻得共同投入一半的資源和資金，雷諾也覺得反感。從新技術裡雷諾幾乎總是獲得比較少的收益，只不過是因為它的規模只有日產的三分之二，而且能夠安裝這些系統銷售的汽車更少。

「有些人忿忿不平。日產占了便宜，」這位前日產高階主管說。「雷諾有些人會想，『我們持有日產43%的股份，為什麼不能免費用那些技術。』牽扯到來自日產的技術，總是會造成雙方關係緊張。」

同時，雷諾的高階主管覺得，日產備受倚重的工程師把高階主管牽著鼻子走，以致於他們完全不知道客戶真正想要車子裡有什麼配備，或者願意花錢買什麼配備。有很多西方人認為是「不必要的完美」的東西都被否決了。結果就是汽車上的傑出技術，由於缺乏客戶研究或策略性行銷，大多數就擱置在經銷商的停車場裡。

「說到底，就是這款車原本就很貴，」一名雷諾的前高階主管說，「他

115

們有點像是隨隨便便就把產品丟到市場上，希望找到肯買單的人，對獲利能力漠不關心。」

雷諾汽車裡的一些人還擔心，鋒芒會被日產的龐大規模所遮蔽。讓法國傳統主義者懊惱的是，雷諾開始把日本企業文化的元素內化，日式作風慢慢滲透到公司裡。一些日文外來語，例如「現場」（日文發音為gemba，意指像是在工廠車間這類的第一線運作），或者「改善」（日文發音為kaizen，意思是追求持續改進），這些用語都已經深入到雷諾的用語裡了。

「日本的產業文化進口到了雷諾汽車。這種事對雷諾的一些人來說，相當難以接受，」戈恩在這家法國公司的前顧問說。「日產在造車方面擁有歷史上的優勢，而雷諾在最近幾年也追上來了。但日產不承認這樣的進展，這讓雷諾這邊的人很不爽。」

雷諾裡頭有些人甚至抱怨戈恩偏愛日產，會挑選日產的高階主管擔任聯盟裡較好的領導職位。2014年，雷諾和日產準備慶祝聯盟成立十五週年，戈恩介紹了「下一波重要的整合浪潮」。聯盟朝著「統合」（convergence）這個方向發展，「統合」這個流行語，意指要在聯盟內納入各種功能，交由單一高階主管負責。在這之前，除了採購之外，兩家公司的重要功能都是各自分開的。現在，日產員工被任命領導這兩家公司重要且具影響力的工程設計、製造和供應鏈組合。

統合原本是要把營運結合在一起，以簡化決策過程。但是在某些方面，兩家公司的高階主管都抱怨說，在公司高層和工程設計單位之間再插入一層官僚，會產生反效果。而這種做法也讓兩家公司都擔心失去自主權。如果兩家公司都是由同一個高階主管發號施令，那麼全面合併還

會遠嗎？如果發生這種情況，那麼坐在駕駛座上的會是誰呢？

就連戈恩最親近的顧問，也不甚清楚戈恩的最終目標。但這位有遠見的領導者持續專注地推動兩個最優先的任務：更完全的整合，以及更大的規模。

• • •

當時整個產業都在談論整合。當時飛雅特克萊斯勒汽車公司（Fiat Chrysler Automobiles）的執行長塞吉歐‧馬奇翁（Sergio Marchionne），是戈恩在歐洲的汽車業主管中的頭號競爭對手，也是全球帶頭呼籲進行更進一步合併的人物，他認為汽車製造商唯有合併，才能在新技術成本不斷攀升的考驗中存活下來。2015年4月，馬奇翁在一場名為「資本迷的自白」的挑釁演講裡，向產業分析師提出了說明。[13] 他說，各家車廠浪費數十億美元開發相同的產品，必須合作才行。根據他的計算，光是在2014年，全球前幾大車廠在產品開發上就花費了1,000億歐元（1,328.3億美元）──每星期要花20億歐元（26.6億美元）。若按照雷諾和日產一直在嘗試的方式，藉由共用零件和共同開發，馬奇翁估計車廠平均可以節省45%到50%的成本。

馬奇翁對自己的世界觀深信不疑，甚至遊說福特和通用汽車，希望他們與飛雅特克萊斯勒合作。不過這兩家競爭對手的高階主管拒絕了，他們擔心馬奇翁提的任何合作，都是以由他擔任合併後實體的執行長為前提，就像戈恩在雷諾和日產冒出頭，來擔任執行長那樣。

---

13 Sergio Marchionne, "Confessions of a Capital Junkie," *Automotive News*, April 29, 2015, https://www.autonews.com/assets/PDF/CA99316430.PDF.

　　加劇這種急迫感的，是來自矽谷和中國的高科技公司、以及初創電動車的製造商湧入。這些不速之客利用的是雄厚的財力，以及熱情的投資人為它們注入資金。新加入者挑戰老式金屬折彎機，用更快的新方法製造車輛。儘管老牌企業努力想要投資新電動車和電池工廠，但他們還必須吸收已經投入到對應舊技術的工業基礎設備的巨額固定成本。充滿企圖的新企業可以投資在最新、最棒的生產工程上，而無需任何日常營運費用。傳統車廠擔心想要插足汽車業的對手，像是伊隆・馬斯克（Elon Musk）在帕洛阿爾托（Palo Alto）的心肝寶貝特斯拉（Tesla），或者是來自中國、美國人甚至很難認得出名字的蔚來汽車（NIO）、小鵬汽車（Xpeng）和拜騰（Byton）等新的電動車車廠，會迎頭趕上。

　　光是特斯拉一家車廠，沒多久就讓各家老牌車廠嚇出冷汗。起初這些老牌車廠認為，特斯拉只會曇花一現，只是它那異想天開且反覆無常的億萬富豪創辦人的一項虛榮的計畫。畢竟，馬斯克擁有一家太空船公司「SpaceX」，還提到了移民火星計畫。最初，特斯拉電動車的品質並不被看好，鈑金之間還有明顯的縫隙——這點對傳統車廠來說簡直是一種褻瀆，它們可是耗費了幾十年在製車能力上力求完美。

　　儘管如此，特斯拉還是引起了狂熱客戶群的共鳴，它的電動車很快就成為了下一個必買的高科技新玩意兒，和蘋果的iPhone有得比。特斯拉獲得了其他汽車製造商幾乎無法企及的聖杯——客戶無視這車子本身的怪異毛病，只因為它們是特斯拉就很想買一輛。這名字就是有那麼大的品牌力量。特斯拉在虧損多年之後，打臉了那些唱衰者，開始大幅盈利。特斯拉的股票成為華爾街大家追逐的目標，股價不斷攀升。到了2020年，就連豐田汽車社長豐田章男，也感嘆特斯拉的股票市值——

飆升到4,500億美元以上——超過了豐田汽車,還超過日本其他六家汽車製造商的市值總和。然而事實上,豐田汽車每年銷售近1,100萬輛汽車,而特斯拉只有367,500輛,不到豐田總銷量的5%。

從製造電動車起步的車廠,用新的研發與製車方式顛覆了傳統。傳統車廠會好整以暇地花四到七年進行車型改款。相反的,新車廠帶來了矽谷的思維模式,以加快產品週期。畢竟,幾乎每年都有新款智慧型手機發表。得益於雲端運算的協助,一些汽車業新手在短短兩年內,就能夠從無到有。藉由空中更新(over-the-air update;OTA update),它們的車子內建軟體可以即時更新。從底特律和斯圖加特(Stuttgart,德國汽車工業重鎮)到首爾和橫濱,老牌汽車製造商都在努力加快開發步調,以維持競爭力。

與此同時,新的汽車巨頭正從印度和中國這些新興市場崛起。起初,傳統汽車製造商對這些新興車廠頂多一笑置之,認為他們的祖國永遠無法出現真正的全球競爭對手,如福特、戴姆勒或本田。但是當這些公司開始收購大品牌,它們笑不出來了。印度的塔塔汽車公司在2008年,從福特手中收購了捷豹(Jaguar)和荒原路華(Land Rover)。而中國吉利(全名為浙江吉利控股集團)則收購了瑞典高級車品牌Volvo,以及昔日的英國代表性跑車廠蓮花(Lotus)。吉利在2018年確實震驚了整個行業,當時它祕密增持賓士母公司德國戴姆勒公司的股份達到9.7%,成為它的第一大股東。[14] 這些新的全球巨賈揚言,要顛覆存在已久的產

14 D. Busvine, "Geely Chairman Becomes Daimler's Top Shareholder," *Automotive News Europe*, February 23, 2018, https://europe.autonews.com/article/20180223/COPY/302249999/geely-chairman becomes-daimler-s-top-shareholder.

業階級──在這個階級裡，雷諾和日產是位在上等的地位。

　　要是這些還不夠，還有新的移動模式，例如：美國Uber和中國「滴滴出行」帶動興起的網路叫車熱潮，改變了汽車的使用方式。共享汽車可能會破壞掉「汽車私有」的商業模式，把傳統車廠變成製造實用的載客運具的製造商，現代運輸服務供應商（例如Uber）會大量購買這些車，且時常轉換品牌，對情感設計、操作方式或多樣性等瑣碎的細節，幾乎不感興趣。其他年輕一輩的人，對於會把亞馬遜訂單商品送到家門口的自動駕駛送貨車的未來，有著更遠大的願景。福特甚至和達美樂披薩連鎖店合作，展開了一個試營運計畫，用自動駕駛汽車將剛出爐的披薩配送到飢餓的顧客手上。傳統車廠不再認為實際製造汽車是有前途的，而是拚命地試圖把自己重新定位成「新式運輸方式」的公司。

　　通用汽車前副董事長鮑伯・盧茨，對於拯救日產公司免於破產的想法嗤之以鼻，他在《汽車新聞》的一篇文章中，對於以後可能發生的衝突，提出了一個具有挑釁意味的假設，標題為「和美好時光吻別」。由於自動駕駛汽車將會比傳統的手動駕駛汽車安全，將來勢必會立法讓真人駕駛車輛「不能上高速公路」。那些高速公路上，想必都會是以120英里時速疾駛的商品化罐頭車形成的連綿不斷的車流。「這些車輛不會掛上雪佛蘭、福特或豐田的品牌。它們會用Uber、Lyft，或是在這個市場上競爭的其他任何品牌的名字。」這位汽車業傳奇人物寫道。以後人們可能會佩服身邊還會開車的朋友，就像現在看待會騎馬的人那樣。[15]

---

15 B. Lutz, "Kiss the Good Times Goodbye," *Automotive News*, November 5, 2017, https://www.autonews.com/article/20171105/INDUSTRY_REDESIGNED/171109944/bob-lutz-kiss-the-good-times-goodbye.

盧茨認為這樣的事會在什麼時候發生？2030年代。在2010年代中期席捲汽車產業的「狂飆與突進」（Sturm und Drang）就是這樣的事。

• • •

如果這樣事在未來成真，汽車製造商的利潤會進一步壓縮——如果他們想盡辦法要繼續經營下去的話。

飛雅特克萊斯勒集團的馬奇翁承認，整合不是容易的事。首先，不同公司之間會發生文化衝突——日產和雷諾就是這種衝突的一個初期跡象，即使其他公司沒有意識到這一點。管理新創立的大型製造商，會出現前所未有的複雜狀況。合併的各公司地位不平等，以及缺乏品牌差異性，會讓這個組合更加複雜。在飛雅特出手相救之前，戴姆勒與克萊斯勒合併的慘敗收場，對於任何試圖進行合作的公司來說，都是一個明顯的危險信號。

但是和當時大多數汽車業的領導人一樣，馬奇翁沒有其他出路。

「企業合併會在工作的執行上帶來風險，但好處也大到不容忽視，」他分析後總結道：「這終究還是領導風格與能力的問題。」[16]

在同樣的壓力下，雷諾和日產也很吃力。而且戈恩不斷增加壓力。由於無止境地追求規模，他吸引了越來越多公司進入聯盟，這是聯盟策略的基礎。為了實現自己的願景，戈恩甚至曾經考慮把「Global Motors」這個名稱註冊，做為這個不斷擴大的集團的新名稱。

2010年，他藉由少數股權交易，把戴姆勒公司以初級合夥人身分拉進這場交易。這家德國汽車公司分別持有雷諾和日產3.1%的股份，而

16 Marchionne, "Confessions of a Capital Junkie."

121

日產和雷諾則以各自持有的戴姆勒1.55%的股份做返還。隨後，該聯盟在2014年再度擴大規模，收購了掌控俄羅斯最大汽車製造商AvtoVAZ的控股公司的67.1%股份。

　　戈恩最雄心勃勃的擴大規模行動是在2016年，當時他策劃日產收購當時陷入困境的日本競爭對手三菱汽車公司的34%控股權。把三菱汽車的銷售量加到他現有的組合裡，就終於可以宣稱要賣出全世界最多的車。在那年10月的新聞記者會上。戈恩大肆宣傳這筆交易是一道分水嶺，而且他被任命為新收購的三菱汽車會長。

　　「今天，我們的全球聯盟到達了一個轉折點，」戈恩說道。「有了三菱，這個聯盟就具有超過大多數汽車製造廠的規模優勢，也不再有什麼障礙了。」

　　他是對的。隔年，2017年，雷諾－日產－三菱這個三方聯盟的全球輕型車銷售量為1,061萬輛，足以超越福斯和豐田，衝上全球第一。戈恩的成就，進一步鞏固了他做為汽車業活傳奇的聲譽。照這點來看，他所要求並得到的豐厚薪資組合，無論是依照日本還是法國的標準，似乎也是理所當然的。他很有遠見，要設法兼顧三家公司，並引導它們進入由新技術、新市場構成的不確定的未來。當然，至少他本人相信，公司為這樣的領導能力所付的每一分錢都值得。

　　即使在一個經歷著急遽變化的產業壓力鍋內，日產和雷諾之間的緊張關係正在醞釀，在公開場合上，戈恩始終有信心既能保護它們維持獨立性，同時又拉近這兩家公司的距離。

　　「對許多人來說，產業整合的意思就是A公司收購B公司，或者B公司合併C公司，」戈恩在2016年的世界大會上告訴《汽車新聞》。他

堅定認為，聯盟的方法是不同的。「這是一種最新式的解釋，你不見得
要在公司規模與自由度或自治之間做出取捨。你可以兩者兼顧。你可以
持有自己的品牌，並且因為公司規模更大而受益。」[17]

　　不過他也承認，有一個小小的問題：「你必須確保這做法有用。」

---

17 L. Chappell, "Ghosn Not Keen on Industry Mergers," *Automotive News*, January 19, 2016, https://www.autonews.com/article/20160118/OEMo2/301189972/ghosn-not-keen-on-industry-mergers.

CHAPTER

7

衝撞路線
Collision Course

對戈恩來說,該聯盟是一種新型的合作關係,它超越了國族主義,將所有公司的精英匯聚在一個合作組織裡。它既不是法國的、也不是日本的,領導者不是日本人,也從沒被認為是道地的法國人。儘管如此,雙方的保守勢力都在讓緊張局勢惡化,因為影響力的天平從一開始拯救了日產的雷諾,往日產一方傾斜了,後者帶動了銷售量和獲利,現在正拉著雷諾走。

面對高層對於一家泛國族主義汽車廠的所有理想主義言論,戈恩的許多下屬仍然是用更偏地域性的眼光看待業務。不只是地方上的員工,這些國家各自的政府,也在推動對自己更有利的控制權。法國、雷諾和政府的傳統主義者希望,雷諾做為日產的控股股東,能發揮其全部影響力。與此同時,日產和日本政府的負責人員不僅擔心全面收購,還開始在幕後鼓動日方的合作夥伴,在聯盟事務上掌握更大的發言權。

「(聯盟的)雙方都不是很滿意,」一名日產高階主管、也是戈恩長期的副手說。「令我驚訝的是,長久以來,聯盟一直被我們描述成併購的完美替代方案,實際上在整段時間都有一種潛在的緊張關係。這兩家

公司之間的關係，從一開始就非常不被看好。」

• • •

　　早在2000年，戈恩加入日產僅僅一年後，這一對合作夥伴的規模就大致持平。由於他的日產復興計畫，這家日本汽車製造廠的利潤是雷諾的兩倍多。但他們全球銷售額大致相當。日產在截至2001年3月31日的財報年度的淨收入，約為3,310億日圓（約合26億美元）[1]，而雷諾在其截至2000年12月31日的財報年度的淨收入，則略高於10億歐元（10億美元）。[2] 但日產只比雷諾多銷出20萬輛車（260萬輛對240萬輛）。

　　到了2005年，戈恩同時執掌這兩家公司時，兩者之間的差距急劇擴大。雷諾的汽車銷售量大致持平，而日產每年增加100萬輛，淨收入為5,180億日圓（近44億美元）。雷諾的獲利高達34億歐元（40億美元），但其中超過三分之二來自其持有的日產股份的股息[3]，日產現在的市值幾乎是雷諾的兩倍。在短短幾年內，日產就讓雷諾相形見絀。

　　從日產的角度來看，尤其是該公司的日本籍保守份子看來，這家車廠以前的救命恩人現在成了援救的對象。今日產尤其惱火的，是將聯盟緊密結合、使其對雷諾更有利的那種複雜且不均的交叉持股。

　　雷諾擁有日產約43%的股份，日產擁有雷諾約15%的股份，但日產

1　"Fiscal Year 2000 Financial Results and Nissan Revival Plan in Review," Nissan Motor Co., March 31, 2001, https://www.nissan-global.com/EN/DOCUMENT/PDE/FINANCIAL/PRESEN/2000/fs_presen2000.pdf.

2　Annual Report Summary, Renault, 2000, https://group.renault.com/wp-content/uploads/2014/07/renault-_2000_annual_report_summary.pdf.

3　Annual Report, Renault, 2005, https://group.renault.com/wp-content/uploads/2014/07/renault-2005_annual_report.pdf.

在它的股份裡沒有投票權。同時，法國政府擁有雷諾15%股份——這件事本身就讓東京的許多人感到擔憂——而且那些股份最後還拿到了雙倍投票權。這樣子就讓一個外國政府變成了日產控股股東的最大投資者。

由於日產的規模比雷諾大，這樣的失衡讓兩家公司走上了另一條衝撞路線。簡單的說，這個協議一開始是為了雷諾的利益而設計的，因為當時雷諾正在節省開支。如今，風水輪流轉，日產已是明顯的市場冠軍，但這場協議卻依然對雷諾有利。

而這一次，衝突影響的範圍，已經不是汽車電池和雨刷開關那麼簡單了。正面對決是為了掌控整個聯盟。長期以來隱藏在共生共榮的夥伴關係表象下，法、日兩國國家利益的歧異，此時突然浮上檯面。雷諾和日產內部那群人所堅信的傳統的企業併購概念，和戈恩的後國家策略性合夥關係的願景相衝突。而且雙方對於政府插手大企業的看法大相逕庭，也引起了不滿和散不掉的猜疑，至今，這個法、日聯盟仍然一直承受著這件事的遺害。

在許多方面，戈恩要打造一家新型跨國公司的願景，這種在汽車業還未真正達成過的想法，已經逼得人們脫離了他們的舒適圈。一場反彈正在醞釀著。

「戈恩實際上是個超級極端的人，」一名在這段期間於聯盟任職多年、直屬戈恩的前顧問說，「他想做的事在汽車業的歷史上是空前的，是要結合在其國內地位真正舉足輕重的強大公司，並且用並非只維持一輪經濟周期，而是真正永久的方式把這些公司結合起來。那是超級有爭議的事。」

戈恩說，聯盟之所以能夠撐這麼久，是因為他掌握了一種脆弱的平

衡。「這是在尊重認同感、以及與綜效共同邁進之間,取得微妙平衡。光靠尊重身分認同並不能結成聯盟,因為那樣人們會說:『我們為什麼要合作?』但是你也不能只靠綜效來發展,因為這意味著一種合併,而合併有很多陷阱,比如誰是贏家,誰又是輸家,」他在為本書接受採訪時說道。「這就是聯盟能運作的原因。」

• • •

這是有爭議的,因為很少有產業能像全世界的汽車業那樣,享有這麼高的聲望、權力和榮景。世界各國的政府對於培植自己的汽車產業,都展現出強烈興趣,也會出於各種原因要保護其本國汽車產業。

首先,也是最重要的,汽車製造業為社會上的眾多領域提供了工作機會。從設計車輛的工程師和組裝的工人,到製造零件的供應商,以及把組裝好的新車移到經銷商停車場的銷售人員。根據汽車研究中心的資料,光是美國汽車業就直接僱用了超過170萬人,歷史上曾貢獻了該國國內生產毛額的3%。這個產業還藉由購買商品和服務,提供了美國人另外800萬個工作機會。[4]

在日本,汽車業的影響力更大。儘管日本人口不到美國的一半,但有大約550萬人從事汽車相關的工作——其中88萬人直接從事汽車生產。全國約8.2%的勞動力靠汽車和卡車為生。[5]

---

4 Kim Hill, Adam Cooper, and Debra Menk, "Contribution of the Automotive Industry to the Economies of All Fifty States and the United States," Center for Automotive Research, April 2010, https://www.cargroup.org/publication/contribution-of-the-automotive-industry-to-the-economies-of-all-fifty-state-and-the-united-states/.
5 "The Motor Industry of Japan 2019," Japan Automobile Manufacturers Association,2019

127

　　儘管美國的汽車品牌圍繞著底特律三大車廠（通用汽車、福特和克萊斯勒）進行整合，在進入二十一世紀時，日本仍維持由頑強的獨立製造商組成的本土車廠穩住局面。這份名單包括世界各地家喻戶曉的品牌：豐田、日產、本田、三菱、馬自達、速霸陸和鈴木。

　　法國汽車業直接聘僱的勞工大約有205,000人，並提供了220萬個工作機會。力挺國家的車廠包括雷諾以及標緻、雪鐵龍的母公司PSA集團，這兩家公司在2018年都躋身全球十大車廠之列。[6]

　　國營的汽車產業也投資巨額資金在創新和先進技術上，從高性能電池和電腦晶片，到雷射感光器和人工智慧。這產業被認為對國家安全和繁榮相當重要，以致於中國把電動車和自動駕駛汽車列為政府「2025中國製造」戰略計畫的一部分，以在全球舞台上主導下一代附加價值產業。在美國，川普政府當局對中國進口的改裝車和汽車零組件，徵收數十億美元的關稅，以保護本土汽車製造商。它也對歐洲、日本和韓國這些貿易夥伴提出相同的威脅，主張來自這些汽車業大國的進口數量，對國內經濟的破壞性太大，對國家安全構成威脅。

　　最後，一個國家對其汽車品牌在情感上是非常依戀的。汽車代表了一個國家的文化審美、科技成就和富裕程度。代表性的車款，例如福特F-150皮卡、豐田Prius油電混合動力車，或是保時捷911跑車，既代表了車輛駕駛人，也代表了創造它們的國家。在許多國家，光是擁有一家土生土長的本土車廠，就足以讓國民產生國家自尊心。這就導致了一些虛榮的計畫，像是1980年代馬來西亞明明做不來、卻硬是創立了國產

6　"The French Automotive Industry." Comité des Constructeurs Français d'Automobiles, 2019, https://ccfa.fr/wp-content/uploads/2019/09/ccfa-2019-en-web-v2.pdf.

汽車品牌寶騰（Proton），儘管寶騰汽車最初只是把三菱汽車設計和製造的車輛重新貼牌出售而已。

同時，由於經濟上的原因，也有民族主義的因素，客戶對汽車也有很深的依戀。買車是大多數人的第二大投資，僅次於購屋。他們會想要為自己的荷包保護這筆投資，而且對它所象徵的一切感到自豪。

日產和雷諾在各自的祖國人民的心理層面，都扮演著極重要的角色。日產品牌標誌中的圓圈，代表日本國旗裡上升的太陽。雷諾的民族自豪感可追溯到尼古拉・約瑟夫・居紐（Nicholas-Joseph Cugnot）的科學實力，這位法國發明家因為在1770年建造了世界上第一輛陸地自行式車輛而受到讚譽，這是一輛三輪蒸汽動力貨車，前面裝了一具龐大的水壺狀鍋爐。

在美國，雷諾最出名的可能是它生產了「Le Car」，在該公司於1980年代退出美國市場之前，這款小型掀背車曾在1970年代短暫銷售過。但是這家法國汽車製造商的傳奇歷史，可以追溯到一百多年前。

創辦雷諾汽車的三兄弟中的路易・雷諾（Louis Renault），在公司剛起步時推出了該公司的第一輛汽車，也就是小型敞篷車「Type A Voiturette」。在1898年平安夜，他駕駛著這輛單缸的機器，爬坡開上巴黎坡度最陡的街道——蒙馬特的勒皮克街（Rue Lepic）。這次特技表演讓他的同胞嘆為觀止，那天晚上他接獲了十二筆訂單。一百多年後，他的公司成了全球性企業，在九個國家暨地區擁有十八萬名員工。

對於大多數國家的政府來說，放任這樣的公司從世界上消失是不可思議的，這一點也充分說明了在2008至2009年經濟不景氣期間，華盛頓為什麼會對通用汽車和克萊斯勒進行紓困。

「這些公司就像是這國家的被監護人,因為它們僱用了很多員工,」戈恩的前助手說。「重要的是,要知道雷諾和日產對於它們的祖國來說,都是非常特殊的公司。這是其背景因素。在日本和在法國,都對自己國內的汽車公司抱有濃厚的興趣,這種興趣往往比起對金融、製藥或其他產業更加熱烈。大型金融企業可能時常在合併,你甚至不會注意到這種事,但是在汽車產業,你就一定會注意到。」

• • •

由於日產恢復了盈利能力,自豪感也回來了,公司內的高階主管開始希望在聯盟的決策過程中,有更大的發言權。有些人因為雷諾的投票權而焦躁,有些人想重新平衡股權以限制雷諾的影響力,有些人兩者都想要。

對於聯盟內部狀態失衡的恐懼,蔓延到了東京的日本政府各廳處。在促進與保護國家商業利益這方面,日本強大的經濟產業省相當活躍,它在1999年勉為其難地支持雷諾汽車提出的紓困案,因為這是當時拯救日產以及日產幾千個工作機會唯一的解方。

然而,對日產或日本政府中渴望在談判桌上獲得平等席位的人,這種關係之上籠罩著一個他們不歡迎的事實。日產在最開始的聯盟主協議裡,簽署給出了該項權利,把掌握該公司的鑰匙交給了雷諾汽車。

「雷諾可以單方面引進和挑選日產的董事會成員。而且雷諾可以任命、罷免或選定日產的執行長,反過來日產則沒有這種權力。而這點早在1999年就已經全都寫進聯盟的條款裡了,」戈恩的助手說。「直到今天大多數的人都不知道這一點。他們會心想,『哦,日產的公司規模比

較大，應該擁有更多權力。』但是聯盟的條款讓雷諾成為日產的主人。這就是現實。這就是一切內容，雷諾擁有日產汽車。」

　　儘管合約上的現實是這樣，但焦躁不安的日產勢力也驚動了雷諾汽車這方。雷諾的一些人擔心，公司有可能再也無法掌控這項珍貴資產和獲利機器。

　　「突然間，雷諾方面擔心，日產不僅可以靠自己的雙腳往前行，不再需要雷諾了，而且會因為雷諾不再是必要的，它勢必會就此拆夥離開聯盟，」一名曾在兩家車廠工作過的雷諾資深高階主管表示。「這激起了雷諾方面的恐懼，他們說：『哇，暫停一下。別忘了誰是老闆。是我們買下你的股權。是我們救了你。那麼，這些秀肌肉示威的屁話是什麼意思？』

　　戈恩從來沒有在日產裡頭作威作福，部分原因在於他是透過重振公司而聲名大噪，也為公司的成功感到自豪。他還認為，接管的心態會給夥伴關係帶來厄運，就像汽車業的其他合併案一樣，最著名的就是戴姆勒和克萊斯勒合併的事。（而在那些批評他的人看來，那是他不想殺雞取卵罷了——因為日產仍然是他最大的收入來源。）

　　「還是得幫戈恩說些好話，他對這兩家公司的管理總是區分得一清二楚，並且維持它們之間的平衡，也把它們看作平等的合作夥伴，」另一名曾在法國和日本與戈恩共事過的前高階主管表示。「在聯盟產生綜效時，我們總會推動它一把，因為兩家公司有分工合作的動力，因為它們可以透過一起合作而不是各做各的，來達成更多目標，諸如此類的。他很少強迫當中哪一家公司做什麼事。」

　　但現在雷諾是在後面苦苦追趕的合作夥伴，日產和日本政府的某

些人，對於法國政府有可能藉由控制雷諾，將一些工作從日產轉移到法國，以挽救表現不佳的法國工廠的工作機會，感到不寒而慄。在法國，聯合生產一直被視為聯盟存在的理由，以及綜效的重要來源。事實上，把一家公司的車分配給另一家公司的組裝廠製造，是政治上極具爭議的一種決定。雙方都不願意放棄生產和可能的工作機會，來填補對方工廠的空缺。

在2010年代初期，由於日本品牌的車廠開始在海外興建更多工廠，保護生產量一事成為日本的首要問題。日本的經濟表現有很大程度要仰賴汽車出口，現在突然在銷售汽車的海外市場生產更多汽車。汽車出口量開始下滑，引發國人擔憂本國汽車產業會不會遭到掏空。當時日本人甚至為這種現象創了一個流行語「空洞化」，指的是空蕩蕩的工廠。2010年，日產做了以前難以想像的事情。它開始把在泰國生產的汽車運回日本銷售，這是平常的產品流向一次驚人的反轉。為了回應防止本國經濟衰退的政治壓力，豐田承諾維持每年在日本生產三百萬輛汽車。[7]同樣的，日產試圖藉由承諾維持每年至少在日本生產一百萬輛汽車，來紓緩國內對失業的擔憂。[8]

但是雷諾也面臨了同樣的壓力。而且在日本人眼裡，在2013年那時候，日產有正當理由擔心雷諾別有居心。當時歐洲汽車銷售量下滑，市場產能過剩。當地的160家汽車廠裡，有半數的產能只運用到70%左

7　Hans Greimel, "The Juggernaut That's Not Japan." *Automotive News*, April I, 2013, https://www.autonews.com/article/20130401/OEM01/304019981/the-juggernaut-that-s-not-japan.

8　Hans Greimel, "Nissan's Curious Math for Japan Production Not So Reassuring," *Automotive News Europe*, August 17, 2011, https://europe.autonews.com/article/20110817/BLOG15/308179880/nissan-s-curious-math-for-japan-production-not-so-reassuring.

右。對於任何車廠來說，這都是一種悲慘的、虧本的生產步調。客戶購買的汽車數量，遠遠少於這些車廠設定好要生產的數量。〔9〕

雷諾及其位在巴黎西北部塞納河沿岸的弗林斯（Flins）組裝廠，危機尤為嚴重。該組裝廠是雷諾在法國最大、最古老的汽車廠，其歷史可以回溯到1952年，按照業界標準來看算是古老的。它僱用了2,600名員工，半個多世紀以來，生產了超過一千八百萬輛汽車。但是在2013年，雷諾工廠的產量僅占總產能的60%左右。弗林斯的工人們擔心，如果無法找到更多事情做，會保不住飯碗。〔10〕

「成本削減大師」戈恩之前曾經關閉工廠，他有可能會故技重施。

由於勞資緊張局勢加劇，雷諾達成協議，允許公司裁員，以換取保護法國的工作場所，並將法國的產量提高三分之一。雷諾還承諾，將弗林斯的年產量維持在十一萬輛以上。這時就是日產可用武之地了。〔11〕聯盟決定在弗林斯生產日產Micra，這是日產品牌裡很受歡迎的迷你掀背車，這個決策直到現在還在日產受到詬病。這段期間法國政府一直向戈恩施壓，當時法國的失業率飆升到10%，為此法國政府想盡辦法要保住這些工作機會。

三年之前，日產才把生產Micra的任務，從英國工廠轉移到印度的

9　Nick Gibbs, "Europe Plant Capacity Crisis to Extend to 2016," *Automotive News Europe*, June 21, 2013, https://europe.autonews.com/article/20130621/ANE/130629997/europe-plant-capacity-crisis-to-extend-to-2016.

10　Bruce Gain, "Renault Will Build Next Nissan Micra in France," *Automotive News Europe*, April 26, 2013, https://europe.autonews.com/article/20130426/ANE/130429920/renault-will-build-next-nissan-micra-in-france.

11　Reuters, "Renault Unions Seek Clarification on Flins Plant Cuts," *Automotive News Europe*, April 11, 2014, https://europe.autonews.com/article/20140411/ANE/140419973/renault-unions-seek-clarification-on-flins-plant-cuts.

一家低成本工廠。這家位在清奈的工廠，當時是日產與雷諾各以七成與三成資金合營的企業，藉由安裝雷諾的二手壓鑄機，以及首次向低成本的韓國製造商購置其他機械，來限制成本。〔12〕日產認為，讓這款小型汽車在當地生產，是壓低生產成本，而且最終能打入龐大、新興的印度市場的重要關鍵。此時，日產的高層對於雷諾要求把產量轉移回法國，感到相當不滿，因為法國的生產力和工資根本不具競爭力。

「這個結果被認為是法國的大勝仗。日產則覺得是被強迫中獎，」戈恩的助手說。「這就是日產的看法，戈恩和法國政府勾結，逼日產在其本國生產汽車。這種說法在內部引起了極大的爭議。」

日產默許了，但是一場更大的衝突正在快速逼近。

• • •

一年後，法國政府對雷諾汽車進行了一場迂迴戰，以確保政府在該國的「弗洛朗日法」（Florange Law）規範之下，還保有在該公司的雙倍投票權，這繼而引發了另一場控制權危機。該法律是2014年3月在社會黨總統法蘭索瓦‧歐蘭德（François Hollande）執政時通過，在2016年生效的。它賦予法國政府這類長期的「忠實股東」擁有雙倍投票權。讓受到偏袒的投資者僅僅用一票的代價，就能獲得兩票投票權，其目的是在保護法國公司避免遭到惡意收購競標。在聯盟裡，這場新風暴成了大家所稱的「弗洛朗日危機」（Florange Crisis）。

12 "Nissan Racing to Build Strategic Indian Plant," *Nikkei Business Daily*, February 3, 2010, http://t21.nikkei.co.jp/g3/s/SENGDo15.do?keyBody=NDJEDBIS03HH426A0302 2010%5CNID%5Cc3a97a2b&transitionId=10699cf3e231226d9e59a1f497251e4300c8b &analysisPrevActionId=SENGD014&start=21&totalCnt=39&parentTransId=106996 fsa6908129d39c5d6a38a5163dd8480&cnt=20&sor.

該法案的名稱來自法國的弗洛朗日市，鋼鐵製造廠安賽樂米塔爾（ArcelorMittal）在2006年的一次惡意收購之後，試圖關閉當地的兩座煉鋼廠高爐。歐蘭德政府為了保住這些工作，採取了激進的保護主義做法，威脅要把鋼鐵廠國有化，不過在安賽樂米塔爾同意在該地投資、放棄裁員之後，決定讓步。[13]

企業可以透過股東投票，選擇不採用新的「弗洛朗日法」，而戈恩就打算在2015年的股東大會上這麼做。假如法國政府持有雷諾15%股份就已經讓日本的一些人感到擔憂，那麼法國政府日後可能把它的投票權加倍一事，則確實令他們感到震驚。戈恩想緩和日產對投票權的擔憂，並阻止法國政府對雷諾的事務做任何干預。

即使在雷諾內部也分成兩派。一些守舊的保守派把重點放在確保雷諾對日產的影響力。其他的人，包括戈恩以及更具國際觀的人，則更在意政府對自己公司的影響力。

「戈恩一直堅信（雷諾和日產）這兩個企業實體要分開，但是他要承受來自法國政府的巨大壓力，尤其是雷諾內部要求把兩家公司合併。」一名日產高階主管談到了戈恩在巴黎和政府攤牌的事，這麼說道。

儘管日產的一些人擔心戈恩忠誠度的真偽，但他本人也不喜歡法國政府干涉聯盟的事。

「在歷屆法國政府中我都不是最受歡迎的人，因為我從根本上就反對政府做任何干預，尤其是對產業界，」戈恩在逃往黎巴嫩後，接受《汽車新聞》採訪時回憶道。「有一天我會寫一本書講政府在商界的影響

13 Reuters, "France Backs Down on ArcelorMittal Nationalisation," France 24, January 12, 2012, https://www.france24.com/en/20121201-france-180-million-deal-arcelormittal-steelworks.

——就我的看法，是負面的影響——尤其是在汽車業。我有很多這類影響的證據。我認為任何的干預都只會扣分而已，而他們已經充分證明這一點了。」

當雷諾準備在2015年股東大會上選擇排除弗洛朗日條款，法國經濟部醞釀了一項阻止排除條款、並確保其保有雙倍投票權的計畫。就在投票前三週，法國在沒有向戈恩或雷諾提出警告的情況下，把它在雷諾的15%股份提高到19.7%，以確保在股東會議上擁有足夠票數，好防止股東會排除弗洛朗日法。[14]然後，在獲得雙倍投票的權利後，法國又精明地出售它的股份回到15%，其雙倍投票權到現在還握得牢牢的。在該計畫背後操盤的經濟部長，就是後來的法國總統艾曼紐‧馬克宏。這是戈恩和馬克宏孽緣的開端，在戈恩於日本被捕並且需要法國政府協助之後，這個孽緣又捲土重來困擾著他。

「這對日產和日本政府是個很強烈的信號，這表示法國對這件事不會善罷干休，」來自巴黎的戈恩助手回憶道，「他們可以不惜一切代價接管公司，他們可以重施故技並加強聯盟章程，讓法國掌控得更牢固。他們（日產）沒有意識到這個惡魔是這麼大的威脅。日產說這個惡魔可以長出另一個頭。」

• • •

法國的干預給日產帶來了衝擊，並引發了時任日產副會長、也是戈

14 Reuters, "France Increases Renault Stake in Challenge to Ghosn," *Automotive News Europe*, April 8, 2018, https://europe.autonews.com/article/20150408/ANE/150409876/france-increases-renault-stake-in-challenge-to-ghosn.

恩副手的西川廣人迅速反擊。西川廣人是戈恩在日產復興計畫期間，最早招攬的人才之一，他從一開始就是聯盟的忠實信徒，但這件事已經超出了他能忍受的範圍。後來西川廣人說，在法國人精心策劃日產某些人所說的「入侵」他的公司時，他不會袖手旁觀的。

「日產擔心的是，任何以歐洲或法國為中心的決定都可能強加給日產，而這將會毀掉日產的未來，」西川說：「總歸一句話，我們必須保護日產。」

西川廣人的第一直覺是伸手去按「核按鈕」，這是日產內部制定的幾種策略之一，目的在反擊雷諾或終止合併。在這樣的局面，西川廣人在戈恩的默許下告訴法國政府，日產希望重新平衡交叉持股，把雷諾在日產的持股降到大約33%。另一種選擇是威脅說，日產將會把它在雷諾的股份增加到25%，而根據日本的法律，這麼做會讓雷諾在日產的投票權被剝奪。西川在前線，但戈恩在幕後支持，而與戈恩一起被捕的美籍日產董事格雷格・凱利，則是解決日產反彈問題的關鍵人物。

日產的策略嚇到了法國政府，直到2015年底，西川和凱利促成了折衷方案，在12月公布了一份重新表述的聯盟主協議。

根據協議，法國對於像是股息、任命董事會裡的法國政府代表、雷諾大型資產的處置、要約收購和日產投票權問題等關鍵決策，將保留其雙倍投票權。不過對於其他大多數事務，政府在雷諾的投票權將限制在17.9%至20%之間。[15]

日產仍然無法獲得投票權。但雷諾同意了一條不干涉條款做為聯盟「穩定公約」的一部分。雷諾表示，它不會在任命和解任董事會成員等問題上，干涉日產的治理，並承諾不反對日產董事會支持的動議。「弗

洛朗日危機」的最終結果，就是雷諾實際上失去了對日產及其董事會的影響力。

日產避開了法國政府的強權博弈，儘管它幾乎沒有強化自己在聯盟事務裡的發言權。但就此時此刻而言，聯盟保持著脆弱的平衡。在日產汽車內部，即使是批評西川廣人的人也承認，擊退法國人的這場勝利是他最輝煌的時刻之一。

然而，雷諾內的強硬派認為這次協議太羞辱了，根本是投降，它放棄了這家車廠身為日產控股股東的一些最重要的特權。

• • •

「弗洛朗日危機」留下了持久的傷痕和深深的不信任感，尤其是在日產一方。戈恩本人也敏銳地察覺到了「核按鈕」，因為他需要它們做為讓法國政府退讓的籌碼。不過日產內部的派系開始懷疑他的真實意圖，也懷疑他是不是屈從了法國政府希望合併的壓力，畢竟法國政府有權決定戈恩能否保住工作。

「這件事真的重新惹怒了那些支持解散和分拆聯盟的人，」一名曾在兩家公司都工作過的前雷諾高階主管表示，「這給營運階層間更棘手、更充滿火藥味的關係，埋下了伏筆。」

戈恩在逃離日本前往黎巴嫩後回顧這起事件，稱弗洛朗日危機是聯盟關係惡化的轉折點。他在接受採訪時說：「至於是什麼原因，導致日

---

15 "Renault Board Approves Alliance Stability Covenant between Renault and Nissan," Groupe Renault, December 11, 2015, https://group.renault.com/wp-content/uploads/2015/12/renaultgroup_74374_global_en.pdf

本人開始變得有敵意、對整個情勢很不利，我認為是弗洛朗日法。」

由於聯盟走得跌跌撞撞的，並不是每個人都認同戈恩的看法，認為這種合作是一種卓越且根本的新合作方式。財務分析師甚至公司內部人士有時很懷疑，完全合併是否比較有意義。

該聯盟鬆散的體系，給兩家公司都帶來了節省成本的綜效，不過一般想要更快、更實質的成效，通常比較建議合併。產業觀察家表示，綜效很少直接反映在收益上，因為日產和雷諾的資產負債表是分開的，在計算節省的成本方面，「綜效」一詞充其量只是一種含糊不清的概念。理性精明的數字專家認為，只有全面合併，才能真正發揮這家笨重的企業集團的獲利潛力。

「我們就蒙混過去，」一名前聯盟高階主管承認道。「你怎麼衡量成本規避（cost avoidance）？你說，好吧，我打算花十億美元做這個新平台，但現在我和雷諾一起做，所以省下了五億美元。綜效的數字始終是理論上的，因為你永遠無法確認它們對淨利潤有什麼影響。」

儘管戈恩的公眾形象，是能夠號令兩家公司的執著務實主義者，但實際上真要他強迫一家公司做出損害另一家公司的決定，他不太能做得出來。身為兩家獨立進行交易公司的最高代表人，他必須要不斷權衡代表兩家公司的內部利益衝突。任何明顯有利其中一方而損害另一方利益的決定，都會讓戈恩如履薄冰。這意味著，即使結果有利於整個聯盟，他也很難強迫雷諾或日產妥協。最後，聯盟不是上市公司，沒有能限制戈恩的股東。

「很多人猜測，戈恩的角色就像足球賽或橄欖球賽裡的裁判那樣。不對，他並不是裁判，」一名和戈恩共事多年的前雷諾高階主管回憶道。

「我參加過戈恩先生擔任會長期間進行的數百次會議。我可以在任何法官面前發誓，戈恩先生能夠左右決策，但是絕不會做出損及其中一家公司利益的決定。」

除非是雙贏的提議，否則什麼都不會發生，而隨著時間過去，這類提議越來越少，彼此之間的距離也越來越遠。雖然合併也許能讓公司有更好的獲利，但合併也會跨過日產明擺著的那條紅線。

「日本這邊從一開始就堅決反對合併，」一名前日產高階主管表示。「有滿多的人樂見日產與雷諾合作，但幾乎百分之百的人反對與雷諾合併。」

• • •

如果知道了戈恩已經在研究合併事宜，日產的日本高階主管們恐怕會心情不美麗。暗示聯盟期望能變身為美麗蝴蝶、後來被戲稱為「毛毛蟲計畫」（Project Caterpillar）的這項極機密任務，是由少數戈恩最信任的日產高層管理人員進行的。這些人都不是日本人，因為戈恩擔心走漏消息，引發抗議。

團隊成員包括後來在戈恩下台事件裡，舉足輕重的關鍵人物，像是被指控為其共犯的格雷格・凱利，以及負責執行長兼會長辦公室的馬來西亞－英國裔日產高階主管哈里・納達，他後來接受了認罪協商，據說協助舉報了戈恩多年來涉嫌的不當行為。麥肯錫諮詢集團被聘為管理顧問；高盛銀行負責銀行業務。

「毛毛蟲計畫」從2012年秋季開始，比弗洛朗日危機早了兩年多，而該團隊於2013年初，再度在聯盟位於荷蘭的官方總部，這個在中立

的土地上用最基本的人員建立起來的波坦金（Poternkin）前哨站碰面。把正式名稱為「雷諾－日產BV」的聯盟實體設在荷蘭，還有一個額外的優勢，就是能夠受到該國更寬鬆的公司稅和報告規章掩護。

「戈恩會見了我們，並簡短地介紹了他要尋求的目標，」該計畫的其中一名成員說。「戈恩說，『我想在一月和你們見面。到時候我們在阿姆斯特丹碰頭，在那裡沒有人會看到我們碰面的事。』我們都互不聯絡，只會在辦公室見到面。很榮幸能夠成為這個計畫的一員。把兩家龐大的公司合併成單一實體，是一件令人興奮、有趣和迷人的事。」

在談判期間，雷諾的高階主管最終還是被納入來決定細項。

他們達成了將來採用單一實體的共識，該實體會在一家荷蘭控股公司管理下，以單一股票代碼進行交易，而不是雷諾和日產各有自己的股票代碼。新的實體會採兩地上市（dual listing），在巴黎和東京證券交易所進行聯合交易，也可能在紐約再掛牌上市，以便更深入地打進美國資本市場。而關鍵的障礙，會是處理法國政府在雷諾持有的股份。不論在雷諾和日產內部，甚至連非日籍的高階主管都表示希望法國政府出售其持股，不再插手。

後來這計畫不了了之。其財務計畫與政治因素被認為太過複雜且代價高昂。外匯匯率的波動不符預期，打亂了互惠互利的股份交換。對於合併後公司要結束重疊業務的花費，以及產生的不良後果，人們又開始擔心。最後，能否獲得法國和日本政府支持，仍有很大的疑問。「毛毛蟲計畫」被束之高閣，而戈恩則是把製造、工程設計和人力資源等職能的融合，納入跨公司的整個聯盟領導人底下進行，做為妥協的解決方案。

不過就算這麼做，一樣會動輒得咎，因為日產內部的派系對於放棄

控制權或共享控制權感到不滿。尤其是對研發團隊而言，這麼做根本是疊床架屋，這也導致內部人員對於應該追求哪些技術，長期陷入爭執。

「過去幾年卡洛斯・戈恩領導下的職能融合，業務效率偏低，甚至對聯盟產生反作用，」西川說。「日產內部對於這種強制融合，出現了很多負面的聲音。」

這應該是對於進一步整合之障礙的危險信號。但戈恩從未放棄成立控股公司的想法。2018年2月，在他64歲生日的三週前，雷諾和他續約四年。

這一次，戈恩的連任是有條件的。雷諾的董事會交給他一項棘手的任務：「採取果斷的步驟，讓聯盟不會走回頭路。」〔16〕戈恩看了看他的劇本，並恢復了舊的控股公司計畫。此舉勢必會激怒日產，而且在陰謀論者看來，正是這個舉動最終引發了傳聞說的，在他掌權近二十年之後把他拉下台的那場陰謀。

不管真相如何，至少在許多日本人的心目中，「不會走回頭路」這句話顯然只是隱晦的代號，為了掩護一個無法被接受的目的：合併。

「當時，卡洛斯・戈恩並沒有明確表示他會走哪條路。」日產的一名高階主管表示。

至今為止最大的衝撞要開始了。

和戈恩走得比較近的人說，儘管他盡了最大努力維持這搖搖欲墜的和平，以及消弭相隔半個地球的兩大洲之間的衝突力量，但是戈恩也認為，雙方的衝突恐怕難以避免。

16 Laurence Frost, "Renault Board Asks Ghosn to Stay, Pursue Closer Nissan Integration," Reuters, February 15, 2018, https://www.reuters.com/article/us-renault-board-idUSKCNIFZ2KM.

　　「事實上他知道會發生這樣的事情,」一名在巴黎與戈恩共事過的
聯盟高級副理說。「他肯定很清楚自己走在鋼索上,也相當開誠布公地
和我談過。在某個時候,他將不得不做出一些非常困難的妥協,這基本
上兩家公司都不會有人滿意。」

CHAPTER
8

法國人大不同
The French Are Different

　　在聯盟成立十年之後，東京這邊的人對於這一切是怎麼起頭的（其中一家公司瀕臨倒閉），可能已經不太記得了。在法國這邊倒是沒有這樣的困擾。雷諾汽車和法國政府都希望大家永遠記住，它們是日產的救星，而且持有日產43%的股份，它們希望能獲得尊重——還有某個程度的控制權——它們認為這是自己應得的回報。「它們認為自己是在其他人袖手旁時，進來拯救日產的。它們一直在問，『感恩之情到哪裡去了？』」一名參與過討論的前日本官員說。

　　法國人的自豪感也讓他們可以說，挽救日產汽車只是一百五十多年來，法國用專業知識幫助日本的最新例子。最早的這類企業活動是從1860年代開始的，當時日本在幾近鎖國了幾百年之後，才剛剛對外開放經濟活動。隨著日本著眼在快速的工業擴張，外國的幫助變得相當關鍵。1865年，法國公司提供了一家煉鐵廠來建造日本海軍所需的現代戰艦（後來在1904年到1905年的日俄戰爭中發揮了毀滅性的影響）。

　　早期的另一個成功例子是絲綢生產，因為歐洲的時裝店對絲綢有著迫切的需求。但是一旦日本的出口飆升，不擇手段的工廠老闆就會盡可

能生產得更多，從而導致品質直線下滑。日本政府的反應是工業規劃最早的示範之一，也將成為二戰後日本的象徵。日本當局與法國接洽，法國同意在1872年利用法國的技術和專家顧問，協助創立由政府資助的富岡製絲廠（Tomioka Silk Mill）。這項計畫極為成功，幫助日本恢復了在市場上的地位。[1] 這座製絲廠持續營運了一百多年，直到1987年才結束。

從這家合資的製絲廠可以看到，這兩個國家在政府積極參與民營企業方面的共同點。無論是社會主義政府還是親商的政府執政時，法國政府都很積極參與產業，這樣的做法可以追溯到十七世紀下半葉的路易十四，當時的財政大臣建立了一套管理商業的架構。從那時起，儘管在這段過程中出現過一些問題，但是國家的干預從沒有斷過。法國政府錯過了一些關鍵的破壞性技術（disruptive technology）：它在鐵路成為主流運輸工具時，花大錢升級國內的運河網絡；還在蒸汽輪船在公海上大行其道時，砸錢補貼帆船航運。

經過1930年代的經濟大蕭條、以及第二次世界大戰的破壞，法國創立了一個有實權的新規劃機構，就直接叫做「規劃辦公室」（Commissariat du Plan）。該辦公室制定了一系列長期經濟計畫，其中政府積極地直接管理了許多公司。[2] 據估計，到了1970年，國家直接控制了五百家工商企業，並擁有另外六百家公司的少數股權。法國政府的參與程度遠遠超過其他任何西方國家。國家控制著菸草、採煤、鐵路和廣播暨電視的專賣權，而且在石油、航運、銀行、廣告業都至少擁有一個大品牌，在汽

1　National Diet Library, Japan, https://www.ndl.go.jp/france/en/.
2　C.J. F. Brown, "Industrial Policy and Economic Planning in Japan and France," *National Institute Economic Review*, no. 93 (1980): 59–75, http://www.jstor.org/stable/23875311.

車業當然也沒有例外。

在法國，政府參與——或者說干預，端看你怎麼認定——被當做是理所當然的。在2008年解密的一份1982年的美國中情局報告裡，就寫道：「國有化問題，在法國不是什麼情感上和哲學上的問題，而在美國就會是……在過去幾百年裡，法國的大部分財富都屬於國家的，私有產業被迫大幅仰賴國家資助，並接受國家指揮。」[3]在其他國家大多早已捨棄這種插手企業的觀念之後，法國這種政府介入的做法仍然持續了很長的時間。在1979年上台執政的英國首相柴契爾夫人（Margaret Thatcher），其改革英國經濟的特點之一，是鬆綁許多被視為國家認同的核心國營企業，包括英國航空公司、英國電信和英國鋼鐵公司。無獨有偶，日本在1987年分拆了龐大的公共企業體「日本國有鐵道」（日本国有鉄道），並且在二十多年內，出售了其在國營電話公司NTT的控股權股份（儘管還保留34%股份）。

法國此時的做法卻是違反潮流。1982年，法蘭索瓦・密特朗總統（François Mitterrand）啟動了一項全面的國有化計畫，把數百家企業全部或部分收歸國家所有，其中包括電子與電信集團CGE（Compagnie generale d'electricite；後來的Alcatel）、銀行業名門羅斯柴爾德（Rothchild），以及飛機製造商達梭（Dassault）。此舉使得法國成為西歐國家中，最依賴國家的經濟體，占該國勞動力的23%。[4]從1980年代後期開始，賈克・

3 General CIA Records, Document Number (FOIA)/ESDN (CREST): CIA-RDP83 00857Roo0100010005-6, Release Decision: RIPPUB, Original Classification: S, Creation Date: December 21, 2016, Sequence Number: 5, CIA-RDP83-00857Roo0100010005-6.pdf.

4 "France Begins $8 Billion Takeover of Private Industry and Banking," *New York Times*, February 15, 1982, https://www.nytimes.com/1982/02/15/world/france-begins-8-billion-takeover-of-private-industry-and-banking.html.

席哈克（Jacques Chirac，1986至1988年時任法國總理）對這些做法的其中一部分，開始反其道而行，隨後的政府更進一步私有化。儘管如此，即使在親商的馬克宏時代，法國仍然保留了許多被視為具有戰略意義的大公司的股份，而且至少在2020年的新冠肺炎大流行中，再次提出了暫時國有化的想法，以保護法國最重要的企業。

• • •

就雷諾而言，有很多地方，法國政府的干預根本就是亂源，這樣的亂搞也造成了戈恩垮台，而且即使在戈恩被罷免之後，仍然持續危害到聯盟關係。

雷諾的公司史是典型的法國大企業發跡史。雷諾汽車以及其經營者家族被控在戰時和納粹勾結，而在1945年被戴高樂（Charles de Gaulle）正式收歸國有成為國營雷諾汽車公司（Régie Nationale des Usines Renault）。因為這樣的做法，這家法國最大的汽車製造商變成了政府部門，而且直到現在依舊是「國家資產」，政府官僚仍然大量參與其事務。

二戰後，法國政府官員曾經計劃限制雷諾的車型範圍，甚至考慮讓雷諾完全退出汽車生產，但當時雷諾的規模已經大到足以保留一些自主權，因而未受影響。

和日產不同的是，它還會尋找全球的交易機會。1979年，雷諾收購了美國汽車公司（American Motor Corp.）的股份，在大概五年內雷諾就淨虧損了十億美元，新的債務就差不多是它銷售額的一半。有鑑於該公司當時擁有九萬八千名員工，政府需要制定一套紓困計畫。和Volvo合作的話有助於節省成本，但是原本可以紓困雷諾的一項合併計畫，遭到

這家瑞典公司的股東阻撓。

法國政府後來認定，私有化是最好的解決方式，於是1994年的時候，在溫文爾雅而低調的雷諾執行長路易斯・史懷哲（Louis Schweitzer）領導下，政府開始進行私有化。

史懷哲雖然在瑞士出生，卻相當了解法國機構的內情。他的父親是納粹集中營的倖存者，後來成為國際貨幣基金組織（IMF）的總裁，而他的伯公艾伯特・史懷哲（Albert Schweitzer）是著名的神學家、傳教士，也是1952年諾貝爾和平獎得主。小說家和哲學家尚－保羅・沙特（Jean-Paul Sartre）是他的表哥。史懷哲的職業生涯一開始是在政府部門裡工作，他不斷升官，成為洛朗・法比尤斯總理（Laurent Fabius）的幕僚長，後來在1986年被派往雷諾，並在1992年成為其執行長。

這種不公平的血統優勢，對於牽動權力槓桿非常有幫助，但不會有人認為史懷哲是會這樣算計的人。他在汽車業界贏得了誠實且思慮周到的聲譽，廣受敬重。

他在1996年聘請戈恩擔任執行副總裁。戈恩接任時，就是以史懷哲在過去四年實施的變革為基礎的。當戈恩讓雷諾狀況好轉，接手日產時，史懷哲顯然樂見此成果。他在2003年表示，直到那個時候，聯盟已經變成「……交貨速度比我預期的還快──而且遠遠超乎任何人的預期」。

在雷諾，「成本削減大師」這樣的讚譽大多落在戈恩身上，然而踏出關閉工廠這痛苦的一步的，則是史懷哲。戈恩用了許多方法，引導著需要小心謹慎的對日產的談判，讓雙方得以結成聯盟。他用他獨特的方式來處理複雜的文化處境，明確表示聯盟應該是一種平等的伙伴關係，藉此減輕了日產和日本政府內部的許多擔憂。同樣重要的是，他贏得了

法國政府的支持，要不然這場交易恐怕告吹。

即使在戈恩帶領下而得以改善狀況之際，業內人士也認為史懷哲的指導相當重要。在2000年獲得《汽車新聞》年度最佳執行長榮譽的是史懷哲，而不是戈恩，該雜誌寫道：「一位了不起的執行長可以讓他的下屬發光發熱。」另一位評論家寫道：「史懷哲是個會用溫和方式激勵其他人的人。他願意讓這些功勞歸在戈恩身上，是很棒的一課，讓我們了解怎樣把事情做好。」

戈恩由於出身黎巴嫩，以及在巴西度過青年時期，因此地位落在社會光譜的另一端。他在巴黎學校的成功歸功於他聰明且勤奮。同樣地，他在大學畢業後最初的公司米其林，顯然是因為其功績和交付成果的能力而升職，而不是憑藉人脈。即使加入雷諾，他仍然覺得自己總是格格不入。「人們警告過我，我是在冒險。從外面空降的高階主管，在雷諾的表現往往不怎樣，」他在自傳《換檔》中寫道：「我以前待在法國的那段時間，都沒有在巴黎上班過……所以我有點像裡頭的異類。」

戈恩也沒有史懷哲那種光鮮亮麗的背景。雖然史懷哲因為讓別人居功而備受稱讚，但戈恩在他的書中寫道，當他被要求接手日產時，「我覺得如果我是在路易斯·史懷哲那個職位，我也會選擇我。」[5]

2005年，戈恩接替史懷哲出任雷諾執行長。後來他在2009年成為董事長，這意味著他現在一個人執掌兩家全球性公司，它們分別位在兩大洲，相隔八個時區，員工總數超過二十五萬人。

然而，要對付一向很棘手的法國政府時，此時此刻也沒有人能夠教

---

5 Carlos Ghosn and Philippe Riès, *Shift: Inside Nissan's Historic Reversal* (New York: Crown Business, 2004), 59-60.

他，而且法國政府憑著持有雷諾15%的股份，仍然是他最大的單一股東。儘管雷諾不再是百分之百的國有企業，但它仍然是法國的象徵。

就以法國政府干預「全國冠軍企業」公司事務的悠久歷史來看，會出現如此重大而激烈的衝突，也不足為奇——戈恩和時任法國經濟部長、後來的法國總統馬克宏之間的衝突，勢必也是非比尋常。

• • •

馬克宏出生在一個雙親都是醫生的專業人士家庭，他從專為培養政策制定人才設立的頂級學院畢業（他的碩士論文主題是探討馬基維利），並且在2004年進入公務體系，在財政部工作。四年後，他花了五萬歐元（七萬一千美元）幫自己從政府手中「贖身」，轉而投入高獲利的職業，進入著名的羅斯柴爾德銀行集團（Rothschild & Co）接下一個高階職位。擔任投資銀行家時，他進行過多筆引人矚目的交易，讓自己的荷包在四年之內賺得飽飽的。在大多數國家裡，這都不是什麼大問題，但是在法國，精英階層對財富的看法不一。聲望好壞要看你的傳統、教育和社會地位；這不是你用錢就能輕易買到的。儘管馬克宏的背景、出身都相當不錯，但是他仍然把自己描繪成一個非菁英階層。他在2012年又回到公家單位，成為總統府副祕書長，擔任法蘭索瓦・歐蘭德總統幕後強大的幕僚。他很快就升官了。2014年成為經濟產業部（Ministry of Economy and Industry）部長。他的任務包括負責雷諾的事務，而且要和戈恩合作。

從各方面來看，任性、充滿活力而且非常成功的這兩個人，其行為正如人們所預料的那樣——他們都看對方不順眼。

在日本看來，法國的做法本質上與日本也存在明顯差異。儘管日本的政策制定者基本上，已經揚棄了1960年代的那套產業政策制定方式，但是法國政府，尤其是馬克宏，堅持認為企業應該從旁協助支持政府的政策。「在法國人看來，雷諾對法國政府和法國人民是負有義務的。」一名參與過雷諾－日產談判的前日本官員說。

馬克宏不明白，為什麼日本政府不直接與法國政府談判，而大多堅持聯盟的事務由兩家公司自行決定。最具破壞性的衝突發生在2015年的「弗洛朗日危機」中。馬克宏或許借鑒了他大學期間所做的馬基維利研究，很投機地看到有機會能夠藉著利用法律，把政府在雷諾的股權投票權增加一倍，強化政府對雷諾的控制，進而控制日產。在法國政府看來，雷諾已經投資日產五十億美元，承擔了相當大的風險，如果救不回這家汽車製造商，恐怕會賠掉所有資金。由於賭贏了（畢竟，一開始並沒有把握會成功），雷諾和法國是時候收回它們該拿到的回報了，無論是財務上的獲利，或是確保聯盟協助盡可能保留更多法國的工作機會。「從它們的角度來看，它們認為日本應該接受日產已經不再是一家日本企業。」日本官員說。

評論者還表示，閃電般迅速決定增加政府在雷諾的投票權，是馬克宏的典型做法。

據一名前同僚表示，馬克宏「總是會搞到劍拔弩張」，「弗洛朗日危機」的戲碼就是這樣。其做法被認為過於魯莽且欠缺思考，是沒有完全理解潛在影響的情況下採取的。後來證明這些潛在影響確實出現了，而且很嚴重，久久無法消除。一名雷諾的前高階主管形容：「這就像是對公牛揮舞紅旗。」另一名人士則說：「突然間，日產汽車再度察覺法國

政府是雷諾汽車非常重要的參與者。而這是日本方之所以擔憂的一個關鍵因素。」

在抵制馬克宏、試圖採取中立立場的過程中，戈恩的法國方友軍很少，部分原因出在他談判的方式。他的做法不像史懷哲。「戈恩有種非常令人受不了的執念，就是不願降格和那些部長打交道，」一位當時的法國前內閣部長說。「所以他只考慮過和總理討論，我很懷疑他這樣做能否更討得馬克宏的歡心，馬克宏也是個很清楚自己重要性的人。」[6]

馬克宏魯莽易闖禍的做法引起了強烈反對，促成了八個多月後的策略性收手，使得雷諾在日產的股權該怎麼投票受到了限制，尤其是在董事會和執行長的人選上。倒是這家日本公司反過來答應，不會試圖購買更多的雷諾股份來發動反擊。[7]就像最初的提議嚇到了日方那樣，這次妥協被抨擊為雷諾與法國的嚴重損失。套用巴黎一家投資顧問公司的話來說，這是一次「失察」。[8]

一些評論家表示，馬克宏不假思索就匆忙完成這次妥協，是因為他正在組織新政黨，而這次組黨會意外促成他在2017年參選法國總統。「我很樂意介入這件事，因為我覺得戈恩在集團的『日本化』方面做得太過頭了。」馬克宏後來這麼說。[9]從法國人的角度來看，馬克宏的訊息很明確：戈恩，這個以前很傑出的人才，現在已經信不得了。

6 Laurence Frost and Michel Rose, "Seeds of Renault-Nissan Crisis Sown in Macron's 'Raid,'" Reuters, November 28, 2018, https://jp.reuters.com/article/us-nissan-ghosn-renault-macron-insight/seeds-of-renault-nissan-crisis-sown-in-macrons-raid-idUSKCNINX1GK.

7 Laurence Frost and Gilles Guillaume, "Renault-Nissan's French Peace Deal Leaves Investors Underwhelmed," Reuters, December 12, 2015, https://www.reuters.com/article/us-renault-nissan/renault-nissans-french-peace-deal-leaves-investors-underwhelmed-idUSKBNoTU17R20151212.

8 Frost and Rose, "Seeds of Renault-Nissan Crisis."

　　當時的局勢緊張到，日本經濟產業大臣世耕弘成2018年6月前往巴黎時，原是為了推動大阪申辦2025年世博會的活動，卻變成和法國財政部就雷諾和日產問題，舉行緊急會議。正在為一些針對世博會的行銷做準備的日本代表團，不得不在最後一刻召集一名汽車專家加入代表團。「他們非常希望以政府的層級進行會談，」一位日本經濟產業省官員私底下表示。「儘管我們能夠相互理解得更加透徹，但還是有一些意見不合。」他談到會議時這麼說。然而，兩國政府對於該怎麼做仍然有歧見，這使得雙方各自要負責什麼事情變得更加混亂。

• • •

　　即使戈恩認為自己正盡力把事情搞定，法國方面也認為有陰謀，因為戈恩的薪酬再次成了眾矢之的。2016年，法國議會問到了他在雷諾的薪水問題。雖然他的基本薪資和2015年的各種獎金，總計是很平常的301萬歐元（343萬美元），還有很可觀的418萬歐元（477萬美元）和業績相關的延期付款，除此之外還有股票。另外，戈恩還從日產獲得900萬美元（2018年日本對他的指控之一，就是他每年都會隱瞞另外1,000萬到1,200萬美元，他打算在退休後收取的報酬）。

　　這就足以傷害到法國人的感受。甚至在以法國政府為首的股東，在2016年4月的年度會議上投票反對這項薪酬規畫，董事會仍繼續付款時，事態變得雪上加霜。在董事會推翻股東決定後，時任經濟部長的馬

9　"Macron Tells Abe He Is Worried About Carlos Ghosn's Time in Prison," *Japan Times*, January 28, 2019, https://www.japantimes.co.jp/news/2019/01/28/business/macron-tells-abe-worried-carlos-ghosns-time-prison/#.Xxv6dUBuLcs.

克宏猛烈抨擊雷諾「治理無方」。[10] 和戈恩親近的人後來說，戈恩之所以試圖避免大眾審查他在日產的薪水，部分原因就是擔心盛怒的法國人——尤其是法國政府——會藉由把他拉下雷諾管理層來報復他。

雷諾裡的懷疑論者開始相信，向錢看的戈恩現在把注意力集中在橫濱，因為他認為日產對於他將來會逐步增加的薪水，會比較溫和看待。雷諾的董事會有包括來自雷諾工會和法國政府的外部董事，而日產的董事會則比較聽命行事。一些雷諾高階主管抱怨，戈恩待在巴黎的時間越來越少，一些人擔心他會「入境隨俗」變成日產的人，因為太多聯盟的議題都是由日產決定。就像一名雷諾高階主管所說的：「聯盟就是以日本企業文化為主來進行管理的，然後這套文化又輸出到雷諾。」

· · ·

在戈恩看到法國政府對於他被逮捕和監禁的反應時，他的空降人士身分、以及被認為拒絕服從法國路線的態度，又捲土重來再次困擾他。馬克宏故意忽視戈恩和他的妻子卡羅爾尋求幫助的請求。在戈恩被羈押好幾個月之後，馬克宏試圖讓自己看起來更有同情心。「我告訴（日本首相）安倍好幾次，戈恩的拘留和審訊狀況似乎並不能讓我滿意。」這位法國總統是這麼告訴記者的。但戈恩認為，法國應該更有作為，而不是僅僅向日本告知監獄狀況。他逃亡後在黎巴嫩發表談話時評論道：「我希望得到更多支持。一名法國的政界人士告訴我，『如果我是總統，我會在二十四小時內帶你出去……』但他們拋棄了我。」[11]

一開始，法國輿論似乎站在戈恩這邊。「最初，這件事非常強烈透

10 "Renault Board Maintains CEO Pay Deal Despite Shareholder Revolt," Reuters, April 30, 2016.

出一種陰謀論的感覺，這意味著日方設計了一場政變要除掉戈恩，踢走法國人。這在事件的一開始是最主流的看法。」一名法國高階主管說。

但隨著針對戈恩的指控逐一披露（在日本檢察官透露破壞性資訊的推波助瀾之下），法國輿論的風向變了。最開始，是對這位昔日的民族英雄抱持觀望態度，後來因為多種原因而轉變成負面的。一，戈恩仍然是一個外人。「法國和日本的文化差異非常大，但戈恩和這兩種文化也相去甚遠。」一位雷諾前高階主管表示。其次，戈恩把聯盟當做他個人領地的感覺，激怒了法國人。一名在法國很活躍的美國律師解釋：「在法國，有錢並不是問題，只不過要記得不要招搖。」戈恩後來採取的行動對他的事業幾乎沒有幫助。即使身在貝魯特，成了日本的逃犯，在法國成了過街老鼠，戈恩還是提起了訴訟，要求拿回他在雷諾的年度退休金，以及和業績有關的雷諾股份。[12] 這牽涉到一個問題，就是他究竟是從雷諾自願辭職的？還是被解僱的？但是就政治風向來看很不樂觀。

· · ·

對於許多法國批評者來說，最明顯的問題，就是戈恩在法國的豪奢象徵——路易十四的凡爾賽宮——舉辦的兩場奢華宴會。這件事在2019年曝光，指控他濫用公司資金，於2014年舉辦慶祝聯盟成立十五週年的宴會，以及在2016年為他的妻子卡羅爾舉辦生日宴會時，讓公

11 Full transcript of Al-Arabiya's interview with Carlos Ghosn, July 11, 2020, https://english.alarabiya.net/en/amp/features/2020/07/11/Full-transcript-of Al-Arabiya-s-exclusive-interview-with-Nissan-ex-boss-Carlos-Ghosn.
12 Agence France Presse, "Ousted Ghosn Seeks Retirement Benefit from Renault," January 14, 2020, Factiva, https://global.factiva.com/ha/default.aspx#./!?&suid=16138009125440579612648569877 8.

司支付 50,000 歐元（約 55,000 美元）做為慶生宴費用。對於反戈恩勢力來說，此事曝光得正是時候，由於民眾的怒火一發不可收拾，這兩起事件都成了法國檢察官調查的對象。

　　雖然在戈恩被指控的五花八門的不法行為裡，這些錢算是小數目，但其炫耀性消費的程度卻是明擺著攤在陽光下。穿著奢華禮服與男士西裝的工作人員和藝人們，細心服侍著穿著晚宴禮服、打著黑色領帶的賓客。2014 年的這場晚宴，主要是為一百六十名賓客舉辦的，當中實際上沒有幾個聯盟的人。晚會以一場盛大的煙火表演做結尾。後來對雷諾進行的審計，得到的結果是這場活動耗資 60 萬歐元（797,000 美元），由荷蘭的合資公司雷諾－日產 BV 支付。戈恩那邊的人駁斥了這個數字，但很明顯這是一場相當燒錢的活動，從戈恩製作的精美影片裡就看得出來，而這一段影片在醜聞爆發後，就被上傳到 YouTube 上。

　　如果戈恩擔心這種慷公司之慨的行為會引起異樣眼光，他當然就不會這樣招搖（因此還製作了影片）。儘管這是一場公司的慶祝活動，但影片裡並沒有出現聯盟中的任何公司品牌，一名受邀嘉賓表示，聯盟似乎是在慶祝活動當中才加進去的想法。[13]

　　戈恩和他的妻子顯然對這次宴會的進展很得意，所以在 2016 年為女方的生日舉辦了類似的晚宴。這一次，戈恩自己買了單，但當中存在一個爭議。雖然明確的價格並未公開，但一位和戈恩關係密切的人士表示，總支出大約為 325,000 歐元（359,700 美元，相當於他從雷諾領到的每年基本工資的三分之一）。爭議點是支付給博物館的 50,000 歐元（約

---

13 *March 9th, 2014 Versailles-Carlos Ghosn Roi*, posted May 9, 2019, https://www.youtube.com/watch?v=X4Fz9ThQvH4.

55,340美元）場地費。凡爾賽宮的人說，他們認為這是另一場公司活動，就把它和雷諾公司帳面上的免費夜間補助抵銷，因為該公司捐贈了230萬歐元（255萬美元）協助它們裝修。戈恩的發言人表示，在所有收費裡，都沒有注意到場地費的「補助」（以這個價格，可能很容易漏掉），並表示他們願意付款。無論如何，雷諾實際上並沒有掏錢支付這筆款項，法國和國際上的無數媒體報導都沒有寫到這個事實。也沒差了；公關損害已經造成。

總之，雷諾聘請的法國審計師在2019年表示，他們發現2009年到2018年的可疑支出有1,100萬歐元（約1,230萬美元）。[14]對批評者來說，這是戈恩不法行為的另一項證據，加深了他伸手進公司口袋掏錢供自己花用的印象。但是要實際判斷他們講的是否站得住腳，卻相當困難。在戈恩——或是任何企業的執行長——搭著公務飛機飛來飛去，他是出差還是去玩？在達佛斯時，他自己買機票去嗎？在飛機上他是否應該自己付餐點費？配偶可以免費旅行嗎？如果不行，他們應該付多少錢？這些問題全都因公司和國家暨地區而異，而最後都會變成主觀判斷。實際上，這種企業福利是司空見慣的。只有在醜聞爆發時，這種事才會成為爭議焦點，屆時每個人都會對發生的事情感到震驚。

在戈恩事件裡，法國政府即使是無意的，也還是發揮了核心作用，它憑藉2018年的協議，讓戈恩在雷諾再待四年。在他要找出方法讓聯盟「不會走回頭路」的條件下，日產的民族主義派則認為，必須應對法

14 Reuters News, "Renault's Board Triggers Process to Recover Ghosn's Suspect expenses," June 5, 2019, https://www.reuters.com/article/us-renault-nissan-ghosn-renaults-board-triggers-process-to-recover-ghosns-suspect expenses-idUSKCNITs2HR.

157

國的收購威脅這個重要課題，即使雷諾方面依然懷疑戈恩此時仍在為日產團隊效力。如果說面面俱到的做法只會搞到兩面不是人，那麼戈恩就是個不偏不倚的典範。

. . .

不管有沒有戈恩，法國政府仍然很熱衷插手雷諾的事務。2019年，飛雅特－克萊斯勒（FCA集團）提議進行大規模合併，這是一個以二線品牌為主的大規模合併，日產將僅僅持有整個集團7.5%的股權。這場協議得到了雷諾新任執行長尚－多米尼克・盛納德（Jean-Dominique Senard）大力支持，他一直受到政府施壓，要求更強力鞏固聯盟。儘管日本政府官員（至少文件顯示）都在討論怎麼讓日產和雷諾這些民營企業自行解決問題，但巴黎方面的態度並沒有這樣保留。畢竟，雷諾不是國家資產嗎？

最終，法國政府因為事情進展太快而退縮了，FCA在最後一刻取消了這場協議，讓盛納德進退兩難。馬克宏此時已經當上總統，並且把談判任務留給財政部長和親密盟友布呂諾・勒梅爾（Bruno Le Maire），後者表示他希望留更多時間來讓日產加入。這在某方面來講，展現了對日方情感的不尋常關切。後來他甚至做得更過火，企圖透過表示政府可能願意降低其在雷諾的股份來安撫日產，從而削弱了盛納德的利益，甚至提出雷諾可能願意減少它在日本合作夥伴的持股。法國媒體報導稱，這些評論激怒了盛納德，他希望得到「政府最高層的支持」。這個「最高層」被認為是在說馬克宏總統。盛納德要求和總統緊急會面，但是馬克宏的行程顯然已經排滿了。在這個時候，馬克宏已經有法國、歐盟的未來，

以及唐納‧川普的問題要處理了。

雖然法國政府認為合併會是「法國拯救」日產的合理結論，但是設計出聯盟架構的史懷哲早在很久以前就了解，合併可能會帶來無數潛在的問題。他在1999年打造汽車聯盟概念時，特別排除了創建一個新實體的想法。在聯盟成型時，他接受採訪說道：「這不是一種合併。人們並沒有試圖打造一種共同的文化或共同的什麼東西，創造一種共同的文化是很花時間的。」這個聯盟的眾多企業文化問題，後來也驗證了他這個警告的價值。

多年來，法國政府干預雷諾與日產關係的舉動，證明了其產業政策的缺陷。「弗洛朗日法」本身是出於一些政治考量，為了拯救陷入困境的煉鋼廠而量身打造的。但馬克宏及其副手卻粗暴濫用其條款，這證明了即使是精通商業的政治人物，也可能會被捲入一套倒退的政策。在一個汽車工廠工人被編寫工廠機器人程式的軟體工程師所取代的時代，不惜一切代價推動更多藍領工作，根本就重蹈了在全世界步入蒸汽動力時代之際還補貼帆船，或是在鐵路時代投資興建運河的覆轍。

CHAPTER

9

案件成立
The Case Is Built

　　2018年11月19日，就在檢察官在東京羽田機場為戈恩設下陷阱時，他的副手——一張撲克臉的西川廣人——在日產全球總部的頂層，召開了例行的月度營運委員會會議。和四名高級副手一起完成例行議程項目後，西川突然異於平常的換了話題。

　　「他說，『好了，我們休息一下』，」一名參加會議的高階主管回憶道。「西川把執行委員會的所有成員，召集到他辦公室樓下的會議室。他召集我們這些人，在新聞報導出來之前告訴我們消息。」

　　這場臨時的茶會廣納了許多團隊，包括每個業務部門的負責人，從銷售和行銷到製造和工程設計。當西川廣人宣布戈恩被捕這個令人難以置信的消息，所有人全嚇傻了。

　　「沒有太多的討論或反應。他們嚇到了，說不出話來，」一名參加這場聚會的高階主管回憶起同事的反應。「公司能提供的第一手資訊並不是很多。」

　　但很快的，整個行政樓層就亂成一團，因為檢察官突襲搜查了這個地方，沒收了許多文件、紀錄和其他資料。像是從電視劇警匪片全盤照

160

搬似的，探員們搜遍了整個日產總部，打包帶走裝滿可能證據的箱子。他們把注意力集中在財務部門、祕書室，當然還有戈恩的辦公室。一位高階主管說這次搜查「完全是一片狼藉」。

那天晚上稍晚的時候，西川——他的姓氏直譯的意思就是「西邊的河川」——在一個簡短的記者會上，向世界各地宣布了這個消息。但高階主管們表示，那時候他明顯相當憤怒和憤慨。在早些時候與高階主管會面時，西川廣人表現得很謹慎，差不多就像滿懷歉意，對戈恩處境很是擔憂，並沒有急於對那些指控做出判斷。

「他第一次告訴我們這個拘捕的消息時，表現得好像這是出人意料的事，像是他非常難過一樣。我的印象中他甚至沒有提到他知道原因。只提到戈恩被捕了，而且他並不知道是為什麼，」一名高階主管說。「後來，他出賣了他的老闆。當我看到新聞記者會時，他的態度截然不同。我嚇了一大跳。」

日產的公共關係部門對這次逮捕措手不及。它沒有事前的徵兆。在準備公司最初的新聞稿，內部討論著如何確定正確的基調時，爆發了一場激辯。聲明的初稿充滿火氣，強調日產對於戈恩被捕深感「震驚」。最後的版本則淡化為關於和檢察官合作以及向股東道歉，這種比較不誇張的陳腔濫調。

儘管如此，西川在當晚的重頭戲裡表現出色。他在數百名記者面前大步走出，獨自在一張小桌子旁坐下，桌子前面貼著一張臨時列印的名條。就連鞠躬懺悔這個任何日本高階主管為公司醜聞道歉的慣例，西川也懶得做了。在攝影機為全世界觀眾啟動拍攝著的時候，他接著嚴詞譴責他昔日導師不當的財務行為，以及主管的越權之舉。

「我們必須消除戈恩先生執掌公司期間的負面影響。有些事情必須糾正，例如權力過度集中在個人身上，這造成畸形的發展，」西川說。「這狀況很難用言語表達。除了抱歉，我感到非常失望和沮喪、絕望、憤慨與憎惡。」

按照日本的標準，這是毫無歉意、嚴辭否定戈恩所作所為的說詞。

「這是非常非常糟糕的講法。我們就：『哇……』」一名高階主管描述當時的想法。「那時候沒有人知道戈恩先生實際上發生了什麼事。他怎麼會這樣子說他的老闆？一般人不會事先就假設自己的老闆有罪。他那樣子說很讓人意外。」

• • •

在新聞記者會上，西川廣人沒有詳述逮捕戈恩的原因。他說，調查還在進行，而且日產只能透露這麼多。多日以來，檢方的懷疑全都曖昧不清，也有片片段段的消息被洩露給日本媒體。在最初的逮捕理由終於浮出檯面後，許多人都摸不著頭緒。這些指控集中在該公司正式財報的報告不實，這個看來乏味的技術問題上。

檢察官指控戈恩、格雷格・凱利和日產（以公司實體身分），有超過八千萬美元預計要在戈恩退休後支付的遞延收入未公開。日本政府堅決認定，這三者都違反了日本的金融商品取引法（Financial Instruments and Exchange Act），因為這種遞延薪資本來應該以財報文件公開，將其列為公司財務的未償債務。簡單說，該公司的投資人和其他利益相關者，有權利知道這筆錢，但從未被告知。

但這只是諸多指控裡的第一槍，按照典型的日本作風，這些指控

日後會越來越多。東京檢方展開調查，在戈恩入獄後的那幾週不斷提出新的指控。他們這麼做是要利用眾所周知的日本「再拘捕」制度，這種做法允許檢察官在沒有正式起訴的情況下，拘留嫌疑人長達二十三天，調查人員則繼續進行審訊和事實調查。每個新的傳聞都會挖掘出新的線索。日本人稱這種骨牌效應為「採收馬鈴薯」——從一個證人或一項證據，能挖出另一個證人或證據。批評者稱這種制度為「人質司法」，因為它讓檢察官在施壓使嫌疑人屈服以避免被羈押時，可以一直把人拘留。日本沒有起訴前交保的制度，這意味著嫌疑人將被拘留直到他們被起訴並獲得保釋資格、或者三週的拘留期結束，不然就是檢察官決定不追究此案。

或者直到嫌疑人再次被捕，屆時檢察官可以把時間重設最多再二十三天。拘留期實際上分為先是三天，然後再兩次十天，這期間檢察官必須獲得法院批准才能延長拘留期。但是在實務中，這種批准通常只是例行流程（大多會獲准）。

於是，戈恩在11月19日的第一次被捕，開始了第一次三日的拘留。這次被捕與日產2010會計年度到2014會計年度的五年內隱瞞約49億日圓（4,438萬美元）的遞延薪資有關。在12月10日，第一個二十三天拘留期快要結束前，戈恩和凱利、日產一起因為這項罪名被起訴。

正常來講，接下來他通常有資格獲得保釋，但就在同一天，檢察官們同時「再度逮捕」了戈恩，理由是類似的涉嫌未公開遞延薪資計畫，這次的時間範圍是2016年到2018年。因此，戈恩沒有獲得保釋資格，而是要再入獄二十三天。

檢察官稱，在過去的八年裡，戈恩和凱利私下謀取了總計約91億

日圓（8,241萬美元）的未報告薪資。延期支付的金額，遠遠超過日產公開報告的、戈恩在此期間的正式薪資79億日圓（7,154萬美元）。事實上，他非法隱瞞的總金額是他申報薪資的兩倍多。檢察官後來把這筆戈恩從2010年到2018年的遞延薪資總額，增加到了93億日圓（8,422萬美元）。他們聲稱，這個「計畫」提供了戈恩一個方便的解決方法，多年來，戈恩對薪酬不滿已經是公開的祕密。

檢察官認為，該計畫在2010年開始，當時日本的新規定要求必須公開揭露他的收入，這時間點並非巧合。據稱，戈恩轉而做創造性會計（creative accounting，即做假帳），以避免不符日、法兩國人感受的超高額薪資受到公眾監督。同時，這樣做讓他在退休後拿到的薪資組合，還能和待遇更優渥的業界同輩相比。照檢察官的敘述就是，戈恩可以拿到他那塊餅，也吃得到──他會拿到豐厚的報酬，但是不會讓別人看到。

戈恩的總薪資金額是個守得牢牢的祕密。日產內部很少有人知道他到底賺了多少。2020年9月，凱利的審判終於在東京開始之後，西川廣人作證說，在2010年薪資公開規定修改之前，據信戈恩的年收入在15億到20億日圓（1,700萬到2,280萬美元）之間。但在規定修改之後，日產披露的戈恩年薪只有前述金額的一半左右。檢察官說，兩者間的落差正是戈恩所隱瞞、想要往後再收取的金額。

一封據稱是凱利在2010年4月發給雷諾同業的電子郵件顯示，戈恩的下屬忙著想盡辦法「在不公開披露的情況下」，找到支付執行長部分薪酬的方法。但根據這封電子郵件，關鍵在於尋找「合法」的方法，凱利拜託他的同業準備一份法律意見書，回答他的以下詢問：「最有可能出現的法律後果是什麼？」

後來，在凱利受審期間，檢察官描述，凱利和另一些日產高階主管花費大量時間和精力，找了一大堆彌補差額的方案，例如：透過雷諾－日產合資企業向戈恩支付額外費用；利用未合併的日產子公司或是第三方的另一家公司，把房地產或藝術品用便宜的價格賣給他，以便他可以在出售時賺取利潤；甚至向戈恩提供後來可以免除的貸款。他們還考慮在戈恩退休之後，以灌水的年金、競業禁止協議和「諮詢費」形式，支付戈恩這些費用。檢察官說，這些金錢會透過「遞延報酬」系統流到戈恩手裡。[1]

● ● ●

眾所周知，幾乎所有國家對於遞延收入的規定都非常複雜，因為監管機關和企業都會在追查的應回報收入上，玩貓捉老鼠的遊戲。尤其是在日本，新規定留下了很大的解釋空間，有些評論家開始認為，這個案件對檢察官來說並非十拿九穩，有可能雷聲大、雨點小。

隨著12月慢慢過去，大眾預期控辯雙方越來越有可能達成協議，指控可能會撤銷，或是戈恩至少會在第二次指控中被起訴，並且獲得保釋。一些權威人士猜想，他是不是可能像日本的許多嫌犯那樣，簡單地認罪並道歉，然後獲判緩刑。這種結果雖然讓他得以避免入獄，但是對這位企業高層的崇高形象和遺留的名聲，仍然會造成相當大的傷害。然而，戈恩還是堅稱沒有犯法。於是檢察官只好再施加壓力。

1　Hans Greimel and Naoto Okamura, "Ex-Nissan Exec Kelly Takes Stand, Calls Ghosn 'Extraordinary Executive,'" *Automotive News*, September 15, 2020, https://www.autonews.com/automakers-suppliers/ex-nissan-exec-kelly-takes-stand-calls-ghosn-extraordinary-executive.

在日本，檢察官起訴後的定罪率接近百分之百，這點有很大的原因是因為，剛入獄的嫌疑人往往會在脅迫下認罪。這是該國「人質司法」組成裡的祕方。

但是戈恩沒有表現出要屈服的樣子。

「他們心想，『我們要逮捕這傢伙，我們要把他嚇到屁滾尿流，我們要用不利的媒體消息轟炸他，兩週後，他就會坦白說出我們想知道的任何東西。』這就是他們打賭會出現的結果。窮追猛打，取得供詞，然後速戰速決，」戈恩在接受採訪時說。「事情並沒有這樣子發展。這是第一個錯誤的地方。」

在入獄的第一週，在世人都猜想著發生什麼事的時候，戈恩保持沉默，完全斷絕對外聯絡。他第一次公開為自己辯護，是在他下台整整九天後。當時，戈恩已經聘請前東京檢察官大鶴基成擔任辯護律師。11月28日，大鶴和他的新客戶戈恩會面後，首度正式否認彭博新聞社的說法。[2]戈恩似乎正在尋找反擊的立足點。

然後，檢方幾乎是出其不意的提出第三項指控，指他犯下日本的「特別背任罪」，涉嫌把日產公司的資金挪做私人用途。這次再逮捕行動在12月21日，也就是戈恩被拘留一個多月後，又把沒有保釋機會的長期羈押時間從頭算起。這個第三次逮捕的罪名要比前兩次嚴重得多。不像之前的指控是圍繞著還沒付出去的金錢展開，12月21日的逮捕重點是據稱日產已經被戈恩拿走的資金，用在幫他解決個人財務困境。這次指控的

2　Kae Inoue, "Ghosn Denies He Passed Trading Losses to Nissan," *Automotive News*, November 28, 2019, https://www.autonews.com/article/20181128/COPYot/311280968 ghosn-denies-reports-he-passed-trading-losses-to-nissan.

罪名，遠比他繞過晦澀難懂的財務申報規定的罪名更可惡，而且這是很容易令日本民眾義憤填膺的大事。

凱利和日產都沒有牽扯到第三項指控。檢察官顯然是要對戈恩追查到底。凱利本人在2018年聖誕節晚間被交保，此前他曾經請求就醫以處理他的頸部問題。當日產在10月召集凱利到日本進行「緊急事務」時，凱利原本排定在美國接受椎管狹窄手術。那通電話實際上是為了逮捕凱利所設的陷阱。在東京的拘置所待了一個多月後，凱利的頸椎狀況惡化了。獲得保釋後，他終於在一家日本醫院動手術，但由於比原定的手術多拖了幾個星期，使得他出現四肢麻木的後遺症。凱利被要求留在日本，一直待到近兩年後審判開始的2020年9月15日。

針對戈恩的第三項指控，源自2008年和交換交易（swap）合約有關的個人投資損失。這項指控認為，戈恩的困境就是從那一年開始，因為此前他和日本新生銀行簽訂過一份換匯交易（foreign exchange swap）合約，本意是要保護他以日圓支付的薪資轉換成美元時的價值。但由於2008年開始經濟衰退，日圓驟然升值讓該筆合約的價值縮水了18.5億日圓（1,660萬美元）。

在新生銀行著手結清這個帳戶，導致戈恩蒙受巨大損失時，他安排將該帳戶做為抵押品轉移給日產。日本的監管機構證券交易監督委員會，把這個做法標記為潛在的利益衝突，並要求日產不得再代表戈恩承擔損失。2009年1月，合約按季度結算，但日產仍支付了一筆分期付款給新生銀行。據傳戈恩已經償還此筆金額給日產了，這代表到此時為止，這次交易是光明正大的。

但與此同時，這位手頭拮据的執行長仍然有義務，設法取得另一個

抵押品來源來取代日產，因為日產持有戈恩虧損的帳戶，被日本監管機構取消資格。據稱，他找到著名的沙烏地商人哈立德‧朱法里（Khaled Al-Juffali）當另一個靠山，朱法里是一家公司的共同所有人，擁有中東汽車經銷商日產海灣公司（Nissan Gulf）50%的股份。然而，他更為人所知的身分，是沙烏地阿拉伯最大財團之一的副董事長。他是個富有的金融家，同時是沙烏地阿拉伯金融管理局（Saudi Arabian Monetary Authority）的理事會成員。[3]他也是戈恩在出席達沃斯經濟峰會時，會見的政要之一。據信，朱法里提供了他的資產做為抵押，為戈恩在新生銀行保留交換交易合約的信用狀背書。日產隨後又返還這份合約給新生銀行，減輕了帳面上的負擔。

在那之後，日產透過一個通常用在雜項或緊急開支的專用基金「執行長預備基金」，向中東的一家子公司支付了四筆款項。據稱，該子公司隨後把這幾筆資金轉移到朱法里的公司。檢察官聲稱，這是為了回報朱法里協助解決戈恩的個人財務問題。但戈恩的律師和朱法里都否認有任何交換條件。他們說，日產轉移的錢是合法的商業支出，用來支付行銷和激勵獎金等費用。

在日本媒體中，這第三項指控被稱為資金流動的「沙烏地路線」（Saudi Route）──指的是和資金轉移有關的那些沙烏地商人。

日產內部人士表示，公司一直到11月，也就是戈恩第一次被捕的那個月，才開始蒐集跟這項指控有關的文件。檢察官能夠搜索銀行紀錄

3　Norihiko Shirouzu, "Nissan Sources Link Latest Ghosn Allegations to Khaled Al Juffali, Vice Chairman of One of Saudi Arabia's Largest Conglomerates," *Japan Times* December 27, 2018, https://www.japantimes.co.jp/news/2018/12/27/business/corporate-business/nissan-sources-link-latest-ghosn-allegations-khaled-al-juffali-vice-chairman-one saudi-arabias-largest-conglomerates/.

和戈恩的住所，從那些地方找到東西並拼湊出最後指控的罪行。日產的人對於出現了戈恩把公司當成自己提款機的傳聞，心裡也很不是滋味。

「個人是不能借用公司的信譽來支撐個人交易的。這有利益衝突，」一名參與日產內部調查的員工表示。「第二點，讓公司來填補你的損失，就算你事後還錢給公司也不是很恰當。我就不可能讓日產為我做這種事。最後，如果確定支付（給朱法里的）這些錢是為了換取對方提供抵押品，而不是為了業務，那就意味著該公司除了資助了卡洛斯‧戈恩的個人換匯交易合約，還平白無故花掉了1,470萬美元。那要算成一筆1,470萬美元的虧損。」

• • •

2019年1月11日，在戈恩第一次被捕近兩個月後，檢察官最後以「沙烏地路線」觸犯背任罪起訴他，此外還以第二項指控起訴了戈恩、凱利和日產，指其從2016年到2018年的遞延薪資報告不實。此時的戈恩被控三項罪名，由於沒有其他罪名需要拘捕他，他終於有資格獲得保釋。

然而，由於檢察官和辯護律師就保釋條件相持不下，到了法院批准釋放他又拖了將近兩個月。最後戈恩在3月5日獲准保釋時，保釋金被定為創紀錄的10億日圓（890萬美元）。他用現金支付了這筆錢。

在被羈押了108天後，戈恩在一個有數百名記者的媒體馬戲團面前（這些記者被圍在停車場圍欄後面），從單人牢房中恢復自由身，電視台把這個事件現場直播到日本各地的電視螢幕上。人們引頸期盼著這位具有表演天賦的人，可能會在監獄的台階上舉行即興記者會。但實際發生的事甚至更混亂而不受控。

戈恩從拘置所出來時，並沒有穿著他最代表性的西裝，而是頭戴藍色帽子，穿著工作服和螢光橘色的安全背心。他用外科口罩遮住臉，一組獄警帶他走出前門，他們都戴著口罩，這樣一來媒體更加搞不清楚誰是誰。隨後戈恩被塞進一輛車頂裝著工作梯的鈴木麵包車。這樣的偽裝是為了甩開任何亟欲追蹤戈恩的記者，以免他們追到法院指定的住所，戈恩在保釋候審期間會住在那裡。不過只有時間僅夠快速再看一眼時，這樣的煙霧彈才有作用。當他搭的車離開拘置所的前門，一大票媒體僱用的摩托車和直升機就緊緊追趕著，要記錄下他接下來在東京都的一舉一動。[4]

從牢裡獲釋的時候，這位落馬的汽車業大人物發表了一份挑釁的聲明，說他被捕是「可怕的磨難」，並且宣稱：「我是無辜的，我將會全力以赴，針對這些毫無意義和毫無根據的指控，在公平的審判中積極為自己辯護。」

戈恩終於獲得保釋，準備進行辯護，甚至開設了一個推特帳號，要向全世界申辯。驗證過的@carlosghosn帳號的橫幅照片，是這位下台的企業高層沉思的側臉俯瞰著公園裡的日式涼亭。四月初，他發布了他的第一條推文，承諾在4月11日的新聞記者會上「說明現在正發生的事情的真相」。[5]

他幾乎不知道，檢察官可還沒放過他。而且戈恩採用媒體攻勢的威

4　Hans Greimel, "Ghosn Walks Free on Bail, Ready to Fight 'Meritless' Charges" *Automotive News*, May 4, 2019, https://www.autonews.com/executives/ghosn-walks-free-bail-ready-fight-meritless-charges.

5　Hans Greimel and Naoto Okamura, "Ghosn Takes to Twitter with Plans to Tell the Truth-If He Avoids Another Arrest," *Automotive News*, April 3, 2019, https://www.autonews.com/automakers-suppliers/ghosn-takes-twitter-plans-tell-truth-if-he-avoids-another-arrest.

脅，甚至可能激怒了他們。

4月4日上午，在戈恩發出第一則推文承諾公開出庭的第二天，檢察廳突襲了他在東京的一棟公寓，那是他和妻子卡羅爾的臨時住所。他第四次被捕，在保釋後僅僅一個月不到就被送回監獄。這打亂了他召開記者會的計畫，而且把他安上了第四次，迄今為止最嚴重的罪名。

在針對戈恩的第三次起訴「沙烏地路線」的背任罪指控中，他對日產造成了多少（如果有的話）財務損失還不清楚。他想要讓日產承擔他個人損失的嘗試，最後還是失敗了（儘管日產認為，在這個案件裡轉移到中東的資金，事實上是用來回報朱法里對戈恩個人財務的支援）。然而，這次新的背任罪指控聲稱，戈恩特意把日產的資金中飽私囊。

據檢察官的說法，戈恩在2015年到2018年期間，批准了日產子公司向一家經銷商支付約1,500萬美元。該經銷商後來確認是總部位在阿曼的蘇哈伊巴望汽車公司（Suhail Bahwan Automobiles），它在當地經銷日產汽車，經營者是億萬富豪蘇哈伊・巴望（Suhail Bahwan），他也是戈恩的朋友。這筆款項又是從戈恩的執行長預備基金支領，被指定為行銷費用，但檢察官指控戈恩收取了大約五百萬英鎊做為回扣。據稱，其中一些錢被轉移到了戈恩兒子經營的一家美國投資公司，然而據說有些錢是幫忙付了他的遊艇「社長號」的款項。日本媒體將這第四項指控稱為「阿曼路線」。

戈恩在2019年4月22日因違反信託罪名而被起訴，在被羈押二十二天並支付了5億日圓（460萬美元）保釋金之後交保。他此時面臨著相當嚴峻的法律問題和嚴重的刑期，如果四項罪名全部被定罪，其刑罰包括關在日本監獄長達十五年，最高罰款1.2億日圓（110萬美元）。有

鑑於日本的定罪率接近百分之百,他極可能被判有罪。

　　戈恩斷然否認所有指控,堅稱自己是清白的。但就在他和檢察廳的正式起訴做鬥爭時,一連串沒完沒了、針對其他不法行為的指控又紛紛冒出來。這些放話內容並不是日本司法體系所針對的刑事案件;戈恩甚至沒有因為這些事情遭到指控。相反的,它們是日產公司提出的另一波主張和含沙射影的攻擊,這些指控主要針對他濫用公司資源,如果屬實,就算不全然有違法,至少也是貪腐和不道德的。

　　幾乎在戈恩第一次被捕之後,這類走漏消息的狀況馬上開始出現。

　　最初的指控之一是他濫用日產子公司,為自己在里約熱內盧和貝魯特買房子。在2010年成立的荷蘭公司Zi-A資本BV（Zi-A Capital BV）,表面上是一個投資新興技術的風險投資基金,但日產調查人員表示,他們發現Zi-A資本BV支付了房地產費用,而且為戈恩在巴西和黎巴嫩購置和翻新這些公司用的住宅,花了超過2,200萬美元。貝魯特的粉紅色外牆豪宅——經常出現在媒體上——是戈恩逃離日本後,最終的躲藏地點,這讓日產更加火大,它不但是花錢買房的一方,還擁有房屋所有權。

　　戈恩還遭指控,讓日產支付他姊姊超過十年的顧問費75萬美元,但看不出他姊姊有在做事。「除了少數幾個人以外,日產沒有人知道這件事,」該公司表示,並補充說發現到「沒有可交付的成果」和這筆顧問費有關聯。戈恩大量的飛航行程也被盯上了。日產聲稱,戈恩為他自己和家人搭乘公務機與包機的私人旅行,向公司不當地報銷了440萬美元的費用。後來,在凱利受審期間,在法庭上供出的支出裡包括2016年的一筆費用,詳列了340萬日圓（合32,700美元）,據稱是戈恩向公司支領購買新衣服的費用。

　　日產還指控戈恩藉由操縱期權行權日，以較高的股價兌現股票增值權，不當地獲取大約1.4億日圓（128萬美元）。[6]

　　戈恩被指控的不法行為，很快就從日產再牽扯到擴展出去的汽車聯盟。

　　例如，日產的內部調查人員發現，公司和三菱在荷蘭的另一家子公司日產－三菱BV（NMBV）涉及違法行為。這家雙方各占50%股份的合資企業，據說是為了獎勵找出綜效的兩家公司員工，讓他們分享節省下來的資金。但日產和三菱表示，它們發現戈恩利用該公司支付巨款給自己。據稱，他在未告知或諮詢NMBV董事會其他成員、日產的西川廣人，以及三菱汽車執行長益子修的情況下，核簽了獎金和薪資，賺進890萬美元。順帶一提，那些人都沒有收到NMBV支付的任何款項。[7]

　　日產和三菱還表示，它們在日產與雷諾合資的另一家荷蘭公司雷諾－日產BV（RNBV）中，發現了更多筆可疑的交易。例如，RNBV有大約390萬歐元（450萬美元）的支出被認為是戈恩的私人花費，和公司業務無關。這些支出包山包海用在一大堆奢侈的社交活動上，從這些活動可以看到，一位企業高層執迷於花公司的錢過上流社會生活，這樣令人反感的畫面。

　　據稱這些支出包含了2014年在法國凡爾賽宮舉行的宴會、在里約熱內盧嘉年華會以及在坎城電影節為賓客提供的餘興活動、來自巴黎卡地亞的禮品、在巴黎瑪摩丹美術館（Marmottan Museum）的晚宴，以及戈

6　"Improvement Measures Status Report to Tokyo Stock Exchange," Nissan Motor Co., 2020, https://www.release.tdnet.info/inbs/ek/140120200116447351.pdf

7　Hans Greimel, "Alliance Partners Turn Up Heat on Ghosn," *Automotive News*, January 29, 2019, https://www.autonews.com/executives/alliance-partners-turn-heat-ghosn.

恩在黎巴嫩的私人律師的費用——儘管日產在該國推展的業務很少。據信RNBV還以戈恩（而不是公司）的名義，捐了237萬歐元（265萬美元）給十個教育機關和非營利機構，其中有九個位在他的祖國黎巴嫩。最後，據稱戈恩還要RNBV負擔另外510萬歐元（571萬美元）的機票費用，該公司稱這些機票可能供他和他的家人的私人用途。[8]

• • •

國際媒體大肆報導的凡爾賽宮奢華宴會，是個令人震驚的特別插曲，賓客們穿過一隊頭戴三角帽、揮舞著戰戟的士兵，然後漫步在城堡的鍍金房間，欣賞弦樂和大鍵琴演奏的音樂，最後在長度跟大廳幾乎相當的燭光餐桌上大快朵頤，享用豐盛的晚餐。

兩年後在凡爾賽宮為他第二任妻子卡羅爾舉辦的慶生宴，是一場以瑪麗・安東妮（Marie Antoinette，路易十六之妻）為主題的晚宴，到處是穿著十八世紀服裝和戴著貴族假髮的古裝演員。這場晚宴相當華麗，因而出現在目標客群為上流社會人士的《城市與鄉村》雜誌（Town & Country）照片集裡。[9]在大眾眼中，凡爾賽宮事件已經成為一位大幅失控的企業高層白目的鋪張行為的象徵。

隨著美國證券交易委員會（SEC）深入調查其遞延報酬，戈恩的問題也越來越多。該委員會指控戈恩在凱利的協助下，從2009年到2018年隱瞞了約1.4億美元的未公開薪資和退休金福利。

8 "Improvement Measures Status Report."
9 Ania Nussbaum, "Ghosn Defends Use of Versailles for Wife's Birthday Party," *Automotive News*, January 9, 2020, https://www.autonews.com/executives/ghosn-defends-use-versailles-wifes-birthday-party.

此時在法國，法國檢察官開始初步調查、並且把這事件提交法院之後，雷諾在2020年初表示，該公司會提起民事訴訟，保留就任何涉嫌挪用資金的行為向戈恩求償的權利。在另一項調查中，法國稅務機關也在調查雷諾與其在阿曼的經銷商之間的交易，以及這家法國車廠和荷蘭合資企業的合約。[10]

至於日產，它承諾將向戈恩求償因涉嫌犯罪不當行為和其他濫用資金，對該公司造成的數百萬美元損失。2020年2月，這家汽車製造商落實了這次威脅，在日本提起民事訴訟，針對涉嫌「違反信託義務」和「挪用日產資源和資產」，向其前會長索賠100億日圓（9,100萬美元）。[11]這次行動緊接著先前日產在英屬維京群島對戈恩提起的民事訴訟。在那起訴訟中，日產聲稱「未經授權的付款和交易是通過特殊目的實體進行的」，並追索戈恩的豪華遊艇的所有權以及其他賠償。

就像戈恩後來所說的：「我正受到來自四面八方的攻擊。」

• • •

日產聲稱，不管是各種非法的把戲，還是單純上不了檯面的類型，戈恩能夠精心策劃這樣一個假公濟私的網絡，是因為他在自己身兼會長和執行長以及縱容者的核心圈裡，集中掌握了這麼多不受管控的權力。沒有人能夠叫他別做。

日產表示，在這個團隊裡，最優先要找的人是凱利，他在2009年

10 Agence France-Presse, "Renault Files Civil Claim against Ghosn," February 24, 2020, https://www.rfi.fr/en/wires/20200224-renault-files-civil-claim-against-ghosn.

11 Hans Greimel, "Nissan Sues Ghosn in Japan for s91 Million," *Automotive News*, February, 12, 2020, https://www.autonews.com/executives/nissan-sues-ghosn-japan-91-million.

成為高級副總裁，負責控管執行長辦公室、聯盟執行長、法律部門和全球人力資源部的所有事務。日產在戈恩被捕之後說，每當有棘手的問題送到他的部門——無論是來自法定審計師還是會計部門——假如它們牽涉到戈恩、過於敏感，凱利就會很快回絕。凱利控制下的部門運作不透明，「只會簡單回應說這是『執行長的事』。」同時，空殼公司的複雜組織架構，阻礙了對子公司的透明監督，就像在荷蘭的那些公司一樣。〔12〕

　　日產後來仔細剖析了這場醜聞，在提交給東京證券交易所的三十八頁長篇報告裡，該公司聲稱戈恩——利用他把日產從破產邊緣救回所留下的聲譽——建立起一種「個人崇拜」，把他的所有交易都變成「不可逾越的領域」。日產表示，因此，「某些行政部門的檢查與制衡功能，不一定能有效解決戈恩先生謀取個人私利的問題。」〔13〕換句話說，在一敗塗地的企業治理中，絕對的權力就絕對會腐敗。

　　戈恩（和凱利）否認了全部的指控。但在這種雪崩般的指責中，日本人對於這位長期以來被譽為「獲得接納的民族英雄」的人，情感上也產生了轉變。即使戈恩能夠在日本法庭上擊敗檢察官的四項起訴，但是要在輿論公審上恢復他的聲譽，似乎也是完全不可能的。戈恩被捕的第一個星期後，權威性相當於《華爾街日報》的日本《日經新聞》在一篇社論中主張，戈恩在打造聯盟方面取得的成就仍然值得「高度讚揚」。但是這家意見領袖等級的報紙，後來又抨擊了這位名譽掃地的執行長較近期的行為。

　　「毫無疑問，這個汽車業極具影響力的企業高層之所以垮台，是他

12 "Improvement Measures Status Report."
13 "Improvement Measures Status Report."

缺乏對道德和法律的尊重所引起的，」《日經新聞》寫道：「雖然日本的高階主管經常為了保護自己公司的聲譽或命運，而犯下法人犯罪……但他們很少純粹因為貪婪而跨過紅線。」[14]

14 "Greed Drove Nissan's Ghosn into a Trap," *Nikkei Asian Review*, November 29, 2018, https://asia.nikkei.com/Opinion/The-Nikkei-View/Greed-drove-Nissan-s-Ghosn-into-a-trap.

CHAPTER

10

策劃陰謀
Makings of a Conspiracy

在日本，戈恩垮台似乎一看就知道是個貪婪與傲慢的案例。但是在距離半個地球以外的法國——以及國際汽車業的其他地方——這場逮捕行動立即引發了人們更陰謀論的猜測，認為這是陷害這名外國人的一場計畫。隨著各片拼圖逐漸湊在一起，出現了一幅截然不同的畫面。

戈恩被捕的消息在巴黎的午餐時間前傳出，那天是個晴朗但寒冷的星期一。雷諾汽車嚇到了。法國的每個人也一樣。在雷諾總部，一頭霧水的高階主管們不管有多麼勉強，都想找出檢察官提出的罪名與日產的指控背後的詳細原因。

替補接任這個吃力不討好的雷諾高層空缺的人是菲利普·克萊恩（Philippe Klein），他是日產的法籍高階主管，也是戈恩在1999年從雷諾帶來的第一批救火隊的一員。他還是戈恩在日產第一任執行長室的高階主管，也就是格雷格·凱利的前任。克萊恩是個說話輕聲細語的工程師和老爺車車迷，在當時是日產的企劃長，也是為日產、Infiniti和Datsun設計車款的關鍵人物。

克萊恩是在雷諾汽車開始他的職涯的，當時他是動力總成工程師

178

——可以說是汽車工作裡懂最多、最深入的職務——而且整個在職期間，都在這家法國車廠和日產之間來來回回奔波。他先後在日產和雷諾擔任執行長辦公室的頭號把關人，備受雙方尊重與信任。或者說，至少，以前是這樣。

回到東京這邊，西川廣人命令克萊恩立即搭乘私人包機飛往法國，幫日產傳話。不過首先，克萊恩必須做一個重要的停留。

就在戈恩在東京被捕當天，法國駐日本大使正在該地舉辦大使館招待會。出席招待會的政要包括傳奇的雷諾執行長路易斯・史懷哲，他在1999年促成了對日產的援助案，並選擇戈恩做為他的接班人。

克萊恩背負著需要謹慎應對的工作，要向雷諾鉅細靡遺地簡報他從西川那邊得知的消息。

這是一次令人震驚和難以置信的棘手議題。但真正的考驗還在巴黎等著，第二天早上，兩眼模糊的克萊恩在巴黎一落地，就直奔位在首都西郊布洛涅－比揚古的雷諾總部。

克萊恩的任務看似很簡單：解釋日產已經發現戈恩的重大不當行為，他被捕一事不應妨礙到和雷諾的聯盟關係。他還受命敦促雷諾，開始對其本身的營運以及雷諾－日產BV在荷蘭的公司另外進行盡職調查。日產要他轉達，由於檢察官還持續調查中，一些內容細節仍然保密著，但會在適當的時機公開更多細節。

• • •

克萊恩走訪七樓的行政套房時，遭到了公然的懷疑。質疑者中最重要的，是雷諾汽車在戈恩之下的第二號人物：蒂埃里・博洛雷。博洛雷

和戈恩一樣,是在輪胎製造商米其林入行的,在2012年加入雷諾之前,曾轉戰汽車零組件大廠佛吉亞(Faurecia)。他被視為雷諾在日產的控股權的積極監管人,在2018年2月被任命為營運長,穩坐著戈恩接班人的位置。克萊恩並未受到熱情歡迎。

「有些人認為我帶去的消息很奇怪,簡直是其他星球來的人,要不根本就是叛徒,或者完全受人操縱的蠢貨,不然就是你在日本待太久了。」克萊恩回憶道。「還有很多人覺得怎麼會發生這種事。他們認為『這件事沒別的原因,就只是日本人的陰謀。』」

實際上,克萊恩暗地裡也是這麼猜想著。

在巴黎的集體意識裡,潛伏著2011年震驚雷諾的一樁丟臉的醜聞,而且它差點在七年前把戈恩拉下台。雷諾當時指控三名資深經理人,說他們涉嫌把公司有關電動車的機密賣給外部的利益集團。為此雷諾解僱了這三人,但事後證明這是一場烏龍。當時的雷諾營運長是長期被視為執行長人才、備受尊敬的產品開發大師派屈克・佩拉塔(Patrick Pelata),在該次事件中,他因為維護老朋友和老闆卡洛斯・戈恩免受政治上的後果,而被迫辭職。身為戈恩以前在巴黎綜合理工學院的同學,據說佩拉塔是雷諾裡僅有的兩個,可以和戈恩直呼名字的人之一。(雷諾和日產的其他人——甚至最高管理層——都一直稱呼他為「戈恩先生」。)這次戈恩在日本被拉下台,會不會是另一起這類失誤的開端,只不過規模更大?

幾乎就在戈恩被捕之後,有關企業陰謀的討論就在網路上瘋傳。

最初的指控——戈恩隱瞞了超過八千萬美元的遞延薪資——遭懷疑論者駁斥,認為是日產為了把他免職捏造的詭計,日本政府也可能摻了

一腳。為什麼？就在九個月前，雷諾表示將續簽戈恩的聘約，讓他繼續領導這家汽車製造商四年，不過加了一條但書——他得確保雷諾與日產聯盟「不會走回頭路」。對於日產的一些人來說，這些話算是挑釁。

此外，2015 年的弗洛朗日危機，對於橫濱這邊的許多人仍然記憶猶新，當時法國政府無視日產汽車反對，取得了在雷諾的雙倍投票權。那次對陣使得日方長期以來，對法國的意圖心存懷疑。如今，法方的陰謀論者想像出一個偏執的日本，它憂心忡忡地覺得，法國政府和戈恩正在謀畫一場最終戰，有可能一勞永逸地消滅日產的獨立性，把它變成子公司。

• • •

根據日產和西川的官方說法，聯盟關係和合併計畫與戈恩被捕無關。對日產來說，這很明顯是不當行為的案子。在戈恩被捕的數個月後，西川接受日本雜誌《周刊文春》（*Shukan Bunshun*）採訪時，猛烈抨擊了他這位前任導師。「我很懷疑戈恩先生是否曾經對日產這家公司有過任何愛或歸屬感。我想知道日產是否只是他和家人享受奢華生活的工具，」西川說，「我嚴厲質疑戈恩先生是否對日本人民和日本社會有過任何尊重。如果他對日本有點敬意，就不會犯下這樣的不當行為。」[1]

但是在陰謀論者看來，日產和日本當局勾結，用他們所知的最佳方法——除掉唯一能夠把兩家公司綁在一起的人——來維持日產的獨立

1　Hans Greimel and Naoto Okamura, "Ghosn Lawyer Pokes at 'Peculiar' Case; UN Receives Claim of Human Rights Abuse," *Automotive News*, March 4, 2019, https://www.autonews.com/executives/ghosn-lawyer-pokes-peculiar-case-un-receives-claim-human-rights-abuse.

性，似乎更為合理。在法國政府才剛命令戈恩把兩家公司合併、別走回頭路之後，一名日產內部的重要人士——就像日產公開承認的——就最先表達出懷疑戈恩涉嫌不當行為。在這種情況下，戈恩根本沒有犯任何罪。他是民族主義本能和國際主義勢力衝突下，造成的附帶損害。[2] 對戈恩來說，這種陰謀論的故事情節，是他辯護內容的重要組成。

「唯一解釋得通的說法就是，他們不僅要除掉我，還要毀掉我留下的成就，並且把這三家公司之間的權力關係全部重新洗牌，」戈恩在逃離日本後，從黎巴嫩接受本書採訪時說。「可惜的是，那些日本人很快就了解到，雷諾或法國要對日產施以最大的影響力必定會透過我。所以他們說，『好吧，如果我們除掉他，事情就結束了。』事情就是這麼回事。」

2019年4月，他在一份正式發表的影片裡，親自概述了這個說法，以代替他原本希望在日本外國記者俱樂部大批同情他的觀眾面前，舉行的現場新聞記者會。等到影片發布時，戈恩已經第二次被關回監獄了。他的律師預料到，他可能會被抓起來並阻止他對外發言，便很聰明地準備了長七分半鐘的訊息。

「這和貪婪無關。也和獨裁無關。這是關於算計。是關於陰謀的。這是在背後暗算，」戈恩在這段短片中說。「最早是有人擔心聯盟的下一步，對於趨於一致方面，以及走向合併方面，勢必會在特定的地方威脅到某些人，或是最後威脅到日產的自主權。」[3]

• • •

2　Hans Greimel, "Was the Ghosn Sting Compliance or a Coup d'État?" *Automotive News*, December 2, 2018, https://www.autonews.com/article/20181202/OEM02/181209978/was-the-ghosn-sting-compliance-or-coup-d-etat.

根據戈恩的說法，早在2017年馬克宏成為法國總統，加大了雷諾和日產「沒有回頭路的整合」的壓力，陰謀的種子便已經播下。2018年1月左右，法國政府通知日本政府，它打算整併這兩家公司的管理層。根據戈恩所說，他提出的雷諾和日產控股公司結構，引發了日方強烈反對。他逃離日本之後接受《汽車新聞》採訪時，概略地說了他這項計畫的基本內容。雷諾、日產和三菱這三家公司，將合併在一個傘形公司實體底下，該公司實體將設在荷蘭或瑞士等中立地區，並且在巴黎和東京兩地上市，以同一支股票進行交易，而不是分別為雷諾、日產和三菱提供股票代碼。每家汽車製造商都會保留自己的總部和管理委員會，但是它們要接受控股公司的獨立董事會監督。該董事會可能會由這三家車廠的董事會成員提名的十名董事組成。

關鍵在於，戈恩說，法國政府將根據他設想的計畫，出售其在雷諾的持股，而這幾家公司將維持其經營的獨立性。促使法國政府放棄對國家產業這一大旗艦的控制權，可能原因並不完全明朗。而且，一旦股權納入同一支股票進行交易，這三家汽車製造商是否還能自主運作，仍然是個大問號。

戈恩在2018年初提出了這個想法，立刻就在日本碰了一鼻子灰，不只是日產內部，還有日本企業的守護者——影響力極大的經濟產業省大臣。對西川來說，「一家控股公司」只是用更華麗的名義包裝的企業合併。日本政府裡有些人也是這樣認為。至於官方的立場，日本經濟產

3　Hans Greimel, "Ghosn Slams 'Backstabbing' Nissan Leadership, 'Mediocre Performance,'" *Automotive News*, April 9, 2019, https://www.autonews.com/automakers-suppliers/ghosn-slams-backstabbing-nissan-leadership-mediocre-performance.

業省堅持，這些公司未來的發展方向應該由它們自行決定。但是那段時期的日產內部電子郵件顯示，有些日產高層認為，日本政府實際上反對得太過激烈。

2018年4月，時任日產會長兼執行長室主管的高級副總裁哈里・納達，正與雷諾的同行就合併提議發生了爭執。納達是個有影響力的政治掮客，被任命為凱利的接班人，直屬戈恩底下。在一封後來遭到外洩、寫給戈恩更新談判狀態的電子郵件裡，納達說他認為雷諾的合併提議過於簡單。他還表示，這沒有考慮到日產其他股東的想法。納達寫道，日產的立場是：它比較喜歡現狀而不是合併，但實際上，比起維持現狀，它更偏好大刀闊斧地重新調整雷諾和日產之間的交叉持股結構。

「我說過，重新調整結構涉及到雷諾減持日產的股份（日產增持雷諾的股份），讓雙方可以互相在對方董事會上投票，並重新調整合約結構布局，讓任何一方都無法控制對方，加上法國政府退出，以及最後，確保當前聯盟領導層能良好交接，打造一套能保護聯盟利益的機制，」納達在寫給戈恩的電子郵件裡寫道。「日產希望能忠於自主的原則，讓各公司彈性地找出雙贏的解決方法。」

同時，日本主管監督、左右產業動向的部會經產省，開始向法國國家參股管理局（簡寫為APE，Agence des participations de l'État）施壓，以支持日產，該局是管理雷諾等數十家企業國有股權的政府機構。經產省和日產當時負責政府事務的高級副總裁川口均互相配合。根據川口寫給戈恩、西川和納達的一封電子郵件所述，日本經產省在2018年5月準備了一份諒解備忘錄，向法國政府提供「保護日產利益的書面證明」。川口均補充說，日產曾一直要求「經產省待在我們背後支持日產，必要時想

辦法制止法國政府與 APE。」然後，他附上了經產省寫給法國政府的草
擬信件。

經產省的關鍵訊息是「日產可以不受約束，自行做決定」，如果法
國方面不尊重這一點，將會損及構成該聯盟的汽車製造商之間的互信，
經產省將其稱為「成功的法、日產業合作的最大象徵」。經產省隨後堅
持認為，未來的討論應該集中在「基本要素」上。其中最主要的是引發
爭論的「交叉持股結構中持股均等」問題，這是法國人很不想談的話題。
連川口都覺得這太過分了。

「儘管法國那邊默不作聲，但即使在我們看來，這份草約也有一點
過分了。」川口在寄給戈恩與另一些人的一封郵件裡寫道：「雖然很感
激日本政府支持，但歸根究柢這還是民營公司的事情。」西川廣人在回
信裡也同意，他說這種強硬立場「有些令人不安」，並表示需要採取不
同的方法。

對戈恩和他的法律團隊而言，法國和日本之間、以及日產和雷諾之
間這種日益緊張的關係，助長了一場革命把他踢走。

• • •

然而，把會長撤職這件事實際上是怎麼展開的，卻是一個有爭議的
問題。

看來各方一致認為，日產是從 2018 年初開始調查戈恩的，由川口、
納達、日產的法定審計師今津英敏（Hidetoshi Imazu）進行。這三人挖出
了更多醜事。他們最後找到了時任祕書室室長的大沼利明，該辦公室負
責處理高階主管相關的事務，包括薪酬。日產的外部法律顧問瑞生國際

律師事務所（Latham & Watkins）提供了法律諮詢，並幫助帶頭進行日產附屬企業的全球審計工作。同樣可以確定的是，今津並沒有像法定審計師平常要求的那樣，把指控提交給日產董事會審議，而是採取了非正統步驟，先前往東京地方檢察廳，點燃了這場風暴。

最後，沒有人質疑這個時機點很微妙。就在川口和納達正在揭發戈恩涉嫌不法時，兩人同時護著日產，反對他的控股公司構想。

這些敘述內容有所出入的地方，只差在這些參與者的動機。

・ ・ ・

戈恩的律師堅稱，日產公司裡的這群人捏造了戈恩的不法行為，藉此驅逐他並且破壞整合。川口和其他人為了查明任何一丁點的不法行為，誘導了一場違法調查，並且就可能成立的指控向東京地方檢察廳徵詢意見。日產內部團隊還和前經產省副大臣豐田正和合作，他在2018年6月成了董事會董事。他們所有的努力都聚焦在一個結果上。戈恩陣營堅稱，2018年3月左右，川口和日產的法定審計師今津帶頭進行了一項祕密行動，以挖掘戈恩在公司任何地方的不當行為。「他們的目的是藉由找出戈恩先生的『不當行為』並把他趕出日產，來阻止日產和雷諾整合。」戈恩的律師在2019年10月提交的法庭文件裡寫道，「此次不公正且帶有偏見的調查，其目的是要重整日產和雷諾（法國政府）之間的關係，讓戈恩下台，阻止兩家公司『整合』。」〔4〕

根據戈恩的說法，密謀者和檢察官基本上是要脅納達和大沼做出證人陳述，並提出不利戈恩的證據，來換取免除自己的刑事指控。此外戈恩堅稱，西川廣人有一些所謂的不當行為，卻很不公平地逃掉了拘捕。

例如，西川廣人簽署了有關戈恩退休後薪酬計畫的文件，其中涉及諮詢和競業禁止協議，以及因涉嫌謊報而受到審查的證券年報。戈恩的律師還聲稱，依據阿曼路線所做的背任罪指控，支付給蘇哈伊巴望汽車公司的1,500萬美元裡，大約有一半是西川廣人核准的，而不是戈恩。他們指出當時執行長是西川廣人，因此流出資金的那些具有爭議的執行長預備基金，是西川廣人負責的。[5] 對辯方來說，反對合併的西川廣人躲掉了刑事指控，這件事明顯是兩套標準的偽善，明擺著檢方只把戈恩當主要目標窮追猛打。畢竟，在這場陰謀裡，重要的是讓日產主導權掌握在日本人手中。對戈恩的律師來說，這種選擇性執法反映出完完全全的種族歧視；實際動手的日籍高階主管逍遙法外，外國籍主管則鋃鐺入獄。

「在本案中，毫無疑問，戈恩先生是因為其種族、國籍和／或社會地位而受到歧視，」戈恩的律師在一份法庭文件裡這麼寫著。就算是在日產內部，文化衝突和種族分歧的暗流也瀰漫在這起醜聞裡，非日本籍的員工比較容易接受陰謀論的說法。一名剛好在戈恩被捕之前，搬到橫濱郊外日產全球技術中心的美籍日產工程師，就直截了當地說：「我們幾乎都認為他被騙了。」

戈恩後來把他被捕一事，和把美國捲入二戰的日本偷襲珍珠港相提並論，他說，他就和倒霉的美國人一樣，從來沒想到會發生這種事。「你注意到珍珠港以前發生的事嗎？」戈恩說。[6]

4 H. Kawatsu, "Intended Claims Document, Defendant: Carlos Ghosn Bichara," Tokyo District Court, 17th Criminal Division Department, October 17, 2019, https://tokyotom.freecapitalists.org/2020/01/05/oct-17-2019-petition-filed-carlos-ghosns-lawyer-dismissal-prosecution/comment-page-1/?unapproved=91932&moderation-hash=coe346847dace821a9766bdf9017fe88#comment-91932.
5 Kawatsu, "Intended Claims Document."

「日本方面感到心灰意冷，但我想沒有人想像得到他們會這樣子反應，」他說。「沒有任何跡象，根本沒有任何跡象。」

• • •

其他人則看了一場慢動作的政變。他們說，從聯盟成立之初，日產和日本人就一直相信闖入的外國人終究會離開日本，無論是出於自己的意願還是被動的。通用汽車曾經和鈴木及速霸陸合作，但在經濟不景氣期間放棄了這些股份。福特最後也是放棄了對馬自達的長期利用。戴姆勒也放棄和三菱的合作關係。雷諾涉足日本的時間比大多數車廠都久，但總有一天它還是會退出，這種想法一直存在。

在雷諾汽車，有些人甚至認為，日本人多年來一直在悄悄收集戈恩的黑資料，等待哪天機會來了可以派上用場。如果雷諾不自行撤退，那麼總還有個某些日產高層曾考慮過、甚至更喜歡的「核選項」——便是毀了整個聯盟。

「我一點都不相信這個行動是因為在2016、2017或2018年合併的消息傳出而開始的，」一位長期在雷諾工作的戈恩下屬說。「不，一點也不。這件事從一開始就有組織了。他們看到威脅出現，就按下那個紅色按鈕。這很容易理解。」

除了這個陰謀論之外，還有一個有趣的消息。和戈恩關係密切的那些人說，戈恩在2018年年尾被捕之前，正計畫重組日產管理層，把西川廣人從執行長的位置換下來。戈恩對於日產的績效並不滿意，日產已

---

6 Hans Greimel, "Ghosn Takes Case to International Court of Public Opinion," *Automotive News*, January 8, 2020, www.autonews.com/executives/ghosn-takes-case-international-court-public-opinion.

經開始走下坡。接替西川廣人的最佳人選，是負責日產北美業務，創下銷量紀錄的西班牙籍高階主管何塞・穆尼奧斯（José Muñoz），他當時擔任該公司的全球績效長。有一種說法是這樣：戈恩開門見山對西川廣人說，他可以支持控股公司並優雅地退休，擔任日產下一任會長，否則他將被立即解僱並由穆尼奧斯取代。

但是西川從來沒有被解僱。反倒是戈恩進了監獄。2019年1月，穆尼奧斯從日產離職，隨後加入競爭對手陣營韓國現代汽車，擔任其全球營運長兼北美業務執行長。（戈恩被捕之後，日產有大量非日籍高階主管出走，穆尼奧斯便是其中一例。）戈恩後來說，因為西川的績效下滑，當時他正在考慮把管理階層大洗牌，但是他否認會在2018年年尾就要西川馬上走人。然而，就戈恩陣營裡的一些人看來，日產的日籍領導層想阻止任何即將發生的管理高層改組，以維持日本對公司高層的控制，是很理所當然的。

・ ・ ・

日產的官方說法更加模糊。公司從未公開詳細說明導致戈恩被捕的具體步驟。據說，調查是由一名「內部告發者」帶動的，起初告發者身分不明，後來大家才知道是納達。而且一直到結束，日產都如同其官方立場，堅稱「造成這一連串事件的唯一原因，是戈恩和凱利所做的不當行為。」

和戈恩的版本一樣，日產的說法是從內部調查開始，但是在這個版本裡，是由今津起頭的。到了2018年春天，這引發了人們對Zi-A資本BV的關切，該風險基金是為了推動初創企業而成立的，最後卻變成幫

戈恩的住房買單。接下來，內部調查人員發現了他們認為隱瞞數千萬美元遞延薪資的非法計畫。

根據這個說法，納達和大沼與檢察官進行了認罪協商，因為他們有這些不當行為的內幕消息。事實上，他們聲稱他們在2010年到2018年這好幾年裡，幫各種遞延薪資計畫開了方便之門。兩人都利用了修訂過的日本刑法所引用的西方式認罪協商程序。這條刑法修訂在2018年6月生效，使得這幾個日產員工成為全日本第一批，在該規定下逃過罪刑的員工。[7]

尤其是納達，在這整起事件裡，他隱身幕後扮演一個陰暗人物，這有部分原因是他在和雷諾進行談判時是關鍵人物，再者他是認罪協商者，承認參與被指控的不法行為。納達是馬來西亞出生、在英國受教育栽培，見多識廣的律師，在橫濱總部工作的許多英國籍員工裡，他的英國口音最流利，他也是讓戈恩下台的整起事件的關鍵。但是，是什麼原因讓執行長兼會長室所信賴倚重的負責人納達，背叛了他多年來忠誠服務的老闆？這是整個日產醜聞裡最讓人費解的問題之一。

納達的全名是赫曼·庫瑪·納達拿撒巴培西（Hemant Kumar Nadanasabapathy），他在1990年進入日產，那是戈恩的同案被告格雷格·凱利在田納西州進入日產的兩年後。他和凱利一樣，也是利用法律專業爬到公司的高層。2014年，他從日產歐洲法務負責人的職位，被擢升為日產執行長室的副總裁，其業務範圍廣泛，涵蓋聯盟辦公室、法務部門、組織

7 Takayuki Inoue, "New Plea Bargaining System in Practice," International Law Office, August 12, 2019, https://www.internationallawoffice.com/Newsletters/White-Collar-Crime/Japan/Nagashima-Ohno-Tsunematsu/New-plea-bargaining-system-in-practice.

發展、設施管理和全球內部審計。戈恩被捕那時，納達54歲。

同事們形容納達是個討人喜歡、善於交際的老菸槍，他能夠輕鬆應對日本企業那種與人為善的處事方法，在會議之外建立共識，為達成協議做好準備。納達是處理和雷諾之間棘手的聯盟內部關係的關鍵人物，日產的民族主義守舊派認為他是個有力的談判代表，會堅決捍衛公司的利益和自主權。

在某些報導裡，納達被描繪成真正的反派，他設局除掉了戈恩——要嘛是為了保護自己的影響力不被一家控股公司稀釋，不然就是在一次被誤導的冷血伏擊中，把日產從法國的統治中拯救出來。還有報導把他描述為不知情的受害者，被推到檢察官面前被迫合作，不然就得自己去坐牢。就連戈恩好像也被納達搞糊塗了，他在醜聞爆發後出版的書裡寫道，川口、豐田和今津「拿槍抵著（戈恩的）頭」。戈恩認為，他們也是用同樣強硬的手段對付大沼。[8]

另一則敘述則說，納達突然明白，多年來自己助長了這麼多金融違規行為，並決定在新的認罪協商制度下坦白。納達認為控股公司結構一旦成立，就打開了一個潘朵拉的盒子，讓戈恩有新的方法可以在整個體制裡頭盡量撈油水。而雷諾、日產和三菱——以上市公司的地位來看——受到嚴格的資訊公開和審計規定所約束，在更加模糊的控股公司結構底下，它們就不一定能這麼透明了。

而認為即使在這些上市公司的限制下，戈恩仍然會設法和境外公司進行精心策劃的空殼遊戲，好把資金引回自己口袋裡的這種論點，仍然

---

8   Carlos Ghosn and Philippe Riès, *Le temps de la vérité: Carlos Ghosn parle* (Paris: Éditions Grasset & Fasquelle, epub 2020), 113.

到處傳開。在一家控股公司裡，身為想當然耳的皇帝，手握著更大的權力，他可能會不受約束地在更寬鬆的企業環境裡恣意妄為，而敢幫他踩煞車的人卻更少了。

「內部告發者不希望這種不法行為越來越多，」一名日產的職員說。「如果合併會成真，戈恩勢必會藉由職位之便，從公司撈走更多錢。從更廣泛的意義來說，這是為了阻止他從公司詐取更多錢。」

· · ·

當納達最後在凱利的審判中站出來，首次公開講述發生的事情，一個有細微差別的故事情節也曝光了。出現的畫面是一位內心在天人交戰的高階主管——他濫用了公司最高法務主管的職位，但也想彌補過錯。

然而，其中有些證詞似乎也支持戈恩說的陰謀論。

根據納達的說法，他在2018年1月被捲入了當時已在進行、對戈恩旅行費用的調查。該項調查是由前一年的內部告發者所促成的，由公司審計師今津主導。川口就此事向納達徵詢法律意見。調查最後沒有進展，因為這些可疑的違規行為被認為還不夠嚴重。但這件事讓納達開始思考他覺得可疑的其他許多行為。

第一個，就是使用Zi-A資本來支付戈恩的房屋費用。再來就是數千萬美元疑似遞延薪資的事情。這兩個問題納達都近距離接觸過。他協助成立了Zi-A，而且為戈恩的各種退休計畫工作了多年。2018年5月，納達開始向今津和川口說這些事，也敦促他們去諮詢包括瑞生國際在內的外部律師事務所。Zi-A最後成了另一個死胡同。普遍的看法是，它沒有嚴重到成為可以起訴的罪行。但是，這個日產的祕密隊伍還是全心

投入戈恩的薪酬問題。

在法庭上納達表示，原計畫是蒐集對戈恩不利的證據，在董事會議上和他對質，逼他辭職。如果他不照做，就把這件事移交給檢察官。但事情從來沒有走到那一步。今津第一次去找檢察官就此事進行諮詢時，據說納達並不知情。這件事傳進納達耳裡時，引起了他的警覺，因為在此時攤在顯微鏡底下的這件不法行為裡，納達本人也參了一腳。

「我承認檢察官至少知道日產參與其中，」納達作證說，「我擔心我自己的涉入程度會被誤解……戈恩先生正在接受調查的許多事情我也有參與。我涉入的狀況可能會被曲解。」[9]

到了7月，納達越來越緊張，於是找了律師討論認罪協商的事，順便聘請了一名和當時的首相安倍晉三關係匪淺的有力律師。9月，納達第一次造訪東京檢察廳，並且在10月31日根據認罪協議得到豁免。納達想盡辦法擺脫了他自己製造出來的調查案件。

• • •

然而，納達自己的證詞也證實，即使他正在策劃對戈恩進行法律突襲的時候，即將與雷諾合併一事在他腦裡仍揮之不去。他說，在2018年年中，大家普遍預期戈恩會在隔年退休，到時候「無法走回頭」的聯盟這個爆炸性議題，終究要面臨做出決定的一刻。

「我知道戈恩先生打算退休，也知道他正在討論合併的事。合併會是戈恩先生退休之後避不掉的結果。我確信我們一直在談論的計畫就要

9　Hans Greimel and Naoto Okamura, "Legal Fears Led Nissan Exec to Flip on Ghosn," *Automotive News*, January 31, 2021, https://www.autonews.com/legal-file/legal-fears-led-nissan-exec-flip-ghosn.

執行了。」納達說，「我覺得列車快要駛離車站了，必須阻止它。」〔10〕

納達對這些事件的敘述，是日產方面首次公開確認戈恩一直在說的話──他想把兩家公司合併。而法庭上呈現的其他記載，突顯了日產對這種發展的警覺。

2018年2月，也就是雷諾表示會延長戈恩任期的那個月，西川廣人寫了一封電子郵件警告納達，表示戈恩「可能會被催促或被迫承諾一些未來規劃，以在法國的條件下進行合併，來換取法國支持他的任期和薪酬。」〔11〕同樣在這個月，納達寫信給他的法務組，表達了他擔心雷諾打算把日產整合到它的資產負債表這件事。他提醒：「在雷諾可能正在運作著一連串的事情，好讓雷諾和日產完全合併。」在戈恩被捕前一天，納達發給西川廣人的另一封郵件裡，他表示，日產應該利用即將爆發的戈恩醜聞，施壓要求重新調整和雷諾的合作關係。

「日產的立場應該是：○○先生的不當行為和被免除日產代表董事職務一事，是對聯盟環境的基本變革，而且必須找到治理聯盟的新做法。」納達寫道。

由於老闆即將捲入規模巨大的醜聞而被捕，此時倘若過分糾結於與雷諾的關係，時機似乎不太對。在任何其他公司的高層管理人員，可能反而會為法律後果以及員工、供應商和客戶之間即將發生的騷動，制定危機處理計畫。

川口相當坦承地把納達、今津和他自己形容為志同道合的戰友──

10 Hans Greimel, "Ghosn Trial Figure a Portrait of Conflict," *Automotive News*, February 14, 2021, https://www.autonews.com/executives/ghosn-trial-figure-portrait-conflict.

11 Greimel, "Ghosn Trial Figure a Portrait of Conflict."

他們都反對戈恩的合併想法，也都在追查他被指控的不當行為。

在凱利的審判中作證時，這位當時已退休的政府事務負責人說，為了方便討論調查的事，他每個星期有兩、三次，和納達與今津在一個私人包廂共進午餐。不過川口表示，對於他們一致反對公司合併一事，他們三人都未向外界透露。「這個觀點，只會在我們這個小圈圈裡頭討論，從來不會對外說，」他說。「他們選擇了我，認為我可以信任。」

從川口的立場來看，日產需要在聯盟中取得更平等的地位，才能讓合作關係真正的長久。而他們認為戈恩對此的威脅越來越大，因為他突然轉而支持合併。在證人席上，川口把自己描繪成真正對日產忠心不二的人，而戈恩是個身兼二職的人，既是雷諾、也是日產的領導人，是個很矛盾的執行長。

「我在日產工作了四十多年。我對這家公司有強烈的感情，也希望能保護它，」川口說。「對於戈恩先生來說，那就不一樣了。他同時擔任兩個職位。」

然而，川口在答辯詰問中堅稱，他們三人的腦子裡對這兩個問題有很清楚的界線：公司合併和不當行為。他堅稱：「我們從來沒有為了阻止公司合併，而捏造任何證據來證明這個罪行。」

儘管川口在促成這次逮捕行動的調查裡發揮了作用，但檢察官顯然認為，他的證詞對於起訴理由沒有多大的價值，以至於他們就不再問他問題了。

戈恩認為這次調查是場獵巫行動，支持他這論點的事實是：這三個人最初的調查——對旅行費用和 Zi-A 住房的懷疑——結果一無所獲。納達和今津都說到，這些問題顯然沒有升級到犯罪的程度，最終不了了之。

　　今津說，比戈恩被捕的時間早了大約五個月，他在2018年6月16日首次造訪東京檢察廳，來徵詢他們對這件事的想法。檢察官聽完今津的陳述之後告訴他，對這些問題的指控可能不會成立。但檢察官並沒有完全排除他的發現。相反的，他們鼓勵年邁的今津繼續追根究柢。

　　今津是公司的首席審計師，有權展開這樣的調查。但標準要求是向董事會、其他審計師或執行長報告調查結果。今津辯稱，他之所以沒有這樣做，是因為檢察官擔心洩密，命令他對這件事保密。

　　回想起來，以批評者觀點來說，這三位二級高階主管就像是不受控地暗中勾結，無視董事會和股東的意見，把自己認為對日產的最佳利益強加於他人。在凱利案的審判中，一名辯護律師問今津，鑑於這件事造成日產市值受到重挫，他直接跑去找檢察官的做法是不是應該更加謹慎。

　　今津說：「我不這麼認為。」

　　和檢察官會面過後，今津就這次造訪檢察廳以及繼續調查的要求，徵詢了川口和納達的意見。7月2日，瑞生國際律師事務所受聘擴大內部調查。

　　今津最初向檢察官提出的兩個主要問題，即遞延報酬和背信（所謂的沙烏地和阿曼路線），到頭來顯然與最終對戈恩提出的起訴無關。這在懷疑論者看來，更加感覺完全是一場精心設計的違法調查。

　　同時，在法庭上出示的其他文件顯示，早在5月前後，日產內部人士就在策劃罷免戈恩——大約就是納達說他開始和川口與今津合作的時間。有一張納達委託製作的圖表設想了幾種情境：如果雷諾放戈恩離開會發生什麼事？如果戈恩自己辭職會怎樣？如果日產拋棄戈恩又會怎樣？

　　在某項計畫裡，川口將繼任戈恩，擔任三菱汽車會長。

另一份文件假設了戈恩被捕的「實際定罪案件」。這種情況的前提，是發現戈恩「重大違反法律／行為準則的令人信服的證據」，不過這份文件並沒有具體說明什麼違規行為。這份文件使用了代號，包括戈恩是「木炭」（Charcoal）、雷諾是「紅色」（Red）、日產是「海軍」（Navy）和三菱是「紫褐色」（Maroon）。該圖表描繪了開除戈恩的不同方法，包括透過董事會攤牌和股東投票，另一種是藉由定罪。大多數方法都是以戈恩被解職結束，除了「最壞的情況」──「木炭繼續擔任海軍主管」。〔12〕

策劃要戈恩垮台的人，同時在和他的合併計畫作鬥爭，這純屬偶然嗎？覺得這一點有些難以置信的人，不在少數。

• • •

納達自己的疑慮，可能要追溯到比 2018 年還要更早之前。

2017 年年尾，日產被另一起完全不同的醜聞所震驚，這件醜聞在戈恩被捕之後幾乎被遺忘了。在那起事件裡，日產被逮到數十年來，在日本的工廠對其生產的汽車進行最後檢查時出了問題。在這一次丟臉的嚴重打擊裡，日產不得不召回超過一百二十萬輛汽車，幾乎等於它過去三年在國內市場銷售的所有汽車。〔13〕做為政府下令糾正的一個環節，審計員進行了地毯式的清查，根除不當的行為。公司鼓勵內部告發者挺身而出，遵守法規成為公司內部溝通中最重要的事。

納達身為法律事務規範單位主管，突然成了公司清理門戶的主要助

12 Greimel, "Ghosn Trial Figure a Portrait of Conflict."
13 Hans Greimel and Naoto Okamura, "Inspection Scandal Fueled Dissatisfaction," *Automotive News*, November 24, 2018, https://www.autonews.com/article/20181124OEM02/181129833/inspection-scandal-fueled-dissatisfaction.

威者，被推到聚光燈下，這處境對於據稱違反規定協助支付老闆薪酬的人來說，實在很尷尬。納達在錄製給一般員工觀看的內部影片裡，講授了企業道德的重要性。拿到現在來看，納達在2017年拍的影片，充滿了即將打擊該公司更大危機的可怕預兆。

「我深信，如果不遵守規定，你的公司肯定會倒。」納達身穿藍色西裝、清爽的白襯衫，打上紅色條紋領帶，戴著金色的日產公司領針，義正嚴詞地講著大道理。

「有可能在單一事件中轟然倒塌，這種事我們已經在那些沒有遵守法律，或是讓自己陷入險境的公司身上看過了，它們會因為那些狀況股價暴跌，老闆入獄坐牢，諸如此類，」納達繼續說，「而且隨著時間，這種事可能會緩緩發生、逐漸腐蝕環境……最後導致公司分崩離析。」

納達用鼓勵那些遇到不法行為的人挺身而出，做為這段影片的結尾。日產推出了一款叫做「Speak Up」的匿名告發系統——儘管設計這個系統的人，原本可能只是想用它阻止像是裝配線捷徑之類的不當行為，而不是為了把會長拉下台。

「你需要一個系統讓老闆們實踐他們所宣揚的東西，」納達一本正經地說著，沒有一點諷刺的意味。「人們必須知道，如果有人違反規則，如果有地方出錯，就會產生某些後果……，公司的員工必須能夠說出口，『這裡出問題了。』」

• • •

諷刺的是，西川儘管身為執行長，卻堅稱關於這起調查他被蒙在鼓裡，直到10月才知道——也就是檢察官對戈恩設下陷阱的一個月前。

根據這個故事，這是因為日產懷疑西川可能也涉及了不法行為。

在整個2018年，這項內部調查在西川廣人毫不知情的情況下快速進行時，他也加大了公司反擊戈恩的控股公司計畫的力道。西川廣人的立場很明確：「控股公司是走向全面合併的一條路。沒有阻止它的方法。到頭來，如果他們最後只有一個董事會，兩個執行委員會，那就像只有一家公司一樣。所以，一家控股公司要維持（兩家公司的）獨立性是一種幻想。」在防衛日產的作為上，納達和川口也加入西川廣人的行列，他們知道戈恩被調查的事，但沒有告訴他們的老闆。

2018年整個夏秋兩季，他們和經產省合作維護著聯盟，並修改了所有權的均衡，甚至讓戈恩和內閣官房長官菅義偉會面討論聯盟關係。菅義偉轉達了首相的立場，這和西川廣人的立場完全一致：日本很重視這個聯盟，並希望它得以保留，但是兩家公司都必須保持獨立。雙方都想要一個「可永續合作」的聯盟，而不是一個「無法走回頭路」的聯盟。

檢察官最後決定排除西川的嫌疑。而且一直到調查的最後階段，納達才覺得可以放心地讓他加入。10月初，西川和納達正在進行投資者關係行程而在歐洲各地跑，在倫敦時，納達把西川拉到了一邊。根據事件轉述者說，也是在那時候，納達第一次說出戈恩惹上麻煩了。他說，一旦他們返回日本，法定審計員會提供全部的細節。據說西川轉頭問納達：「他會被逮捕嗎？」納達回答說：「是的，很有可能。」

後來同樣在那個月，戈恩和西川廣人祕密會面討論聯盟的未來。不過戈恩行程安排中唯一的空檔，是他參觀雷諾在摩洛哥的組裝廠期間，而且在一個沒人知道的地點。西川雖然知道檢察官已經準備好，等戈恩回到日本就要逮捕他，但為了避免引起懷疑，他還是赴約了。不過西川

是和保鏢一起動身，部分原因是擔心萬一有人向戈恩通風報信，會危及他的安全。根據一些報導，就是在這次面對面的討論中，戈恩發出最後通牒，要求西川若不支持控股公司，那麼就捲鋪蓋走人。會面結束時，聯盟結構的僵局並沒有任何進展。

這是西川最後一次見到戈恩本人。

• • •

最後，在戈恩被捕的過程中，出現了兩種相互矛盾的說法。戈恩的說法是，他是一場旨在阻止雷諾收購日產的企業政變的受害者；而日產這邊則說，戈恩只是企業犯罪的犯案者，當有吹哨者站出來，這些犯罪活動就曝光了。

然而，這些情節中的所有內容——政變或犯罪行為——並非湊在一起都會這麼剛好。

說日產和日本政府想要阻止日產成為雷諾直屬的子公司，這是一回事。日本政府對這件事的立場早已不是什麼祕密，多年來，日產也一直吵著要求更多的獨立自主權。但是要證明日本公司陷害戈恩來達成目的，那是更大的一步。

政變會奏效嗎？在聯盟雙方的高層人員裡，戈恩長期以來都是最強烈捍衛公司自主權的人之一。戈恩一直堅稱，如果把毀掉戴姆勒克萊斯勒集團的那種不平衡的「對等合併」方式強加在他的法、日聯盟，那聯盟同樣逃不過失敗的命運。

如果日產想要把他趕走，公司就會面臨很大的誤判風險。戈恩的繼任者——最有可能是蒂埃里·博洛雷，一個經常和西川川不對盤的人

——可能不會喜歡戈恩的調整方法。事實上，推翻戈恩可能會適得其反，實際上反倒加速日產保守派所擔心的，法國會接管日產。

此外，要同時相信這兩個故事情節是完全可能的：日產想要阻止戈恩提議的控股公司，而且戈恩實際上也犯下不法行為。日產的保守派可能已經看到了一個千載難逢的機會，可以利用新發現的不當行為，來嘗試迫使聯盟進行他們長期要求的投資比例再調整。

然而，這個時機點看起來確實很可疑。經過了這麼多年——資金從2008年開始流動，而戈恩遭指控的遞延薪資計畫可以追溯到2010年——為什麼他那些遭指控的不當行為，會突然在這場關係到聯盟未來、特別棘手的對峙中，浮出檯面，成為導火線？

對西川來說，這有一個簡單的解釋。他堅持公司的說法：「就時間點而言，這純屬巧合。」

CHAPTER
11

日本司法風格
Justice Japan Style

　　卡洛斯·戈恩和格雷格·凱利不會是日產事件中唯二的被告。日本的司法制度也要入列被告席，因為這起案件讓這個法律制度暴露在令人不安的聚光燈下，連日本律師聯合會（Japan Federation of Bar Associations）都嘲笑它是「人質司法」。在這種制度下，檢察官掌握著絕大部分權力，而無罪開釋的情況很少見。

　　司法機構和日本政府的其他部門一樣，是以戰後占領期間由24名美國平民和軍事專家組成的團隊在1947年撰寫的憲法為基礎。它至少在理論上創造了美國式的對抗制，在這種制度下，檢察廳和辯護律師在公正的法官面前進行辯論。但是在一個以共識和服從（而非衝突）為榮的國家，現實狀況有些不同。

　　批評者很快引用資料展示了99%的定罪率，儘管這個數字有一點點偏差。更準確地說，只有個位數百分比的案件以無罪釋放結案，而其他一些案件則以休庭或其他方式結束審理。基於這點，實際上的定罪率接近97%。至於決定對抗指控的少數人，在2018年大約有五千件，審判結束時被無罪釋放的占2.2%。[1]

　　對於像戈恩或他的下屬格雷格・凱利這樣的被告來說，這沒有什麼安慰作用，不過這和美國以及其他西方國家並沒有多大差別；在美國和其他西方國家，被指控犯下美國聯邦罪行的人有90%認罪，8%的案件被駁回，只有2%的人接受審判。在審判中，幾乎每個人都敗訴。在2019年的63,012件刑事案件中，只有170件在審判中被判無罪。[2]美國各州由於檢察官通常要受理更多案件，這些地方的數字往往比較低，但這仍然無法帶給被告多少安慰。加州從2013年到2014年的資料顯示，被指控者認罪或是在審判中被判有罪的，占了83%。[3]

　　戰前的日本情況更糟，當時日本對於犯罪的看法完全不同。「日本的司法概念……是建立在管制個人的行為，已符合社會規範的基礎上。這些規範，是由比西方法律概念早數千年的歷史所定下的。」哥倫比亞大學法學院講師石塚信久（Nobuhisa Ishizuka）在戈恩逃離日本不久後，於一篇文章中這樣寫道。[4]

　　日本首次嘗試打造「西方」司法風格，就像戈恩一樣，是從法國引進的，後來又從德國吸取了一些元素。在1868年的明治時代，日本採用依據1804年拿破崙法典的司法制度，取代了由各地領主在用的法律大拼盤──任何被指控違法的人碰到那種法律，通常都會落到殘酷的下

1　Supreme Court of Japan, "Chart 25-Breakdown of Primary Trials-Single Court Judge, Three-Court Judge, Confessions-All District and Summary Courts," 2018, https://www.courts.go.jp/app/files/toukei/625/010625.pdf.

2　Department of Justice, "United States Attorneys' Annual Statistical Report Fiscal Year 2019," https://www.justice.gov/usao/page/file/1285951/downloadtableaa.

3　Public Policy Institute of California, "California's Criminal Courts," October 2015, https://www.ppic.org/publication/californias-criminal-courts/.

4　Nobuhisa Ishizuka, "Why Is Carlos Ghosn Afraid of the Japanese Justice System?" *New York Times*, January 16, 2020, https://www.nytimes.com/2020/01/16/opinion/carlos-ghosn-japan.html.

場。這種改變，是日本想成為現代國家所做的努力之一，但多多少少也有實際的需求。日本需要一個西方國家可以接受的法律架構，這樣才能擺脫丟人的「治外法權」原則，根據這種原則，在日本的外國人不受其國內法約束，這就像給了他們外交豁免權。

治外法權的條款，是美國、法國、英國和其他西方國家過去為了逼迫日本開放進行國際貿易，而強加給日本的。從理論上講，犯罪者祖國的法律本來應該適用，但是實際上，外國人的犯罪行為絕大多數都遭到忽視。毫不意外的，這種結果在日本人之間引起了極大的敵意，他們認為外國人是無法無天的入侵者——不過這也和事實差不多。（中國和一些亞洲國家也曾經在類似制度下吃到苦頭。）

西方人的藉口是，因為日本沒有法典，不能很好地執法。實施法國法典改變了這一點，治外法權規定在十九世紀末消失了。[5]其結果並不完全符合今天人們在法庭上所預期的對抗制。法官和檢察官一起高高在上擔任執法者，俯視著被告和他們的律師。

表面上，1947年的日本憲法裡引進美國司法制度之後，這一切就會功成身退了。但其實不然，以前的制度並沒有完全消失。甚至連治外法權也沒有完全消失：駐紮在日本（以及其他國家）的美國軍事人員仍然享有特殊的法律特權，這一直頗具爭議。戈恩譴責的許多日本現行法律做法，都源於法國制度；與美國和英國不同，法國要被告負擔更大的舉證責任。

雖然這種情況現在已經改變，檢方和辯方至少在座位上是平起平

5　"Extraterritoriality-Japan," Encyclopedia of American Foreign Relations, https://www.american foreignrelations.com/E-N/Extraterritoriality-Japan.html.

坐，但一些法律專家認為日本的制度是「偽對抗制」，是有罪推定，而不是無罪推定。「這個制度是要被告證明自己的清白。」白鷗大學（Hakuoh University）法學教授、前辯護律師村岡啟一（Keiichi Muraoka）在接受本書採訪時說。他表示該制度存在嚴重缺陷。「我們每天都要在法庭上拚命做到公平競爭。我們背負著自證清白的沉重負擔；這和它原本的目的是背道而馳的。」

有些專家認為，日本司法制度的整體目標和西方不同。一名長期在日本活動的歐洲律師說：「西方法律體系的基礎，是試圖確定真相；在日本，真相比不上社會和諧重要。司法是為了恢復平靜。」

• • •

儘管結構相似，但日本和美國的法律制度之間，存在很多基本差異。一個是純粹的人力資源，日本有四萬兩千名執業律師，反觀美國則有一百三十萬名。這意味著在美國每252人就有一名律師，而在日本，同一名律師需要分配給3,007人用。這種差距反映了一個事實，就是在日本有一些法律方面的職能，例如處理房地產交易，會由其他專業團體來做。這也反映了其文化上重視共識而非分歧。檢察官人數的差距也類似。日本全國大約有兩千名檢察官。按人均計算，美國的州檢察官和聯邦檢察官合計有33,000人，是日本的六倍。[6]即使日本的犯罪率低得多，這種人力差異也意味著檢察官負責的案件非常多，工作繁重且工時很長。而且在案件進入審判之前，這種人力差距也拉長了漫長的等待期。

6　Japan Federation of Bar Associations, "Basic Statistics (2019)," www.nichibenren.or jp/document/statistics/fundamental_statistics2019.html.

就拿凱利來說，從2018年11月被捕，到2020年9月開始審判，已經經過將近兩年。

其中也有結構性的差異，戰後的日本司法制度從一開始就對被告不利。沒有陪審團參與審判，把定罪的決定權交給和檢察官系出同門且同樣敏感的法官。直到2009年起採用「非專業法官」參與某些類型的刑事案件，這些人願意採納與專業人士不同的看法，這部分才得到改正。

比較有爭議的地方是，儘管在包括美國在內的大多數國家／地區，無罪釋放就是對被告的所有法律訴訟都結束了，但是在日本，檢方卻可以對無罪釋放的判決提出上訴。其檢察官經常利用這一點（尤其是在備受矚目的案件裡），這代表幾乎有無限的國家預算，可以用來壓垮被告有限的手段和耐力。2010年的一項研究發現，在提出上訴的案件中，檢察官贏了其中的65.5%，而辯方勝訴的比例只有10%。[7]

就案件機制而言，有一個有限制的「證據開示」（discovery）概念，就是檢方把證據提供給辯方，讓雙方在審判之前都能拿到相同證據。這種做法後來出現在凱利的審判中，數千頁文件在最後一刻提供給辯方，甚至在審判順利進行之後還提供了許多其他文件，而且有些內容完全被隱瞞了。在美國，這樣的措施很容易造成翻案。不過專家表示，雖然在日本這種做法照理說是辦得到的，但是在實務上，「證據開示」是一件漫長而且會拖很久的事，要看辯方是否知道應該要什麼東西。在美國能夠線上檢索所有法庭文件一事，令報導戈恩案的日本記者們大吃一驚，以

---

7 Setsuko Kamiya, "National Double-Jeopardy Practice Scrutinized," *Japan Times*, December 4, 2012, https://www.japantimes.co.jp/news/2012/12/04/national/double-jeopardy-practice-scrutinized/#.XwwIHoBuLcs.

致日本國家廣播公司（NHK）做了一個長篇專題報導，講述這個檢索系統如何運作。該報導指出，在日本，在1989年最高法院做出裁定以前，只有官方認可的記者才獲准在法庭旁聽時做筆記。

此外，法官幾乎總是在關鍵的地方順著檢察官的意，例如取得搜查令和簽署起訴書，在美國這些事情很難獲得批准，因為這是對檢察官權力的重要制約。被告還需要注意他們在電子郵件裡寫了什麼給律師——美國基本上沒有「客戶與律師特權」的概念。

但是對許多國際法律專家來說，最具爭議的一點是拒絕讓辯護律師參加審訊，這種做法和幾乎所有西方國家公認的司法慣例背道而馳。批評者指責，在審訊期間禁止辯護律師參與，藉著沒完沒了的審訊來擊潰被拘留的嫌疑人，在日本是常見的做法。支持日本司法制度的人說，讓律師陪同審訊是了解事實的一大障礙。根據日本法務省的說法，有諮詢委員會討論了這個問題三年，結果發現「如果允許律師在審訊期間出現，會難以獲得足夠的犯罪嫌疑人陳述，導致很難發現案件真相，這將嚴重破壞審訊的功能」。

戈恩對其待遇的主要抱怨之一，便是他在沒有律師陪同下受到了長時間的審訊。據他的律師所說，他平均每天被審訊七個小時，包括週末和節日假日。檢察官對這些數字提出異議。他們說，在戈恩被拘留的一百三十天裡，他只有七十天接受審訊，而且一天從不超過四個小時。[8]前辯護律師村岡認為戈恩算是逃過一劫了。他說，日籍嫌疑人通常每天會被訊問長達十個小時。這就很容易明白，為什麼認罪通常被認為是最

8　"Prosecutors Hit Back at Ghosn's '8 Hours of Questions' Claim," France 24, January 23, 2020, https://www.france24.com/en/20200123-japan-prosecutors-hit-back-at-ghosn-s-8-hours-of questions-claim.

簡單的出路，尤其在這個過程中，認罪通常是保釋出獄唯一的途徑。

律師要是不在場，承受著壓力的檢察官也有機會靠著恐嚇，來突破倒霉的被告的心防，贏得勝利。在發生過一連串認罪結果完全與事實不符的案件後，日本政府從2006年開始對審訊過程進行錄音，最初只在某些案件進行錄音，直到2019年才硬性規定所有審訊都要錄音存證。

文化問題也會影響供詞。在日本，被指控犯罪會成為整個家庭的恥辱。雖然被告幾乎肯定會丟掉工作，但近親也會同樣丟臉。認罪至少可以解決整件事，並且避免公開審判，因為公開審判會對所有和被告關係密切的人造成更多負面影響。在日本，「父親的罪行」確實會拖累子女與其他家人。

一些專家表示，檢察官人力不足也是依賴供詞的一個原因。尋找審判所需的法醫證據和各種證人，比讓被告簽署自己的認罪書更耗時且成本更高。雖然批評者指出，嫌疑人在被捕後可以被拘留長達二十三天，但檢察官認為，若要取得可以起訴嫌犯的必要證據，這實際上是非常短的期限。在實務上，如果檢察官不能在二十三天內找到足夠的證據起訴，案件就要撤銷。「這不是一個人質司法的案例，而是關於你要怎麼進行調查。」一名前檢察官在接受本書採訪時這麼說。

在檢察官自己看來，檢察官工作很認真而且極富專業性，唯一的目標就是確保只會起訴有罪的人。對於日本看似不公正的97%至99%定罪率（要看計算的結果），有一個辯解是說檢察官只受理37%提交給他們的案件，而且專注處理那些看似十拿九穩的案件。

這就導致這個制度失衡，以致有沒有適當地執法在很大程度取決於檢察官的判斷。就像戈恩本人在和日本司法制度打交道時所觀察到的：

「基本上，光靠檢察官就決定了誰有罪或誰無罪，你根本不需要法官，也不需要辯護。」[9]

· · ·

這個問題有部分原因，可追溯到這個司法體系裡的個人入職之初。從法學院畢業，通過日本非常嚴格的司法考試之後，所有未來的法官、檢察官和私人律師，都會進入由日本最高法院監督、為期一年的相同培訓計畫。[10] 他們絕對不是懶散懈怠的人。平均只有25%到30%的人能通過律師資格考試。在2006年進行改革之前，這數字低到只有2%到3%。

他們在那裡接受有關法律實務的實作教育，並且學習公平的原則。不過和日本其他地方一樣，該體系可能會接手主導。由於大家都在一起受訓，本來應處於司法天平對立面的人，結果都在一起工作，而且在司法的執行方面都被灌輸了相同的觀點。

這也意味著法官幾乎都是在最高法院培訓後直接擔任的，而不是來自經驗豐富的律師行列。因此他們可能比出庭的檢察官還年輕，這也意味著法官幾乎都是在最高法院培訓後直接擔任的，而不是來自經驗豐富的律師行列。因此他們可能比出庭的檢察官還年輕，而在這個幾乎是看資歷決定一切的國家，這種情形有可能造成雙方妥協。

曾有一名外務省的官員落入了日本司法的困局裡。佐藤優（Masaru Sato）遭指控涉及一起政治性案件，該案件的主要目標，是一名被判決

9　Carlos Ghosn, interview on Alternative Justice Seminar, April 24, 2020, https://www.youtube.com/watch?v=xkftr7CSYtk&feature=youtu.be/xkftr7CSYtk.

10　Supreme Court of Japan, "Training of Legal Apprentices," https://www.courts.go.jp/english/institute01/institute/index.html#T_1.

觸犯行賄罪的資深議員。佐藤堅稱自己是清白的，卻和該議員一同被判決有罪。他獲判三十個月緩刑，看起來不算判太重，但是由於佐藤從未認罪，所以直到他的案子結案時，他已經被羈押了整整513天。他自己也曾是政府雇員，所以並不怪罪法務省的人。「法官和檢察官都是好人；我不會去怨恨誰，」在2020年的一場研討會上他說道，「是制度的關係，那個機制有辦法摧毀一個人的整個人生。」[11]

戈恩還聲稱，檢察官參與了一場牽連更廣、對付他的陰謀。然而，他沒有提供具體的證據，而且從某些層面來看，他指控的事似乎不太可能成立。雖然檢察官常被認為是目標導向並且堅持己見，但是他們也非常獨立，通常不會受政治勢力左右。這一點在追查政界大老、前首相田中角榮時，表現得最為明顯，他曾經在1976年因為涉及飛機製造商洛克希德的賄賂醜聞而遭起訴。儘管田中在執政的自民黨內手握大權，檢察官仍追查此案並且將他定罪。

佐藤以及其他批評者說，即使檢察官放棄了手上近三分之二的案件，但另一方面，對於那些確實會繼續審理的案件，要定罪的壓力大到難以想像。一名前檢察官說，就算他只輸掉兩起案件，他在檢察廳的前途實際上就完蛋了。在這種壓力下，檢察官會想辦法走捷徑是可以理解的，尤其在法官——他們以前在培訓中心的同儕——不願意在這類程序問題上指責他們的時候。在最壞的情況下，檢察官可能會一頭栽進欺瞞的行為而無法自拔。有一起這樣的案件就震驚了整個日本司法體系。

・・・

11 Alternative Justice Congress Day 1, "False Charge Mechanism in ccounting Fraud," April 22, 2020, https://www.youtube.com/watch?v=8aEgdMFESYU&feature youtu.be.

2009年，厚生勞動省高官村木厚子（Atsuko Muraki）遭指控利用職權圖利他人，協助一個團體用欺詐手段，取得僅適用於慈善團體的郵資折扣使用權。這個案子算不上什麼驚天動地的醜聞，只是為了節省幾分錢郵資。但是公家機關的誤用，不管事情有多輕微，都會被當成很嚴重的案子，尤其她還是該部會的資深官員。

這件案子被分配到日本西部大阪地方檢察廳的特殊事件搜查部。這個單位代表了檢察廳裡的菁英份子，處理最複雜以及可能會很敏感的案件。（戈恩－凱利案則是由東京特別調查組負責。）

檢察官預料，村木會和陷入她這種處境的其他多數人一樣，默默答應承認比較輕的罪行。想不到村木也和戈恩一樣，完全沒有想要認罪的意思。她強烈申辯說自己是清白的，和戈恩一樣，她被單獨監禁，最後總共被拘留了164天。她後來說，她被迫認罪，審訊官說這些指控並不怎麼嚴重，她可能不用坐牢。實際上，她要出獄的唯一方法就是認罪。但是她不為所動。「有罪就是有罪，無論是不是緩刑。搜查官的說詞讓我了解到，檢察官和一般平民的態度完全沒有交集。」她在多年後的一次採訪中說道。[12]

在她的最終審判中，一名自己承認同謀、同時也牽連到村木的檢方關鍵證人突然翻供，說實際上是他自己偽造了文件。此外，也發現到證據裡的一些關鍵日期不一致。在詰問的時候，檢察官聲稱已經銷毀了他們的筆錄，因而無法查核紀錄。因此，法官駁回了檢方提出的43件證詞裡的34件，其中包括這案子的15件重要證詞。[13]這點就足以讓村木勝訴，無罪釋放。

12 "Railroaded: One Woman's Battle Against Japan's 'Hostage Justice," Nippon.com. March 27, 2019.

令人驚訝的是，檢方的一些成員不願就此收手，還說根據日本法律，他們應該就無罪判決提出上訴。[14] 在更上級的檢察廳裡，冷靜的頭腦占了上風。這也正好，因為另一個重磅炸彈即將落下。日本大報《朝日新聞》透露，該案的主任檢察官竄改了從厚生勞動省查獲的磁碟片上的日期，好讓村木看起來像是有罪。那份磁碟片實際上從未當做證據出現過（辯方有注意到它沒有出現，因為裡頭包含了關鍵紀錄），而且檢察官聲稱竄改一事只是過失。[15] 然而，混亂接踵而來。這名主任檢察官很快就發現自己要成為階下囚了。另外，他的兩名主管也因為為了勝訴定罪，對這名檢察官過度施壓而被逮捕並起訴。最後他們每個人都被判處十八個月監禁，不過（由於認罪而）獲判緩刑。不知道他們對於自己被審訊做何感想。

這件醜聞在整個法務省引起軒然大波。一名退休的資深檢察官在接受不具名採訪時說：「我被這件事完全嚇到，我真不敢相信有什麼情況會讓檢察官做出這樣的事。」不是只有他這麼想。儘管檢察總長當時才上任六個月，也沒有直接參與此案，卻也為了這次檢方闖下的大禍引咎辭職，以示負責。

法務省在 2011 年下令進行審核，要求全國的每位檢察官想想是怎

13 The Editorial Board, "Examine Prosecution Process," *Japan Times*, October 23, 2010, https://www.japantimes.co.jp/opinion/2010/10/23/editorials/examine-prosecution-process/

14 "Prosecutors Set to Abandon Appealing Acquittal of Bureaucrat over Postal Discount Scam," *Mainichi Daily News*, September 15, 2010, https://global.factiva.com/ha/default.aspx#./!?&_suid=16133925740330272249681958 3209

15 "Maeda Confided in Bosses/Top Prosecutors Failed to Act on Evidence-Tampering Issue," *Daily Yomiuri*, September 23, 2010, https://global.factiva.com/ha/default.aspx #./!?&_suid=16133927064770 8559317864772398.

麼看待自己的工作，以確保這樣的事情不會再發生。隨後，法務省採取了不同尋常的措施，發布了一份公開報告，其中規定了檢察機關工作人員應該遵守的標準。[16]報告裡說明了「在所有案件裡不擇手段只為勝訴定罪，並不是我們的目標」。菁英階層的特搜組，也開放給他們小組以外的官員進行更廣泛的審查，審訊過程錄影的規模也擴大了。三年後，全國的檢察廳發布了一份長達四十頁的後續報告，其中詳細介紹了其所做的改革，並列出了具體案例說明哪種錄音供詞會被視為逼供，而不會被採納為證詞。

對於村木來說，她的磨難有了圓滿的結局。她不僅復職，四年後還被擢升到事務官僚所能達到的最高職位，也就是事務次官。她退休後，被任命為日本數一數二的大企業伊藤忠商事（Itochu Corporation）的董事會外部董事。但村木仍然會直言不諱地批評日本司法制度。她和少數法律專家也附和戈恩本人的觀點，表示制度改革只有治標，並未治本。

• • •

批評者不滿的另一件事是法官過於謹慎，不想要看到他們的裁決在上訴時被推翻。這並非空口無憑。美國學者約翰・馬克・拉姆塞耶（J. Mark Ramseyer）和艾瑞克・拉斯穆森（Eric B. Rasmusen）研究了三百多名日本法官兩年的判決。他們發現，做出有罪判決的法官比判無罪的法官更容易晉升。如果法官宣告被告無罪，但是這個裁決在檢方上訴後被推翻，那麼該名法官的處境更糟。他們往往會被分派到鄉下。雖然離開

16 Public Prosecutors Office, "The Principles of Prosecution," September 28, 2011, http://www.kensatsu.go.jp/content/000128760.pdf.

過度擁擠的都市或許是令人雀躍的變化，但是對一個人的職業生涯助益不大。[17]

有個相關的問題是法官很少受到監督，因而可能會高估自己判定無罪或有罪的能力。因此，他們有時會忽略辯方提出的司法觀點。「日本法官對於自己查明真相的能力過度自信。他們被訓練成不會承認自己犯錯，甚至在出現誤判時也一樣。」前辯護律師村岡說。

另一個幫忙維護了現狀的關鍵角色，是應該揭露任何冤案的強大力量之一：新聞媒體。雖然在村木的郵資案中，願意挑戰司法體系的記者發揮了關鍵作用，但那畢竟是少數。大多數人發現，還是乖乖配合這個體系比較好，意思就是說，拿著檢察機關精心布局洩漏出來的故事，照抄就行了。

日本並不是唯一會這樣做的國家，世界各國備受矚目的案件，都會用這種做法來影響大眾輿論。這套做法非常簡單。檢察官或警官會在私底下，主動向負責該檢警單位報導的記者提議，願意提供未發布的「獨家」報導。這個「獨家」當然會著重在起訴案件中有利於檢方的部分，好營造出被告一定有罪的印象。

以後還會不會有這種獨家採訪的權限，就要看檢察官對於這樣製造出來的故事是否感到滿意。在這種互相勾結的關係裡，雙方互蒙其利。官員們匿名發表他們的故事，有助於影響大眾輿論，並展現他們是怎麼把工作做好的。記者若能發掘競爭對手比不上的獨家新聞，在他們的編輯那邊也會獲得較高的評價。

17 J. Mark Ramseyer and Eric B. Rasmusen, "Why Is the Japanese Conviction Rate So High?" revision of July 12, 2000, http://www.rasmusen.org/published/Rasmusen-or.JLS.jpncon.pdf.

如果記者拒絕配合，官員們可能會找另一家報紙，不肯合作的記者
會被看做輸給競爭對手，很可能被降職。「你會盡量討檢察官歡心，尤
其還是年輕記者時。你拿到了不錯的消息，儘管你知道應該寫個平衡報
導，但是不管怎樣你都沒辦法找到被告談話。」一名前資深記者解釋了
整個環境是怎麼運作的。[18]

這種做法在戈恩系列事件裡被充分利用，隨著更多破壞性資訊外
洩，媒體的報導往往變得更加負面。「人們現在沒有什麼同情心了，」在
戈恩逃走後，一名日本高階主管評論道。「他們認為這是他的問題；他
是個有錢人，應該自己處理。」戈恩本人猛烈抨擊了這種做法。「報導裡
有很多謊話。檢察官不在乎真相，他只想打贏官司。他接手這個案子，
他想勝訴，他不在乎真相，」他在2020年3月的一次採訪裡這麼說。[19]

• • •

這些問題會持續存在的部分原因，是這個議題並沒有引起大多數日
本人的共鳴。由於這個國家以低犯罪率著稱，除了向遍布每個城鎮的小
派出所問路，一般民眾鮮少對刑事司法體系有經驗。「普通公民很可能
不會對我們的刑事司法體系有過多想法，」曾被控犯罪的村木說。「我
知道我就沒有。如果我在新聞裡聽到嫌疑人因為犯罪被捕，我只會很高
興犯人被逮到。」[20]

18 Atsushi Yamada, "Alternative Justice Congress Day 1: False Charge Mechanism in Accounting
    Fraud," Alternative Justice Seminar, April 24, 2020, https://www.youtube.com/watch?v=xkftr7CSYtk
19 Carlos Ghosn, "Horie Takafumi Spoke to Carlos Ghosn in Lebanon," YouTube, March 6, 2020,
    https://www.youtube.com/watch?v=L8Y8FyJrgvI; https://www.arabnews.jp/en/japan/article_12790.
20 "Railroaded," Nippon.com.

不論是日本平民還是來訪的外國人，對這種狀態也很難抱怨什麼。大多數暴力犯罪類型在現實中並不會出現。（有個例外是性侵和家暴的發生率，專家認為，在這個仍然是大男人主義的社會，隱匿未舉報的比率令人擔憂。）就以最常用的衡量標準殺人案來說，由於這種案子幾乎會被報導出來，因而日本和新加坡就同被評為「世界上最安全的國家」。

根據聯合國毒品和犯罪問題辦公室（United Nations Office on Drugs and Crime）的資料，2018年日本有334起蓄意殺人案，也就是平均每10萬人當中有0.26起。在美國，相對應的數字是16,214起，每10萬人當中有4.96起；美國的殺人案率比日本高了十九倍。[21]槍支暴力方面的差異更為明顯。根據雪梨大學的研究，美國在2017年有14,452起使用槍支的凶殺案，每天近四十起。[22]反觀日本，在這整整一年，只有八起。[23]

戈恩逃離之後，日本法務省利用這種安全程度高的說法，來為這個制度辯護。「由於日本警察、法官、檢察官和日本民眾努力不懈，日本的犯罪率和其他國家相比極低，日本可以說是現在世界上最安全的國家。」法務大臣森雅子在戈恩潛逃後的深夜新聞記者會上表示。日本老百姓恐怕難以苟同。他們認為日本的安全取決於他們的行為舉止，而不是取決於警察執法的成效。《日經新聞》2019年的一項調查發現，只有43%的人覺得警察值得信賴。檢察官的表現更糟，僅有39%。[24]

21 "Homicide Rate" (2018), United Nations Office on Drugs and Crime, https://dataunodc.un.org/content/data/homicide/homicide-rate.

22 Sydney School of Public Health, University of Sydney, "United States-Gun Facts, Figures and the Law" (2017), https://www.gunpolicy.org/firearms/region/united-states.

23 Mark Schreiber, "Dealing with Gun Issues in a Nation with Few Guns," *Japan Times* March 2, 2019, https://www.japantimes.co.jp/news/2019/03/02/national/media-national/dealing-gun-issues-nation-guns/.

　　然而，改革的壓力絕大部分顯然來自日本的法律體系內部，尤其是代表日本全國四萬兩千名律師、創造了「人質司法」一詞的團體——日本律師聯合會。該聯合會一直是日本司法制度最敢言、敢挑戰的批評者之一，它藉由要求對所有審訊進行錄音，成功限制了對嫌疑人進行刑求逼供的這類做法。但是辯護律師們說，他們大致上都會被官僚機關忽視，而它們才是真正掌權的地方。和日本其他地方一樣，變革往往來自外部壓力，在這方面，戈恩一案成了眾所矚目的焦點。反映這一點，當國際社會把關心焦點擺在格雷格·凱利案時，法務大臣森雅子在2020年9月審判開始之前，現身一個用英語發言、特別製作的網路研討會。對於一個長期以來不重視外國媒體、還會拒絕追隨其他部會腳步向外國記者提供英文簡報的部會，這是個罕見的大事件。她在談話中提出了一個可能會讓步的地方，就是在審訊嫌疑人期間有可能允許律師在場。她說，這是一個專家組成的司法專案組進行的審查的一部分。只有時間才能證明這是不是真正的改革，或者只是為了等待外國關注的風暴結束，而採取的拖延戰術。

· · ·

　　整體而言，在大多數情況下，這個司法制度似乎都能伸張正義，尤其在考量到日本社會要怎麼能更廣泛運作時。正如森雅子所指出：「每個國家的刑事司法制度都有它的歷史和文化根源，是經過很長的時間形成與發展出來的。」

24 "Poll Shows the Self-Defense Force the Most-Trusted Organization," Nikkei, January 21, 2019, https://www.nikkei.com/article/DGXMZO40237230Q9A120C1905Moo.

　　風險在於，要正常運作，所有參與者，尤其是現今擁有最大權力的檢察官，都必須懷著善意。如果沒有像其他地方一樣具備相同程度的制衡，對不法行為的起訴可能會失控。在司法制度必須改革的指責聲中，森雅子在新聞記者會上，無意間把受到很多人批判的日本司法制度的真實狀況給說溜嘴了。她說，戈恩應該要返回日本「自證清白」。

　　檢察官可以休息了。

CHAPTER
12

戈恩反擊
Ghosn Fights Back

2019年1月8日，典型的寒冷刺骨、天空亮藍的日本冬季早晨，車窗全黑的公共汽車一輛接著一輛，駛過東京地方法院的檢查站。在東京都政府辦公區的這棟堡壘型大樓，就位在日本社會當局的象徵性匯聚點上。隔一個街區外有護城河環繞的皇居，大和王朝的所在地，這個世界最古老的皇室可以追溯到大約兩千六百多年前。隔壁是日本法務省最初紅磚建造的本館，這是由德國建築師設計的十九世紀建築，體現了日本在現代化競賽中，急於採用西方國家的做法（雖然有些不情不願）。

每個工作日，都會有公車載運被告過來——性侵嫌犯、殺人犯、竊賊和詐欺犯——在法庭上打官司。但是在這一天，法院大樓周圍的街道上擠滿了記者、攝影師和電視台工作人員，所有人都渴望一睹這大名鼎鼎的被告的風采。在東京拘置所寒冷的牢房裡度過聖誕節和新年後，卡洛斯・戈恩終於要在「戈恩衝擊」之後，首次公開亮相。

在戈恩這種處境的許多被告，很少有人能夠在法官面前，擁有像戈恩在這天早上獲得的那種時間。那些被告大多數只能在監獄裡無人聞問地消磨時間。但是戈恩能力高強的律師以前就是檢察官，對一些窄門瞭

若指掌。他利用了日本法律中一項很少用到的附帶條文,該條文允許被告要求直接從法院聽取拘留的原因。

簡短的公開聽證會不太可能改變戈恩的審判過程,更不用說讓他保釋了——雖然他的律師想盡辦法要讓他離開監獄。可以確定的是,那天上午的程序只是形式上的應付,快速的過場。在當時,這位失勢的聯盟會長已經被封口並與外界失聯將近兩個月,靠著律師採取的這個法律途徑,才終於有機會在全世界的注視下,在公開場合講述自己的故事。

當天早上,除了有成群結隊的記者湧入街頭,數百名家庭主婦、打工族、大學生和一些好奇人士,也群聚在法院大樓外等候,希望能從少數幾個旁聽席裡搶到一席,來見證歷史性的聽證會。分配給民眾的十四個名額,大約有1,122人參加抽籤。[1]有些媒體會利用等候的人代表他們進去抽籤,以提高他們的記者進去法院的機率,這樣他們就可以比採用共用新聞稿更勝一籌。

當戈恩終於進入斯巴達式的法庭,他羈押五十天後被摧殘成什麼樣子有目共睹。他面容憔悴,臉色蒼白,在監獄裡幾個星期以來就是定量吃白飯和醬菜,身形明顯更消瘦了。他的臉頰、眼窩凹陷。他的招牌黑髮,有一半的髮根處也不再那麼烏黑。平時打扮很時髦整潔的他,得益於一身深藍色西裝,挽回了一點以前的顏面,不過因為沒打領帶也顯得很不自在。為了不讓人拍到他落魄的照片,戴著手銬、腰上綁著繩子的戈恩被帶進了小隔間。他被迫穿上法庭發放的綠色塑膠拖鞋,看起來像是為了貶低被告,也是為了阻止他們逃跑。在訴訟過程中,旁觀者可以

1　Kenji Tatsumi, "Charismatic Businessman' Ghosn Looked Thinner in Court Appearance," *Mainichi*, January 8, 2018, https://mainichi.jp/english/articles/20190108/p2a/oom/ona/orroooc.

看到戈恩的腳趾在抽搐。日本晚報頭版上的法庭草圖，畫著一個衣冠不整、乾瘦、一臉好辯樣的男人。

• • •

戈恩有十分鐘可以發表聲明。他用《財星》五百大企業高階主管在董事會宣傳的那種效率和專注，抓緊這個機會。身後站著兩名身穿藍色制服的法警，戈恩自稱清白，逐項反擊針對他的指控，用平靜、克制的聲音向法庭發表講話。儘管他看起來很疲憊，但被拘留的日子並沒有把他以前超理性的自我變得遲鈍。

「我期待著開始為自己辯護，反駁那些針對我的指控，」戈恩在法庭上說：「在我數十年的職業生涯裡，我一直抱持著正直的態度行動，從未被指控有任何不當行為。就因為這些無意義且毫無根據的指控，我受到冤枉還被不當地拘留。」[2]

關於前兩項隱瞞超過八千萬美元遞延薪資的指控，戈恩表示，實際金額都還未確定，也還沒支付。因此，也不存在違反薪資公開規定的情況，因為根本沒有正式定案的遞延薪資可以呈報上去。此外他堅稱，檢察官已經證明沒有違反法律的意圖。

戈恩說：「和檢察官的指控相反，我從來沒有從日產獲得任何未公開的薪資，我也從來沒有和日產簽署任何合約，要日產支付一筆不公開的定額酬勞。」他還補充說有個簡單的方法能衡量這筆錢是否重要。

「這個測試就是『死亡考驗』：如果我今天死了，我的繼承人可不可

---

2 Hans Greimel, "Ghosn's Statement in Tokyo Court," *Automotive News*, January S, 2019, https://www.autonews.com/executives/ghosns-statement-tokyo-court.

以要求日產支付我退休津貼以外的任何補貼?答案很明確是『不行』。」

然後,他繼續討論了更嚴重的第一起背任罪指控——所謂的沙烏地路線——他被指控把他個人的換匯交易合約損失轉嫁給日產,當時由日產付款給一家沙烏地業務夥伴,由對方幫戈恩提供抵押品。對這件事,戈恩承認是用日產做為暫時的抵押品來源。但他表示,這份造成虧損的合約,已經以對日產無損的方式轉回給他了。戈恩的律師堅稱,日產董事會議紀要顯示,公司職員同意對非日本籍職員做此類安排。

戈恩堅稱,和2009年到2012年期間,從日產執行長預備金轉移到沙烏地大亨哈立德‧朱法里公司的1,470萬美元資金,並不是像檢察官所說的是什麼回扣。[3] 戈恩的律師後來承認,朱法里確實在2009年提供了30億日圓(2,770萬美元)的信用狀協助他的客戶。但他說,這件事和執行長預備金的支出無關。

戈恩表示,日產基金之所以補償哈立德‧朱法里公司,是因為該公司協助日產重新組織了中東地區的經銷商,並且召集該地的區域融資。戈恩補充說,朱法里還擔任日產和沙烏地阿拉伯官員的中間人,幫助日產協商在該國建立汽車組裝廠,做為沙烏地阿拉伯推動其依賴石油的經濟體多元化的一環。那家組裝廠的計畫並沒有落實,但是朱法里確實協助日產,取得和他自己的公司成立合資企業的許可證,得以在該國銷售日產汽車。

他的律師表示,不管怎麼說,從執行長預備金轉出去的資金,並

---

3 Hans Greimel, "Gaunt, Graying Ghosn Protests His Innocence in Court, " *Automotive News Europe*, January 7, 2019, https://www.autonews.com/executives/gaunt-graying-ghosn-protests-his-innocence-court.

非彷彿從個人行賄基金掏出來那樣，只有戈恩一個人簽署。他們說，這筆撥款還需要很多高階主管批准，包括當時的執行長室主管格雷格·凱利，以及當時擔任區域財務總監，後來在 2019 年戈恩離開之後，接任公司財務長的馬智欣（Stephen Ma）。

朱法里也在一份聲明裡支持戈恩的說法，表示他讓日產在該合資企業——名為日產沙烏地阿拉伯公司——取得「重要」的所有權地位。

「顯然，哈立德·朱法里的公司提供了多方面的有形服務，這些服務將繼續為日產汽車有限公司和日產中東公司帶來實質利益，」聲明裡表示。「日產汽車有限公司四年來支付的 1,470 萬美元，是用在合法的商業目的，用來支援和推動日產在沙烏地阿拉伯王國的商業戰略，還有包括業務費的報銷。」

戈恩藉由毫不遮掩地訴諸感傷，來為他的反駁論點畫下句點。他強調他有多愛日產，還有他怎麼讓這個國家一家乏人問津的代表性企業起死回生，為這個國家的經濟做出了貢獻。

「我花了二十年來振興日產並打造聯盟。我日夜努力，上天下地，和全球勤奮的日產員工肩並肩，共同創造價值。我們的努力成果是非凡的，」他這麼說著，並提到他時常一提再提的重點，也就是雷諾－日產－三菱聯盟蓬勃發展，在 2017 年成為全球第一大汽車集團，年產量超過一千萬輛。

「我們直接或間接在日本創造了無數就業機會，重新確立了日產為日本經濟支柱的地位，」戈恩說。「這些成就是我和全球無與倫比的日產員工團隊一起獲得的，是僅次於我的家人，我生命中最大的喜悅。〔4〕

戈恩強調，坑騙日產是他腦子裡最不可能出現的念頭。他堅稱，

如果他真的像檢察官所描述的那樣嗜錢如命，那麼在福特和通用汽車找上門的時候，他就有很多機會跳槽，賺到更豐厚的薪酬。在聽證會上，他娓娓道來「四大公司」怎樣試圖引誘他離開日產。他說，由於他對這家日本汽車製造商的忠誠，所以一直拒絕它們。戈恩說：「雖然他們提的條件非常有吸引力，但是在我們正處於轉型期的時候，我不能拋棄日產。」戈恩說：「日產是我非常在意的日本代表性企業。」[5]

・・・

一場大反攻就由這場在法官面前的表現打頭陣。戈恩花了將近兩個月，終於可以反擊了，而且還有他的律師與妻子卡羅爾幫助。

在1月8日這場聽證會上，辯護團隊沒有處理第二項背任罪指控——也就是阿曼路線。這項指控的起訴書是在4月提出的，也就是戈恩第一次法庭聽證會的三個月後。

但是在那項指控出現之後，戈恩的法律團隊從兩方面反擊阿曼路線的指控。第一個，他們主張說，檢察官所標記的那一千五百萬美元支出裡，有一半實際上是西川廣人擔任執行長時由他批准的，而不是戈恩。此外，所有資金都經過相關部門負責人和區域經理，一直到全球財務主管或總部的財務長的適當授權來指定用途，做為蘇哈伊巴望汽車公司（以下簡稱SBA）提高市占率和銷量的激勵措施。

不過更重要的是，戈恩的律師說，從日產轉移到SBA的資金，都未

4　Greimel, "Ghosn's Statement in Tokyo Court."

5　Hans Griemel and Naoto Okamura, "Ghosn Focuses on Next Rescue: Himself," *Automotive News Europe*, January 13, 2019, https://www.autonews.com/executives/ghosn-focuses-next-rescue-himself.

發現曾經直接或間接回到戈恩或是他家人手裡。他們的論點是，由於這筆付款是為了日產、而非戈恩的利益，檢察官沒有理由把「財務損失」歸咎到戈恩身上。

後來，戈恩的辯護律師會質問，為什麼日產繼續留著SBA擔任其區域經銷商，甚至在戈恩被起訴後也沒換掉。如果SBA確實給了戈恩回扣，日產難道不會想要至少將它列為拒絕往來戶嗎？然而，直到2020年，日產仍然和SBA簽訂合約，在中東銷售日產汽車。

2019年初，戈恩的律師多次申請保釋，屢屢被東京地方法院駁回。在拘置所裡，戈恩有了更大的空間，還有一張西式睡床，而不是小牢房地板上的日式蒲團床墊。但直到他出庭三天後的第三份起訴書，戈恩的家人仍然無法去探視他，就連他自己的律師也只獲准次數有限的探視權。

在戈恩仍然被羈押期間，他的妻子卡羅爾開闢了另一條戰線，要為戈恩洗清罪名。她迅速拓展公關活動，努力不懈地向國際媒體以及更廣泛的領域，包括聯合國，為戈恩的案件申訴，目的是控訴日本的整個司法制度。她的訊息鏗鏘有力而且明確，很少有一個訊息能在世界舞台上如此突出：日本的「人質司法」制度是對人權的侮辱。

卡羅爾遊說「人權觀察」（Human Rights Watch）組織抗議日本對被告的「殘忍和不人道的待遇」，並敦促東京當局改革其「嚴厲的審前拘留和審訊制度」。戈恩家族後來聘請了知名人權律師、前法國大使弗朗索瓦・齊默雷（Francois Zimeray），把這個理由提交給「聯合國任意拘留問題工作組」（United Nations Working Group on Arbitrary Detention）。卡羅爾開始了一種穿梭外交，離開日本請求法國政府干預，向聯合國施壓，並在

美國為她丈夫的案子抗辯。

從廣播到報刊,她接受了幾乎所有國際主要媒體採訪,把她丈夫的傳奇故事添加到公開的報導裡。在《華盛頓郵報》發表的一篇評論文章中,擁有美國和黎巴嫩雙重國籍的卡羅爾帶著明顯的怒氣,描述了4月4日造成戈恩因為「阿曼路線」被第四次起訴的那次黎明前突襲。當時,戈恩在前三項起訴後獲得保釋,和卡羅爾住在東京澀谷夜生活與購物區附近的一間狹窄公寓裡。但是在凌晨5點50分,門外傳來一陣令人不安、使勁的敲門聲。

「十幾名日本檢察官站在門外等著。然後他們衝了進來。我的心瞬間下沉。」她寫道。她表示,日本當局沒收了她的手機、筆記型電腦、護照、日記,以及她在丈夫被羈押期間寫給他的信,「即使我不是嫌疑人,也沒有被指控任何罪名,仍然被當成罪犯對待。每次我去洗手間,還會有一名女檢察官跟在旁邊,並且對我搜身。我脫衣服洗澡時,她也留在浴室,我走出去時還遞給我一條毛巾……檢察官不讓我打電話給我的律師,還試圖帶我去問話,不過我拒絕跟他們走。」[6]

卡羅爾大肆宣傳戈恩被捕事件的陰謀論,寫道:「應該在日產董事會上解決的事情,已經變成了犯罪事件。」她在《華盛頓郵報》的文章結尾懇求當時的美國總統唐納·川普,在即將和日本首相安倍晉三於白宮舉行的會議上,討論戈恩的案子。

「貿易會是最重要、最突出的事務,」卡羅爾解釋道。「很難想像,

6　Carole Ghosn, "My Husband, Carlos Ghosn, Is Innocent of It All," *Washington Post*. April 19, 2019, https://www.washingtonpost.com/opinions/global-opinions/my-husband carlos-ghosn-is-innocent-of-it-all/2019/04/17/57ec43e6-6140-11e9-bfad-36a7eb36cb6o story html.

對於日本政府部會干預其一家汽車製造商正常的商業決策，川普會無動
於衷。」

川普或安倍顯然沒有想要提起這件事。但卡羅爾再次敦促川普，讓
她的丈夫成為 2019 年大阪二十大工業國（G20）世界領導人高峰會上的
話題。向川普、法國政府和聯合國提出的這些請求，大多數在一開始都
沒有得到回應，但這場運動是個很懂媒體操作的策略，為的是引導國際
輿論來針對日本和日產。長期以來，日本只有在外部影響之下，才會改
變墨守成規的做法。甚至還有一個日文單詞：「外圧」，字面意思是「外
部壓力」。

這個詞可以追溯到 1854 年，美國海軍上將馬修・培里迫使日本開
放進行貿易。由於美國的軍事占領和新憲法實施，在二戰後席捲日本的
西化浪潮中，該單詞再次受到重視。最近，面對國際社會對於在新冠肺
炎疫情期間召集全球運動隊伍日益憂心，日本很不情願地在最後一刻，
決定延後 2020 年東京夏季奧運會，就充分體現「外圧」這一詞。安倍
首相固執地堅持要舉行奧運會——一直到以加拿大和澳大利亞為首的
海外奧委會開始取消參加奧運的計畫。只有在國際壓力迫使奧運延期之
後，日本才勉強對國內的病毒傳播發出嚴重警報，並且像其他國家一
樣，發布了國內的緊急狀態。

卡羅爾的典型外壓策略，就是像她在 2019 年接受《汽車新聞》採訪
時的那一類評論。「日本是七大工業國（G7）之一。他們的行為卻不像
G7 國家，」她說。「我認為它更像中國或俄羅斯。」

拋出這些震撼彈後，卡羅爾・戈恩從暗處走出來，成了為她的男人
而戰，直言不諱的強大力量。她並不是天生就能做這種事的料。戈恩在

2012年和第一任妻子麗塔（Rita）離婚後，卡羅爾和戈恩到了2016年才結婚。同樣出身黎巴嫩的麗塔在法國里昂學習藥理學時，透過一個打橋牌的朋友圈認識了卡洛斯。從1985年卡洛斯被派任到巴西米其林開始，她一直陪在他身邊，一路飛黃騰達到成為日產和雷諾的高層，一路跳房子走過四大洲。卡羅爾和麗塔都像戈恩一樣，來自黎巴嫩馬龍尼教派社區（Maronite Christian）。戈恩和麗塔早年在日本就是出了名的喜歡宅在家裡，他們育有三個女兒卡羅琳、娜丁、瑪雅（Caroline, Nadine, Maya）和一個兒子安東尼（Anthony）。[7]戈恩被捕後，其支援網絡主要來自卡羅爾和那幾名子女。

對戈恩來說，卡羅爾是「我的母獅」。

她於1966年在貝魯特出生，但是大半輩子都在美國度過。卡羅爾曾經就讀貝魯特美國大學和紐約大學。[8]在紐約時尚界打滾的她，與充滿藝術調調的上流社會社交圈的生活很契合，還創立了一家銷售設計師款長袍的公司，這種長袍是中東的一種傳統穿著。在她的影響下，戈恩的世界觀更寬廣了——據說卡羅爾在2015年教他滑雪，當時這名公司高層已年過六十。甚至在危機發生之前，卡羅爾和卡洛斯就非常忠誠地保護彼此。一頭長長的大波浪金髮，加上務實、直率的作風，使得卡羅爾在戈恩沒辦法發聲的時候，成了一名效率極佳、面對鏡頭很有親和力的大使。不過她自己也成為爭議的眾矢之的。

7　Agence France-Presse, "Carole Ghosn: Carlos's Wife Puts Her Head Above Parapet," France 24. April 24, 2019, https://www.france24.com/en/20190424-carole-ghosn-carloss-wife-puts-head-above-parapet.

8　Nick Kostov and Sean McLain, "Carole Ghosn, in Defending Her Husband, Takes On Japan's Legal System," *Wall Street Journal*, January 21, 2020, https://www.wsj.com/articles/in-defending-her-husband-carole-ghosn-takes-on-japans-legal-system-11579617889.

　　例如，在戈恩因為「阿曼路線」的指控被逮捕之後，日本調查人員懷疑，這筆資金有一些被轉移到英屬維京群島一家由卡羅爾擔任老闆的公司，因而對她進行了訊問。檢察官認為，戈恩家族就是透過這家名為「美人遊艇」（Beauty Yachts）的公司，購買了豪華遊艇「社長號」[9]——這艘大船也毫不掩飾地用日文的「Shachou」（社長）一詞命名。2016年為卡羅爾五十歲生日舉辦的凡爾賽宮華麗慶生晚宴，在法國引發了更多關於濫用資金的指控，也成了酸言酸語批評的材料。

· · ·

　　除了人質司法的主張以外，戈恩的陣營也抨擊了日本處理這個案子的很多方式，他們說這讓他不可能得到公正的審判。

　　其中之一就是，東京的檢察官與日產肯定是互相勾結來調查戈恩的，儘管在某些指控裡日產本身也是被告。此外，哈里‧納達這位負責日產法律部門的戈恩前助理，突然以認罪協商者身分突襲他的老闆，他留任原職，繼續帶領日產內部針對戈恩涉嫌不法的調查。對於批評日產這次內部調查的人來說，這是嚴重的利益衝突，因為納達自己也捲入了某些他認為要調查的不當行為。相比之下，在西方的制度裡，這樣的認罪協商者通常會自己迴避或是被排除掉。這種可疑的安排甚至在日產內部也引起爭議，尤其是在納達的下屬裡，他們希望日產對戈恩進行的調

9 Kyodo News, "Ghosn's Wife Questioned over Alleged Nissan Fund Misuse," *Nikkei Asian Review*, April 11, 2019, https://asia.nikkei.com/Business/Nissan-s-Ghosn-crisis/Ghosn-s-wife-questioned-over-alleged-Nissan-fund-misuse; Kyodo News, "Ghosn's Son and Daughter Questioned in US at Tokyo Prosecutor's Request," January 9, 2020, https://english.kyodonews.net/news/2020/01/365bf7fc1089-ghosns-son-daughter-questioned-in-us-at-tokyo-prosecutors-request.html?phrase=East%2oJapan%2oRailway%20&words=

查以及任何索賠，能夠做到無可非議。

　　一名員工回憶起和納達底下的一位高級法律顧問的談話，形容那時的士氣簡直是愁雲慘霧：「他說，『我是個律師，我還要向一個正在進行認罪協商的傢伙報告，要不是因為這個認罪協商，他會落到和戈恩同樣的下場。這樣子別人會怎麼說我？』」

　　同時，納達也利用日產的外部律師瑞生國際律師事務所，協助引導對戈恩的獨立調查。儘管他們以前就針對檢察官正在追查的這項戈恩薪資計畫，諮詢過該事務所的意見。在這一切過程中，日產從未試圖向戈恩或凱利查問，至少了解他們對此事的看法。

　　戈恩的辯護團隊還指控，瑞生國際律師事務所非法搜查和扣押證據。他們說，該事務所的律師從貝魯特的一名助手那裡，「偷走」有大量戈恩個人資料以及和律師往來信件的電腦和硬碟。戈恩的辯護律師表示，東京檢察官是通過這種方式協調這次突襲的，他們和平民合作而不是找調查人員協助，以規避正常的搜查令制度。

　　在被要求對其在該案中的工作發表評論時，瑞生國際律師事務所表示，這件事並沒有利益衝突，因為日產一直是它的唯一客戶，該事務所也會定期討論和日產汽車的合作關係。該律師事務所表示：「瑞生事務所不同意任何認為這次內部調查有偏見的說法，而且請注意，有許多日本和美國的獨立機構以及執法當局，進行了各自的完整、獨立的調查，也得到和這次內部調查一致的結論。」它沒有回應戈恩律師團的指控。

　　戈恩的律師團聲稱，日本檢察官在4月4日突襲這對夫婦狹小的東京公寓房間時，還非法沒收了卡羅爾・戈恩的財產。那次突襲，檢察官拿著毛巾站在卡羅爾的淋浴間外面。律師們說，搜查令只適用於卡洛

斯‧戈恩的財產，而不是她的。但是檢察官仍然沒收了她的智慧型手機、電腦和護照。卡羅爾‧戈恩後來能夠離開日本，是因為檢察官只拿走了她的黎巴嫩護照，沒有拿走她的美國證件。

　　檢察官受到指控的一連串濫權行為，包括當局違法向媒體洩露案件細節，以及否定了戈恩受日本憲法保障的快速受審權利。甚至在戈恩被捕的一年多之後，他在2019年底準備棄保逃離日本時，仍然沒有他這場官司的正式開庭日期。

　　最後，戈恩的律師指控東京檢方和日產密謀隱瞞證據。他的律師說，日產要求檢察官阻止查看六千份電子郵件和其他數位證據。[10] 在日本，除非法院下令，檢察官才有義務分享手頭的所有證據。[11] 但這次的指控，再度引發了人們對平等待遇的質疑。

　　「剩下的證據是檢察官不希望我們看到的。所以我們可以假設這些證據應該對我們有利，」戈恩的一名律師說。「他們隱瞞證據，所以不知道有哪些東西被刪除了。」

● ● ●

　　卡羅爾和戈恩的律師發起的反擊，目的是要讓日本在世界舞台上丟人現眼。它把日本那種只會把自己的規定掛在嘴邊，所作所為卻和西方規範完全脫節的司法制度，說得很清楚明白。然而在日本，不為所動的

10 Hans Greimel, "Ghosn Lawyers Ask Court to Dismiss Charges, Citing Violation of Rights," *Automotive News*, October 24, 2019, https://www.autonews.com/executives/ghosn-lawyers-ask-court-dismiss-charges-citing-violation-rights.

11 Naomi Tajitsu and Tim Kelly, "A Year after Arrest, Ghosn Seeks Trial Date, Access to Evidence," Reuters, November 19, 2019, https://www.reuters.com/article/us-nissan-ghosn/a-year-after-arrest-ghosn-seeks-trial-date-access-to-evidence-idUSKBNIXT150.

檢察官和法院堅守立場，而國際上的反應比較像低聲的發牢騷，而不是口徑一致的強烈抗議。

對法國政府的呼籲一直沒有受到重視。當時已坐上總統寶座的馬克宏，並不是明確站在他那一邊的盟友。他和戈恩糾葛不清的孽緣，可以追溯到弗洛朗日法攻防戰的挫敗，當時馬克宏為了確保法國政府在雷諾汽車擁有雙倍投票權，採用了迂迴戰讓戈恩面子掛不住。在2015年，馬克宏還帶著法國政府的宣傳向戈恩施壓，要求他在雷諾採取減薪措施，當中還有批評說他賺的薪資過高。到了2018年，由於「黃背心」街頭示威活動以經濟改革運動之勢，仍然在法國各城市造成劇烈動盪，馬克宏政府亟欲避免採取任何讓人覺得偏袒上流階級、人脈廣的商界領袖的行動。因此，著眼於未來，巴黎拋棄了戈恩，企圖挽救這家車廠與日產搖搖欲墜的合作關係。

卡羅爾在接受法國《星期天週報》（*Journal du Dimanche*）的採訪時，表達了她對於馬克宏不聞不問的厭惡。「愛麗舍宮（Palais de l'Élysée）的沉默真是震耳欲聾啊，」她說，「我以為法國是個會力挺無罪推定的國家。他們都忘了卡洛斯為法國經濟和雷諾汽車所做的一切。」[12]

戈恩的傳奇事蹟也未能讓美國動起來——至少沒有像他期待的那樣。

甚至當卡羅爾請求川普總統支持她丈夫提出的理由時，監督股票交易和財務報告的美國證券交易委員會（SEC）正在調查，戈恩是否也偽造了在美國的財務申報，就像他在日本被指控的那種不當行為。就在戈恩

12 Gearoid Reidy and Chester Dawson, "Ghosn's Moment of Truth Arrives as Deposed CEO Faces the Press," Bloomberg Quint, January 8, 2020, https://www.bloombergquint.com/business/ghosn-s-moment-of-truth-arrives-as-deposed-ceo-faces-the-press.

的辯護策略開始整合之際，這個美國證券管理當局也支持日本檢察官的事件版本，稱他在格雷格‧凱利協助下，透過一項公開誤導性資訊、將文件的日期往前調、精心挑選外匯匯率、簽訂祕密合約以及藉助會記技巧的計畫，在近十年內隱瞞了日後要支付約1.4億美元。根據SEC估算，戈恩計畫隱瞞超過九千萬美元的薪酬，然後更改了他的退休金計算方式，又額外增加了五千萬美元。SEC指控戈恩與日產，以公司身分違反了證券法的反欺詐條款，並指控凱利從旁協助並且狼狽為奸。

「簡單說就是，日產公開申報的戈恩薪資是不實的。」SEC執法部門的聯席主任，在2019年9月的一份調查結果簡要聲明裡表示。「透過這些公開財報，日產助長了戈恩和凱利的欺騙行為，也誤導了投資人，包括美國的投資人。」

SEC的事件版本聽起來很熟悉。戈恩想要拿到和高薪的同行一樣的豐厚報酬，但是不希望在日本和法國那些不贊同的民眾面前，留下為這筆錢辯護的不光彩印象。

「戈恩變得擔心要是他的總薪資被公開，可能會引起日本和法國媒體批評。」美國證券交易委員會在起訴狀中表示，「為了避免輿論批評，戈恩和他日產的下屬採取許多措施，把應該公開呈報的戈恩薪資中很大一部分隱瞞起來。」[13]

戈恩和解並支付了一百萬美元罰款，但他沒有承認或否認調查結果。做為和解協議的一部分，戈恩被禁止在美國上市公司擔任高階主管或董事，為期十年。對於他這樣的企業高層來說，這樣的打擊可能比罰

---

13 *United States Securities and Exchange Commission, Plaintiff, v. Carlos Ghosn and Gregory L. Kelly*, 1:19-CV-08798 (United States District Court Southern District of New York, September 23, 2019).

款更大。儘管如此，他的律師仍然認為這是一場小小的勝仗。他們說，和解協議消除了美國這邊的狀況，因此律師團可以專注打日本的官司。但是SEC的對陣突顯了一個事實，也就是日本並不是唯一對戈恩的薪酬規畫挑毛病的國家。不過在輿論的評判上，付了一百萬美元罰款和解的人，完全不像是清白無罪的。SEC的案件，也等於預告戈恩在日本法院會面臨一場硬仗。東京檢方在面對外界時，向來對自己的調查結果和法律策略守口如瓶。但是SEC案件大多仰賴其證據。

然而，SEC的案件並沒有探討沙烏地路線和阿曼路線，這兩項背任罪指控純粹是日本的事件。東京檢方以正在進行的法律案件和未決審判具有敏感性為由，拒絕詳細說明這些指控的細節，就像他們在遞延薪資案中所做的那樣。最初的每份起訴書的公開資訊，都包含在短短幾段聲明中。同時，在東京地方法院附近，東京地方檢察廳地下室舉行的官方媒體簡報會，也未能獲得什麼有用的訊息，因為檢察官對問題基本上都回答「無可奉告」。他們堅稱，針對戈恩的任何證據的細節，都必須等到審判才能公開。

• • •

雙方立場對立，各執一詞。

卡羅爾・戈恩在接受《汽車新聞》採訪時，對她丈夫在日本司法管轄下的機會持悲觀態度。完全還戈恩清白，等於丟臉的承認這個司法制度確實失能，尤其是它吹噓出來的定罪率方面。她說，日本的法律機關已經在這個案子裡賭上太多名聲了，不能讓卡洛斯・戈恩從他們手上溜走。

　　「他們會說，『我們做了這一切，現在說他是無辜的？』他們的政府或司法體系會發生什麼狀況？」她說。「它會崩潰嗎？它會改變嗎？當然，為了面子，他們打算一定要想辦法把他定罪……這個司法體系是被操縱的。」〔14〕

---

14 Hans Griemel, "Ghosn Getting Fit for the Fight of His Life," *Automotive News*, October 7, 2019, https://www.autonews.com/executives/ghosn-getting-fit-fight-his-life.

13

聯盟內鬨
Alliance Upheaval

　　日產及其日本合作夥伴三菱，在戈恩被捕後一周內便解除戈恩的會長職務。日產董事會全員投票把戈恩解職，這顯然得到雷諾挑選的兩名董事批准——包括一名法國人，是在1999年和戈恩一起復興日產的第一批三十名高階主管之一。

　　不過即使戈恩在坐牢，他還是保有這兩家公司的董事身分。董事會的決定就足以解除他的會長職務，但是只有全部股東進行投票，才能讓他完全離開董事會。

　　日產急著把他從公司徹底掃地出門，於是在2019年4月召開了一次臨時股東大會，只是為了投票趕走他。這場股東大會肯定會相當激烈，因為大家猜測，戈恩會在他65歲生日前幾天被保釋，屆時可能會企圖參加會議。

　　即使身為被起訴的犯罪嫌疑人，戈恩仍然有權參加會議，他不僅擁有董事身分，還是公司前幾大的個人股東之一。截至2017年6月，戈恩擁有310萬股日產汽車的股票，這是該公司的文件裡，最後一次詳細登記他的持股情況。以日產在2019年初的股價來算，他持有的大批股份

價值高達 2,550 萬美元。[1]

　　但是這樣的劇情沒有上演，因為戈恩再次被捕，這是檢方提出的第四項指控，也就是「阿曼路線」的背任罪。就在股東大會召開的四天前，檢方於黎明突襲了戈恩所住的東京公寓。

　　日本的散戶投資者在街上的人龍裡排著隊，想在股東大會中取得座位。這一次，它在東京的新高輪格蘭王子大飯店（Grand Prince Hotel Shin Takanawa）舉行，這是一座龐大的建築群，興建在二戰後美國占領期間被剝奪貴族身分的皇室王子的宮殿基地上。在大會期間，群情激憤的投資人把戈恩和格雷格・凱利開除了，後者在被捕之後同樣保有他的董事身分。但是投資人也指責西川廣人和日產管理層，從一開始就容許這些不當行為發生。

　　三菱汽車等到兩個月後的例行股東大會，才解除戈恩的董事職務，終於切斷他和日本汽車業最後的正式關係。

　　雷諾動作沒那麼快。在戈恩第一次被捕之後緊接的幾星期裡，遠在半個地球外的雷諾汽車高層，都震驚得不敢相信。起碼在還不清楚對他的指控的更多詳情時，他們不願意立即解僱這名在位這麼久的公司負責人。在戈恩被證明有罪之前，雷諾假設他是無罪的，所以最後花了兩個月才把他撤職──即使在那時候，該公司還是很不情願地通過允許──或者更有可能是強迫──戈恩辭職，以顧及面子。

• • •

1　Hans Greimel, "With Ghosn Free on Bail, Japan Can't Look Away," *Automotive News*, March 11, 2019, https://www.autonews.com/executives/ghosn-free-bail-japan-cant-look away.

在幕後，該汽車集團的法國方和日本方幾乎沒有說話。戈恩花了二十多年建立起來的這個聯盟，由於不信任和內鬥而產生裂痕，看來就要在沒有他的情況下幾近分崩離析。這對夥伴的結盟，是難得的跨國合作成功案例，然而在其井然有序、穩當運作的表象下醞釀已久的矛盾，如今因為戈恩退出而暴露出來。這個聯盟甚至可能倒閉的猜測也甚囂塵上。分析師們開始對該集團的未來做出各種預測，當中通常都會出現拆夥的情景。

「雷諾和日產分道揚鑣真的會很糟嗎？」聯博資產管理公司（Alliance Bernstein）的汽車產業資深分析師麥克斯・沃伯頓（Max Warburton）在一份報告裡問道。「這個聯盟從來沒有完全發揮作用和整合。兩家公司之間實際的綜效，出人意料地不怎麼樣。就算沒有日產，雷諾也可以獲利。雷諾和其他夥伴合作說不定還更加符合產業理性。也許聯盟沒有戈恩也能很好——他的重要性可能被誇大了。或者它可能會從脆弱之處散掉——不過雷諾很可能會找到別的出路。」

沃伯頓總結說：「這個聯盟的重要性很可能已經被誇大了。」

市場上的看法似乎是，雖然以車輛共用平台達到所有共同成本降低以及協作的目的，但是要再進一步獲利幾乎不可能。尤其是現在，由於雙方不再釋出善意，合作的前景看來會很黯淡。

在這場內鬥裡，日產開始謀取在聯盟的影響力，大聲疾呼要重新調整交叉持股比例、以及對聯盟事務有更大的發言權，就從對於指派其董事具有更大影響力開始。

這件事造成的損失遠不只緊張關係這麼簡單。日產的高層日以繼夜地忙著維護嚴重受損的形象、為公司的行為辯護、和雷諾抗爭，以及徹

底改革公司治理。在日產急需新產品的時候，人們關注的卻不是汽車。

最先受到衝擊的車款之一，是代表作日產Leaf，戈恩在這款電動車賭上該公司的技術開拓者名聲。到了2018年底，日產已經推出該車款第二代改款，不過有個最關鍵的弱點，就是在當時充斥著新競爭對手的電動車領域，它的續航里程乏善可陳。民眾強烈要求配備電池容量更大的增程型版本，以便可以開更遠的距離。日產原本計畫在洛杉磯車展上，讓這輛大家期待已久的電動車亮相，但是在戈恩醜聞造成混亂後，這項計畫取消了。相反的，它在低調的宣傳下比原計畫晚了幾個月首次亮相，錯失了大好機會。[2]

同時，在這場紛擾動盪裡，日產的高層正忙著提防身邊的人，尤其是那些被稱為「戈恩之子」的前任高階主管，那些被他聘用並且拔擢進入其核心圈的高階主管。各級高階主管和經理開始離開日產，像是何塞・穆尼奧斯──曾經被認為有可能取代西川廣人的西班牙高階主管；有些人被趕出公司；其他人看好逃生路線就逃離了。無論哪種方式，結果都是頂尖人才大批出走。

到了2019年9月，也就是戈恩被捕約十個月後，已經有至少十名高階主管離職了──幾乎都是非日籍。這份名單包括：日產汽車高級車品牌Infiniti的兩位全球負責人；全球銷售主管；全球人力資源主管；Infiniti頭號設計師；聯盟全球公共關係負責人；曾引導戈恩把Datsun復興成為新興市場入門車品牌的高階主管；以及三菱的營運長──一名長期在日產擔任高階主管、在戈恩的監督下晉升的人。

2　Hans Greimel, "Collateral Damage in Tokyo," *Automotive News*, December 10, 2018, https://www.autonews.com/article/20181210/OEM02/181219968/collateral-damage-in-tokyo

「你看過沒有東西吃的老鼠嗎?牠們很餓。你知道牠們之間會發生什麼事嗎?牠們會互相吃掉對方,」一名和日產董事會往來密切的人士說。「這正是發生的事情,因為人們擔心他們會出事。我們沒辦法一一列舉,因為人數太多了。」

這次清理門戶在九月西川被解職時達到高潮。西川因管理風格粗暴,在日產內部從來不是受歡迎的人物,但許多人視之為戈恩最看重的徒弟。他在自己的不當行為醜聞裡摔了個大跟頭,在後戈恩時期日產內部經過幾個回合的背後暗算和互揭瘡疤之後,他的薪酬自肥問題才曝光。對他的敵人來說,曾經長期擔任戈恩得力助手的西川廣人,是腐敗的代表人物。

股東很快就對日產感到不滿,接著對三菱以及雷諾——不只是因為聯盟的未來看來正在動搖。銷售量和獲利開始急遽下滑,先是在日產,然後是整個聯盟,後戈恩時代的萎靡不振逐漸擴散。這三家公司的股價全都暴跌,整個聯盟搖搖欲墜。

日產和雷諾似乎準備就聯盟的未來結構,以及將由誰來掌權(如果聯盟還能倖存下來的話),進行大規模攤牌。

2018年11月下旬,就在戈恩被捕一周後,雷諾和日產的高層在阿姆斯特丹的雷諾-日產BV(RNBV)總部親自會面,舉行定期會議。雙方都試圖專心在業務上,但是在禮貌的表面底下,冷冰冰的不信任感讓真正的對話變得冷漠。「每個人都感到非常震驚。」一名在場的高階主管回憶道。然而,大家震驚的原因不盡相同。雷諾這一邊認為,這場無情的公司政變令人失望。在日產這邊,則是對戈恩涉嫌犯罪感到憤怒。

「你可以清楚看到公司內部不同類型的反應。這種立場差異之後只

會變得更嚴重，」這位高階主管說。「戈恩先生被捕後經過的時間越長，因為他被捕而感到失望的那些人會變得更失望。而那些因為相信指控是真的而感到失望的人，也一樣變得更失望。」

在接下來的幾個星期，日產面臨的最大挑戰，只是把對戈恩的指控細節簡單地傳達給雷諾。日產希望把完整報告直接提交給雷諾的董事。但是以蒂埃里・博洛雷為首的雷諾高層完全認為這是日產的陰謀。他們希望透過公司的法律團隊，從比較正式的管道取得詳細資訊。日產猶豫不決，聲稱他們擔心完整的報告會受到審查，或是永遠不會傳達給全體董事會，日產認為董事會比較能秉公處理。

法、日雙方之間的交流突然中斷。

「過去雙方主要是通過會面和交談互相溝通的，但如今變成日產社長和雷諾的執行長、以及其他公司的執行長之間以信件往來。」一名日產高階主管回憶道，「過去從沒發生過這種事情。狀況變得越來越極端。」

●　●　●

雷諾方面完全措手不及，需要時間來消化其長期領導人被捕這件事。從戈恩被捕的當晚，日產對戈恩發動的無情、咄咄逼人、精心策劃的公關閃電戰，讓博洛雷和他的核心圈子感到震驚。雷諾裡有很多人擔心，長期以來對雷諾的控制感到不滿的日產，正抓緊這個情勢要破壞聯盟，而且最後會為了獨立而決裂。

「他們有一個龐大的宣傳計畫。我可以說它是公關計畫，但它不只是公關。它是宣傳活動。」博洛雷的一名顧問這樣評價日產。「我們不知道會發生什麼事。我以前從沒見過當公司遇到守法問題時會那樣做

的，尤其在最高管理層。通常，你會發布最簡短的新聞稿，而且盡最大的努力維護公司聲譽。日產的所有選擇，顯示他們是有計畫要打擊雷諾的，而且不只，還要打擊聯盟。」

最開始的引爆點，是要怎麼換掉戈恩的日產會長位子。根據聯盟協議條款，雷諾保留任命日產最高主管的權利。然而現在，日產利用權力真空來反擊。日產高層表示，他們希望在挑選下一任會長的時候，能有更大的發言權。他們還想取消聯盟總會長職位，這個職位是戈恩為自己設計的，做為全部三家公司的最後仲裁者。最後，日產想要慢慢結束掉雷諾－日產BV，在荷蘭的這家合資企業，正逐漸演變成戈恩設想的那種讓聯盟「無法回頭」的原型控股公司。對日產來說，這是雷諾要控制日產命脈的特洛伊木馬——它對日產的業務和產品計畫事宜，擁有最終決定權。

毫無疑問，日產正在提出新的要求。問題是，為什麼是現在？日產高層認為，雷諾任命的戈恩犯下猖獗的不法行為，因此他們有必要重新考慮是否要一切照舊。他們以所謂「戈恩的不當行為」為理由，看到了可以根據自己的喜好、重新調整聯盟權力關係的一個機會。但是在比較持懷疑論的雷諾以及許多外界評論者看來，日產的權力遊戲，更像是從栽贓戈恩拉他下台開始的一場冷血政變中，精心策劃的最後一幕。

重新設計甚至解散聯盟是真正的結局嗎？

也許。對於日產內部的鐵桿傳統派來說，要單打獨鬥完全沒問題。

• • •

這幾十年來，外國車廠收購了幾家日本車廠的少數股份，甚至控

股股權。不過做為後來出現的雷諾與日產的模範來說，它們的表現並不怎麼好看。大多數外國車廠最終都放棄了，而且往往不是很有風度地放棄。從1970年代到1990年代，當日本品牌加大對「美國堡壘」（Fortress America）的銷售攻勢，陷入困境的底特律車廠就打定主意，如果打不贏它們，就把它們買下。通用汽車收購了鈴木汽車、速霸陸和五十鈴（Isuzu）的大量股份。福特取得了馬自達的控股權。而在2000年，正在努力解決內部分歧的德、美合作汽車業巨頭戴姆勒克萊斯勒，為了打造出它所期望在北美、歐洲和亞洲都有據點的三足巨頭，收購了三菱汽車的控股權。

有時候，外國車廠會突然入場，協助陷入困境的日本競爭對手，就像福特對馬自達所做的那樣。有時候，他們購買股份是為了深入了解日本製造汽車的方式，這種方式似乎逐漸成了世界主流。但是到了經濟不景氣時期，所有這些海外合作夥伴都在減少或拋售他們的資產。

自從1979年以來，一直不甘願被福特綁手綁腳的馬自達，在2008年開始手舞足蹈了，當時福特為了避免破產，所以盡可能把在這家日本車廠的33.4%控股權，降到僅僅占13%。馬自達的一位發言人在大肆宣傳福特退場的消息時宣稱：「基本上這意味著馬自達再次變成一家日本企業了。」[3] 馬自達高階主管山內孝（Takashi Yamanouchi）後來成為馬自達在後福特時代的第一位執行長，他宣稱這家美國車廠的舉動是「一個天賜良機」。[4]

---

3 Hans Greimel, "Ford Reduces Mazda Stake to 13%, Raises $540 Million," *Automotive News*, November 18, 2008, https://www.autonews.com/article/20081118/COPYo1/311189925/ford-reduces-mazda-stake-to-13-raises-540-million.

馬自達單飛成功了。只不過好景不常。汽車業普遍要面臨砸巨資研發新技術的壓力，而做為日本的小小車廠，它成了這種壓力的受害者。隨著獲利能力開始下降，馬自達著手尋找另一個靠山。它找到了日本第一大車廠豐田汽車，豐田在2017年收購了總部位於廣島的馬自達5%的股份，把它納入自己麾下。

最激烈的分手場面，無疑是鈴木控告漸行漸遠的合作夥伴福斯汽車，以逼迫這家德國車廠出售持有的19.9%鈴木汽車股份。2009年，福斯汽車透過一項大肆宣傳的交易收購了鈴木股份，填補了通用汽車出售這家日本汽車製造商的股份後，所留下的缺口。但是不到兩年，鈴木就對於傳聞福斯汽車打算完全收購感到不滿。入贅該公司創辦人家族並改姓的會長鈴木修（Osamu Suzuki）要求和福斯「離婚」，並抨擊福斯汽車是「枷鎖」。

經過國際仲裁法庭（International Court of Arbitration）近四年的法律纏訟，法庭在2015年做出了對鈴木有利的裁決。福斯汽車被迫出售其股份，把這個從來沒有交出過一次合作計畫的失能聯盟畫下句點。鈴木會長對這個決策的反應是：「我感到精神氣色都恢復了。這就像清掉了卡在喉嚨裡的骨頭。」[5]

外國車廠和日本人合作的歷史紀錄並不怎麼好。

然而，要讓日產和雷諾脫鉤，是說起來容易、做起來難。二十年的

4　Hans Greimel, "How Ford's Partnership with Mazda Unraveled," *Automotive News*, August 24, 2015, https://www.autonews.com/article/20150824/INDUSTRY ON TRIAL 308249993/how-ford-s-partnership-with-mazda-unraveled.

5　Hans Greimel, "Volkswagen Must Sell Shares in Suzuki, Court Decides," *Automotive News*, August 30, 2015, https://www.autonews.com/article/20150830/COPYo1/308309996/volkswagen-must-sell-shares-in-suzuki-court-decides.

穩定整合，把產品規劃、工廠產能、設計工程，以及最重要的從鋼鐵和紙張、到火星塞和燃油噴嘴等所有採購品項，全都組織在一起。他們利用其總交易量，將聯合採購規模鎖定在近1,000億歐元（1,090億美元）。日產和雷諾生產的所有車輛裡，大約有70%採用共用平台。這兩家公司還有大約75%的引擎和變速箱是共用的。就算這種整合已經達到高峰，出現收益遞減了，但是要把所有這些生產要素分開並分割商品，勢必保證要好幾年的交涉和頭痛期。

福特和馬自達合久必分的情況，是雷諾－日產分裂可能要面對崎嶇長路的前車之鑑。福特從2008年開始出售持有的馬自達股份，但是一直到2015年都還沒有完全出脫持股。即使到了2020年末，這兩家公司仍在維護位於泰國的最後一家共用組裝廠。

分手不是件容易的事。所以，雷諾和日產至少在它們的官方聲明裡，仍然堅定地致力維持聯盟穩定。儘管雙方關係暗潮洶湧，但是在2019年1月下旬發生了重大突破——戈恩最終被迫辭去雷諾董事長兼執行長的職務。他信任的副手博洛雷被任命為執行長。而且值得注意的是，一位局外人被請來擔任雷諾董事長，希望能促成和平。雙方都從讓整合「無法回頭」這個爭議的議題上退了一步，轉而專注在修復目前已受損的關係。

• • •

雷諾的新任董事長是尚－多米尼克・盛納德。盛納德和戈恩一樣，是從米其林空降到雷諾——雷諾找他出任這項職務時，他是這家輪胎製造商的執行長。但是在很多方面，盛納德都和戈恩迥然不同。

　　身為全世界到處跑的外交官之子，盛納德是個完美的體制內的人，和聯盟創辦人路易斯・史懷哲相似。他被雷諾聘用時已經65歲，是法國商界的資深政治家，擁有名門望族家世，和政府關係匪淺。盛納德瘦高、沉著、冷靜、深思熟慮──還是土生土長的法國人。若要說他有什麼不足，就是看起來很呆板和邋遢。相比之下，戈恩是個熱情進取的外來人口。他散發出魅力和活力，但身材矮小，在巴西出生，有中東血統。戈恩講話充滿活力，會大喇喇的比手畫腳表達，嘴邊總掛著源源不斷的數據和細節。盛納德比較安靜，而且更省話。雖然戈恩也許會讓日本人大為驚喜，但盛納德似乎比較能安撫人。

　　盛納德馬上就拋出橄欖枝。一開始，他答應不強求擔任日產的會長，而是提議擔任副會長。西川和盛納德直接對話，避開了博洛雷和雷諾汽車其他高層人員，並且開門見山地傳達日產的立場。西川廣人向盛納德表示，若是他堅持擔任會長，會把在日本的局面搞得更糟。盛納德接受了提議，默許擔任第二號人物。「在盛納德先生加入後，我們才得以回復正常討論，而不是持續政治衝突。」西川廣人說。

　　盛納德答應西川，擱置在荷蘭的合資企業雷諾－日產BV，不再做為決定聯盟事務的論壇。盛納德同意建立更平衡的聯盟新架構，他承諾這個架構會根據共識來決定，而不是戈恩那樣由上而下的決策方式。新架構並不是日產可能想要的徹底改革，但它朝這個方向邁出了一步。雷諾的一些人對此有所保留，認為盛納德違背了他們的利益。但是現在有一位新的會長在發號施令。

　　2019年3月12日，盛納德和雷諾、日產及三菱的執行長在橫濱的日產全球總部──日方的地盤──登台，象徵性地表現出團結的樣子，

並宣布聯盟有了「新的開始」。這是戈恩被捕後，該公司負責人第一次公開露面。他們表示，展望未來，將由新的四人聯盟營運委員會來做出決策，該委員會由三位執行長與雷諾董事長盛納德組成。

新的董事會將取代聯盟的其他組織，例如在荷蘭的合資企業。

在這場宣布重大進展的新聞記者會上，西川廣人和盛納德坐在中間。雷諾汽車執行長博洛雷和三菱汽車執行長益子修站在他們兩側，幾乎就像看戲的外人。在戈恩被捕之後的這幾個月，西川一直很嚴厲、冷冰冰且壓力重重，但此刻他臉上散發出明顯的放鬆感，偶爾不由自主地擠出一絲微笑。

「對於聯盟來說，這份諒解備忘錄是個重要的新階段，」西川廣人說：「這是個真正平等的合夥關係……是以共識為基礎的三贏方法。」〔6〕

聯盟好像回到了正軌，好歹撐了一小段時間。

· · ·

只不過三贏的新開始才展開不到一個月，盛納德就把日產惹毛了，他想要讓一度被擱置、戈恩支持的合併提案敗部復活。這是雷諾這邊一直不肯死心的想法，因為法國政府就像對戈恩那樣，向盛納德施壓，要建立新的規模並牢牢控制日產。面對日產強烈抵制，談判並沒有什麼進展。但是盛納德的提議讓日產注意到，儘管在日本公開表態過了，但聯盟背後的動力並沒有改變。

6　Hans Greimel, "Renault, Nissan, Mitsubishi Defuse Tension and Outline 'New Start,'" *Automotive News*, March 12, 2019, https://www.autonews.com/automakers suppliers/renault-nissan-mitsubishi-defuse-tension-and-outline-new-start.

「他太急性子了，沒辦法做出一個能討好法國政府——尤其是馬克宏——的好結論。」一名參與談判的日產高層在談到盛納德的策略時這樣說，「他想為法國社會做出值得尊敬的貢獻，那就是讓聯盟不會走回頭路，這樣雷諾就可以一直高枕無憂，法國的就業機會就可以保住。」

盛納德遭到拒絕後，仍面臨著為雷諾完成一筆重磅交易的壓力，於是他推動了另一個合併計畫——這次是和飛雅特克萊斯勒集團（FCA）。之前在2009年經濟不景氣期間破產的克萊斯勒集團，後來被義大利汽車製造商飛雅特突然出手拯救，在2014年成立FCA這家公司。讓雷諾和FCA合併，似乎是戈恩考慮過的另一個保留方案。後來戈恩從黎巴嫩發出聲明表示，在被捕之前他一直在促成一項和FCA合併的案子，並預計在2019年1月與FCA董事長約翰·埃爾坎（John Elkann）達成交易。只不過，戈恩在這件事成事之前就入獄了。因為某些原因，戈恩和FCA的這些背後運作，在對於這場政變的敘述說明裡，從來沒有被當做引發日本反擊的原因而提出來過，而這件事也就半途而廢了。

盛納德想要圓滿完成戈恩未完成的事，這對日產、日本和整個汽車產業都有影響。當雷諾與FCA結盟的第一個傳聞出現時，西川廣人表示他「根本不」知道這些傳聞。[7] 但是在2019年5月下旬，FCA投下震撼彈，公開宣布了一項價值350億美元、由這兩家歐洲重量級企業各出資一半的集團改組合併提案。日產和三菱像是重要主角旁邊的配角，只在註解被提到。FCA大肆宣傳這個新的大集團將會以870萬輛的總銷售

7　Hans Greimel, "Renault-FCA Merger Plan Unleashes Fresh Uncertainties on Nissan," *Automotive News*, May 27, 2019, https://www.autonews.com/automakers-suppliers/renault-fca-merger-plan-unleashes-fresh-uncertainties-nissan.

量，成為全球第三大汽車製造商，僅次於福斯集團和豐田汽車。它補充說，把這個銷售量再加上日產和三菱的銷售量，全球銷量將超過1,500萬輛，成為第一大車廠。

但是這樣的合併案，會威脅到日產嚴重弱化的影響力。例如，新公司最初的董事會有十一席董事，其中雷諾和FCA各有四席，但日產只有一席。[8]同時，雷諾－FCA實體將保留其在日產43.4%的股份和投票權，但日產在新公司的股份將從15%稀釋到只剩7.5%。[9]日產很可能成為交易中的大輸家，對於其管理層而言更不利的是，西川廣人和他的副手完全被排除在談判之外。看起來雷諾似乎要對日產採取強硬手段，它認為日產越來越難以管理。如果日產不想共舞，雷諾只好另外找一個舞伴。

西川聲稱他不見得反對這樣的合併。事實上，增加的規模可以為日產和三菱帶來新的節省成本項目。例如，在美國市場，日產可以搭便車用到克萊斯勒成功的Ram品牌皮卡，以及Jeep品牌SUV和跨界休旅車系列，從共享技術工具箱中汲取經驗，或是將這些久經考驗的產品推出日產品牌的版本。不過，即使西川廣人表示日產不會公開反對合併，卻也設了關卡，堅持日產會投下棄權票。他說日產需要更多時間，好評估這筆交易究竟對公司有什麼影響。

然後，在宣布合併談判僅僅一個星期，飛雅特克萊斯勒就突然終止了交易。急於加強對新實體之影響力的法國政府，遲遲沒有批准該計畫。阻礙協議的，是一個困擾著雷諾和日產關係的問題：工作機會。

8 Greimel, "Renault-FCA Merger Plan."

9 Luca Ciferri, "Nissan Big Loser If FCA and Renault Merge," *Automotive News* Europe, May 27, 2019, https://europe.autonews.com/blogs/nissan-big-loser-if-fca-and-renault-merge.

FCA和雷諾都背負著過剩的產能；裁減掉重疊的部分是兩家公司要合併最優先的理由，但雙方都對裁員猶豫不決。在雷諾董事會上一場討論合併的會議裡，日產選擇棄權，而法國政府的代表則敦促再多給一些時間。法國政府也被日產的抵制行動嚇到，而假如日產沒有完全加入，FCA對於和雷諾合作的不利部分就要考慮再三了。

這場交易破局了，FCA把責任直接歸咎在法國政府身上——這和戈恩及日產多年來對於法國政府干預的類似抱怨差不多。「局勢變得很明顯，現階段法國的政治條件，不利於促成這種組合成功推進。」FCA在一份聲明中這麼表示。該份聲明還繼續感謝了盛納德、博洛雷、日產和三菱「建設性的參與」——不過沒有感謝法國政府。

「你以為大家都在船上，但是他們甚至不在同一條船上。」一位雷諾前資深顧問回憶道。

· · ·

盛納德和FCA密室交易失敗一事，立即引起了日方強烈反彈。

就在FCA終止和雷諾的這場交易三個星期後，2019年6月的日產年度股東大會上，憤怒的投資人抨擊盛納德試圖避開西川進行迂迴戰術，並抨擊這位即將上任的日產副會長甚至沒有日產的股份。一名與會者表達了會議室裡明顯的不信任，他說他擔心日產被外國收購，並抨擊所有法國人都表裡不一。

「他們真的很狡猾，」這名股東談到法國人時說。「你能以日產董事的身分行事，而不僅僅用雷諾董事長的身分嗎？你想要利用這次合併為雷諾謀取好處。這點很明顯。」[10]

盛納德的態度明顯動搖，他透過一名英譯日的口譯人員，向兩千八百名股東發表了激昂的回擊。他一再懇求股東信任他。「我腦海裡出現的最後一件事，是積極地為我擔任董事的公司做事。我懇求大家相信我。」他說，他承認日產－雷諾的關係「比我想像的要糟糕得多」。

盛納德為失敗的 FCA 合併案辯護說，這個合併案最終能夠讓聯盟所有合作夥伴都受益，包括日產。「你知道宣布停止交易之後誰會非常高興嗎？我們在全球的所有競爭對手，」他說。「他們明白，這筆交易如果通過了，這對聯盟來說會是個非常非常強大的特點。」盛納德總結道：「我根本沒有惡意。」

但是傷害已經造成。對這位雷諾新老闆的信任已經消失殆盡。

盛納德離開日產股東大會時，乘坐的不是日產製造的汽車，而是由主要競爭對手豐田銷售的 Alphard 廂型車，這更是一點忙都幫不上。才不過四個月之後，侮辱就伴隨著傷害而來。擺脫了雷諾和聯盟，FCA 宣布將和雷諾在法國的主要競爭對手、標緻與雪鐵龍品牌的製造商 PSA 集團合併。FCA 和 PSA 聲稱，他們提議的各占一半股權的合併案，將打造出世界第四大汽車製造商——還不是第三大，但是足夠讓聯盟備感壓力了。合併後的汽車集團稱為「斯泰蘭蒂斯」（Stellantis），這個名字源自拉丁文動詞「*stello*」，意思是「用星星來照明」。[11]

「盛納德看起來似乎是個非常理性、溫和的商人，」一名參與聯繫雷諾事務的日產高階主管回憶道，「實際上，他並不是。」

10 Hans Greimel, "Renault Chief Endures Nissan Shareholders' Fury," *Automotive News*, July 1, 2019, https://www.autonews.com/executives/renault-chief-endures-nissan-shareholders-fury.

11 PSA Group, press release, July 15, 2015, https://www.groupe-psa.com/en/newsroom/corporate-en/stellantis-le-nom-du-nouveau-groupe-qui-sera-issu-de-la-fusion-de-fca-et-groupe-psa/.

• • •

由於在戈恩下台後的第一年，聯盟走得跌跌撞撞的，在銷售量下滑的情況下，尤其是在關鍵的美國市場，日產的業績開始暴跌。日產的獲利在2019年4月到6月這季下跌了99%，在7月到9月這季又下跌了70%。到了該會計年末，也就是2020年3月31日，日產創紀錄地出現十一年來首次淨虧損，這是從戈恩進入日產的第一年1999年以來，最大的虧損。到了2020年初，日產的收益受到新冠肺炎疫情影響，全球經銷商關門，從北京到洛杉磯的客戶被迫居家隔離。展望未來，日產預測截至2021年3月31日的會計年，將出現有史以來最嚴重的營運虧損。

但現實情況是，早在新冠肺炎疫情之前，日產的業績就已經急劇下滑。2017年3月戈恩任命西川廣人為唯一執行長時，營業獲利率是很穩健的6.3%。三年後，日產成了一個錢坑。

投資人的反應是競相拋售日產股票。從2019年初到2020年3月，該公司的股價下跌了55%。

這樣的狀況很快就傳染到雷諾和三菱。2017年，當時雷諾汽車仍然在戈恩的帶領之下，汽車銷量和營業獲利皆創下了歷史新高。[12]但是在2019年，也就是他被解僱的那一年，雷諾卻創下十年來首次年度淨虧損的紀錄。[13]到了2020年春天，雷諾的公司債券評等被下調到垃圾

12 Laurence Frost, "Renault Posts Record Earnings, Strengthening Ghosn's Hand," *Automotive News Europe*, February 16, 2018, https://europe.autonews.com/article/20180216 ANE/180219792/renault-posts-record-earnings-strengthening-ghosn-s-hand.

13 Reuters, "Renault Plans $22 Billion 'No Taboos' Cost Cuts After First Loss in Decade," *Automotive News Europe*, February 14, 2020, https://europe.autonews.com/automakers/renault-plans-22-billion-no-taboos-cuts-after-first-loss-decade.

等級。三菱在疫情爆發之前就已經陷入虧損，截至2020年3月31日的整個會計年度也創下淨虧損紀錄，因為營業獲利減少了89%。從2019年初到2020年第一季，雷諾的股價暴跌了68%。三菱的股價下跌了48%。這是個全然反轉的命運。

戈恩認為聯盟需要一個像他一樣的人，需要一個強大的核心人物來維繫這一切。2020年，他在黎巴嫩的家中接受了《汽車新聞》採訪，他說自己成功的祕訣是：能夠平息聯盟檯面下不斷冒出來的矛盾。

「在1999年到2018年之間，你從來沒聽過任何問題，因為很明顯我是最終的決策者，我樹立了一種反對極端做法的合作精神。但是我們知道，極端的人一直都在。他們總是會利用各種情況，讓他們的意見占優勢，」戈恩說。「他們指責我是個獨裁者，但是坦白說，我是一個決策者。」

甚至在戈恩被捕之後，他的許多前副手也同意這點。

「戈恩先生在維持聯盟方面，有著巨大的作用和影響力，因為公司之間的商業決策會產生分歧，會有矛盾，而戈恩先生是一個，在最後關頭，必須為了聯盟的利益出來解開矛盾、並做出決定的人。」一名前日產高階主管表示。

戈恩毫不避諱地說，聯盟沒有他就什麼都不是，也不會有前景。

「他們以為那些仿效我的傢伙可以像什麼都沒發生一樣，管理各家公司和聯盟。但是他們錯了，因為結果已經證明了。」戈恩在黎巴嫩接受本書採訪時說。

然而一些人指出，除了受到嚴厲指控的那些猖獗的不當行為，戈恩最大的失敗之一，是從來沒有培養出能勝任這項工作的繼任者。只要戈

恩一直手握這個汽車集團大權,其繼承人就會一個又一個從現場消失。

派屈克·佩拉塔是2008年到2011年間,戈恩在雷諾時的副手,一度被認為是戈恩的接班人。他是個廣受歡迎的產品大師,在日產和雷諾的領導職位上有著出色的紀錄。但是在雷諾爆發假商業間諜醜聞後,他被迫辭職以保護戈恩(這個案子裡有三名員工被誣指把商業機密交給中國人)。另一名具有跨公司能力的卡洛斯·塔瓦雷斯(Carlos Tavares),在接受某次新聞採訪時透露,他希望自己有一天能成為車廠執行長,之後就以雷諾的第二號人物身分被排擠走了。他最後確實成了執行長——在PSA集團,這家法國車廠和飛雅特克萊斯勒結盟之後,後來居上超越了雷諾。同時在日產汽車,企劃長安迪·帕爾默(Andy Palmer)似乎曾經被栽培到要接任最高職位。但他也一走了之,在2014年成為英國跑車廠奧斯頓·馬丁(Aston Martin)的執行長。

甚至到64歲時,戈恩也沒有要走人的意思。而且就在那時候,他和雷諾又簽了四年合約,效期直到2022年。一整個世代的未來領導人才都意興闌珊了,因為他們通往高層的路已經斷了。

「多年來,戈恩的致命弱點之一,就是他無法成功培養出接班人,」一名和戈恩密切共事過的聯盟前副理說。「不是因為沒有嘗試過,而是因為他是大家崇拜的人物。」

當聯盟在沒有他的情況下跌跌撞撞時,戈恩似乎很喜歡在一邊幸災樂禍。他嘲笑該組織以共識做決策的新方法是「聖誕老人管理學」。他說日產的惡性循環「很噁心」。他還嘲笑盛納德想要牽線和FCA進行大型合併的拙劣嘗試。

「聯盟錯過了不該錯過的機會,也就是飛雅特克萊斯勒,」戈恩說。

「你怎麼能放掉成為一個產業霸主的大好機會呢？」

「他們說他們想要揮別有戈恩的過去。嗯，他們做得非常成功，」他繼續說道。「他們揮別了有戈恩的過去，因為再也沒有成長。再也沒有獲利增長。再也沒有戰略主動權。再也沒有自主性，再也沒有這個聯盟了。」〔14〕

---

14 Hans Greimel, "Ghosn Regrets What Might Have Been," *Automotive News*, January 12, 2020, https://www.autonews.com/executives/ghosn-regrets-what-might-have-been.

CHAPTER

14

國外的糾葛
Foreign Entanglements

　　儘管日本崛起成為全球工業強國，但是和喬治・華盛頓一樣，日本一直對外國的糾葛持懷疑態度。該國戰後的大部分經濟實力，都建立在能夠進行國際貿易的基礎上，但是這和能夠與外國夥伴合作並不相同。日本出口模式意味著，雖然電子產品、工業產品，尤其是汽車銷往世界各地，但控制權仍牢牢掌握在國內總部手裡。外國代表的是市場機會，而不是潛在的合作夥伴。「歸根結柢，你可以擁有一家具有全球影響力的日本公司，但你不可能擁有一家真正全球化的日本公司。」一名資深的日本經濟政策制定者在討論日產的故事時，這麼評論。

　　由於有死板的企業文化和嚴格的事務處理規範，日本企業已經發現自己很難和國內外的其他公司合作。儘管日本企業在試圖與外界合作時，要面對無數代價高昂的災難，但在某些方面，雷諾－日產－三菱聯盟能夠存活下來這件事，對於功成名就的戈恩與該聯盟幾家公司的高層人士們，已經是一種肯定了。

　　這不（僅僅）是日本民族主義的一個案例。日本的企業文化本身就很死板。美國和歐洲的公司，時常經歷經營權易主和改變經營策略的

256

狀況，而員工在換工作時必須能夠適應新公司的作風。雖然日本的狀況變得比較不穩定，但是這種動盪仍然是個例外。公司大體上仍舊保持原樣，大多數勞工在他們的整個職業生涯中，都留在他們選擇的雇主那裡。因此，不管是公司還是工人，對不同的企業模式知道得都不多，無論是本國企業還是國外企業。日產的高階主管轉換跑道去豐田、和從日產換到通用，都可能遇到同樣多的問題。沒什麼人試過。

聯盟面臨的另一個挑戰，是其平等夥伴模式。綜觀全球，這種「對等合併」是最難管理的，有些專家認為實際上並不存在這種公司。企業諮詢公司安永會計師事務所（Ernst & Young）的米契・柏林（Mitch Berlin），在2017年的一份報告中寫道：「通常很快就會出現明顯的差異，而且大家會明白，不同組織之間不會存在真正的平等。」他還說：「當兩家公司過度狂熱地合併成為一家，分歧的見解、優勢和弱點在每個轉折處都會顯現出來。」[1]這樣的困擾在單一的語言和文化中已經夠難應付了，何況雷諾－日產聯盟的營運還要設法跨越國界、跨越八小時的時區差異，並使用三種語言：法語、日語，以及出於妥協而不得不用的英文（而且這個妥協討好不了任何人）。

· · ·

日本在1980年代透過大力推動海外投資，首次嘗試大規模國際合作，當時國內的巨額獲利和不斷上升的資產估值，為日本企業提供了放眼海外的金融影響力。初期這些嘗試打造全球企業王國的結果，並不太

1　Mitch Berlin, "Why There's No Such Thing as a Merger of Equals," *Business Insider*, June 14, 2017, https://www.businessinsider.com/what-are-challenges-with-merger-of-equals-2017-6.

能讓人高興得起來，一些失敗例子甚至成了日本企業故事的題材。其中最有象徵意義的，是三菱地所（Mitsubishi Estate）在1989年收購了握有紐約洛克菲勒中心（Rockefeller Center）管理權的公司（令人困惑的是，儘管很多掛著三菱名號的公司目前都是獨立營運，卻都同樣把這個名字做為其公司歷史的一部分）。[2]位在曼哈頓市中心的這棟代表性辦公大樓開價14億美元[3]，這是因為根據內部計算，市場上的辦公室租金會達到該價金的三倍。

在東京的經濟泡沫環境中，這價格可能看起來很合理，當地的房地產正經歷著前所未有的榮景（這樣的榮景在隔年1990年就崩盤了）。但是對於任何熟悉紐約波動性較大的市場的人來說，14億這個數字是不切實際的假設。

現實比想像的還要糟糕。紐約的辦公大樓市場非但沒有上漲，反而進入了戰後最嚴重的一次衰退，到1995年的時候，洛克菲勒中心的市價估計是1989年市價的一半。由於這時候東京房市的跌幅更大（東京的房地產最後會比最高點下跌80%，是史無前例的跌幅），三菱地所不惜一切代價想要退出，而且讓該物業的抵押貸款違約，實際上把這個美國極為知名的房地產交還給貸方。三菱地所夾著尾巴落荒而逃，對它本身來說不算是一場徹底的災難，該公司在更熟悉的東京市中心地區精心發展高價位地產，讓它在未來幾年大發利市。它還設法保住了洛克菲勒

2　Braven Smillie, "Another Japanese Acquisition Gone Bad," Associated Press, May 12, 1995, https://apnews.com/article/75eerbcd6ba0905a29a02174eob68844.

3　Fred Hiatt, "Japanese to Buy 51% of Rockefeller Center," *Washington Post*, October 31, 1989, https://www.washingtonpost.com/archive/politics/1989/10/31/japanese-to-buy-51-of-rockefeller-center/d6cca3ff-9e5a-4593-b6f0-4f939f464624/

中心兩座價值更高的辦公大樓，這些辦公大樓的價值以後還會反彈，雖然維持不了多少年。

1990年9月，在一筆類似的高價房地產競標中，日本高爾夫球場開發商熊取谷稔（Minoru Isutani）買下了加州蒙特瑞（Monterey）著名的圓石灘高爾夫度假村（Pepple Beach golf resort），雖然分析師評估那塊地產市值大約6億美元，但是他花了8.41億美元。由於這筆收購案緊接在洛克菲勒中心交易之後不久，有的人開始擔心日本富豪將會接管美國，因為他們的財富不斷增加，能夠無視標價就下手。而在這次汽車進口威脅到底特律三大車廠的未來時，這種反日情緒達到了高峰。

事實上，熊取谷負債累累，在他想把圓石灘變成完全會員制的計畫被拒絕之後，他在兩年後就以打了四折的價格賠售。（事實上新買家是另一家日本企業集團，他們對房地產的管理更加謹慎，而且在1999年把它賣給一群美國投資客時還有獲利。）

Sony公司也曾在1989年，以34億美元收購了好萊塢著名的製片廠哥倫比亞影業，但光是在1995年，就註銷了27億美元的資產價值，損失了80%。長期擔任華爾街媒體分析師的哈洛德・L・沃格爾（Harold L. Vogel）當時表示：「他們盼望得到一棵搖錢樹，結果卻做了一些虧本的操作。過去這五年要說成這結果不如他們預期，那就太輕描淡寫了。」

這些只是那個時代最丟臉的失敗例子。其他例子還多得很。日本野村綜合研究所（Nomura Research Co.）在1994年的一項分析計算出，在這短短十年內，日本投資客在美國的投資損失了3,200億美元，大多是在債券市場因為受到美元兌日圓貶值的影響而賠掉的。[4]

投資的成績之所以如此慘淡，原因是多方面的。就像在三菱和

Sony的交易裡所看到的那樣，他們並不了解要進行什麼工作。三菱地所不了解當地市場；Sony沒有理解動盪的電影世界。語言問題讓這處境更加複雜。一般來說，日本很少有高級管理人員能夠精通英語，尤其在比較保守的老牌公司。這讓他們更難充分了解情況從而做出決策，因為沒有幾個人能夠仔細研究說英語人士會運用的大量財務分析。反過來說，這往往意味著，團體裡說英語的人會擁有很大的發言權。他們會反過來受到財務顧問慫恿，因為交易成功的話，這些財務顧問就能賺到高額佣金，反之要是他們的客戶放棄一筆不利的交易，他們就幾乎賺不到半毛錢。

• • •

在經歷了十年的賠錢生意之後，日本企業在1990年代後期退出了全球舞台，部分原因是它們在國內遇到了很多問題。然而，在設法清理資產負債表並建立大量現金儲備之後，它們就會盡早重回戰場。正如一名日本高層在接受採訪時所說的：「我們想不想國際化並不重要。在國內經濟萎縮的情況下，我們別無選擇。」它們又出來採購了。從2005年到2019年，日本企業的海外投資總額成長了近五倍。美國是這股風潮的主要受益者。到了2019年，日本是美國最大的海外投資者，投資總額為6,450億美元，比十年前成長了168%。[5]

---

4   Paul Farhi, "Sony's Surprise: It Says It Overpaid for Columbia," *Washington Post*, November 18, 1994, https://www.washingtonpost.com/archive/business/1994/11/18/sonys-surprise-it-says-it-overpaid-for-columbia/875f545d-2e92-42e1-9e54-207c429aa45c/

5   Select USA, International Trade Administration, US Department of Commerce, "U.S. Foreign Investment (FDI) Stock, 2019," https://www.selectusa.gov/stock.

還有一個問題，海外的銀行家們相信日本企業的耳根子很軟，肯定願意付比較高的價錢。因為佣金通常是依據一筆交易的總值而定，這就關係到實際上參與這筆交易的每個人的利益（當然，除了日本買家的股東）。然後更多失敗的投資接踵而來：2015年，日本最大的銀行和保險集團日本郵政（Japan Post Holdings）斥資51億美元，收購了澳洲主要的物流配送公司拓領（Toll Holdings）。在兩年內，它就不得不銷掉36億美元壞帳。[6]東芝（Toshiba Corp.）在2006年付了54億美元，買下美國核子反應爐製造商西屋電氣公司（Westinghouse Electric Co.），由於未能充分了解兩項大型計畫中管理不善的嚴重程度，結果迫使這家歷史悠久的美國公司在2017年進入破產保護。[7]

儘管這些賠錢貨交易顯示，這些日本企業老是太過天真，但是這波新的收購浪潮，確實產生了一些值得注意的成功案例。其中一件特別成功的交易，是日本最大、盈利能力最強的銀行集團三菱日聯金融集團（MUFG），在 2008 年全球金融危機最嚴重的時候，迅雷不及掩耳地快速收購了美國投資銀行摩根史坦利（Morgan Stanley）的股份。由於雷曼兄弟（Lehman Brothers）捲入了美國史上最大的破產案，當時摩根史坦利正在拚命尋找救星，中國主權基金中投公司的銀行家正忙著為可能的交易進行盡職調查（due diligence）。MUFG突然的關注引起了最高層人員的懷

6 Kosaku Narioka, "Japan Post to Take \$3.6 Billion Write-Down over Toll Holdings," *Wall Street Journal*, April 25, 2017, https://www.wsj.com/articles/japan-post-to-take-3-6-billion-write-down-over-toll-holdings-1493106614.

7 Tom Hals and Jessica DiNapoli, "Toshiba Reaches Deal to Help Resolve Westinghouse Bankruptcy, Rebuild Finances," Reuters, January 17, 2018, https://www.reuters.com/article/us-toshiba-accounting-westinghouse-bankr/toshiba-reaches-deal-to-help-resolve-westinghouse-bankruptcy-rebuild-finances-idUSKBNIF7028.

疑。安德魯・羅斯・索爾金（Andrew Ross Sorkin）在他的書中〔8〕談到這次金融危機時表示，當摩根史坦利的執行長麥晉桁（John Mack）告訴美國財政部長亨利・鮑爾森（Henry M. Paulson）雙方正在談判，鮑爾森酸溜溜地回嘴道：「別鬧了。我們倆都了解日本人。他們不會那樣做。他們從來不會那麼快行動的。」

他們辦到了，他們最開始用90億美元投資摩根史坦利，取得9.9%股份，十年後這些持股估計市值達到240億美元，更不用說定期配發的股息估計還有40億美元。〔9〕（這筆交易還關係到據信是有史以來開出的最大筆支票。當時的摩根史坦利就是這麼恐慌，希望能立即取得這筆錢來幫助防止其股票遭到拋售。但由於遇到銀行公休日，通常用來移轉數十億美元額度的銀行之間沒辦法進行轉帳。因此，MUFG及時開出一張90億美元的支票，親自交付給紐約的摩根史坦利。這件事本身引起了一個疑問，就是：除了日本銀行，有誰或什麼企業會保留90億美元，以備不時之需呢？）

不過在美國市場上長時間取得最成功結果的，是日本的汽車製造商，它們大規模投資美國各地的「未開發地區」。這就表示，擁有大型工廠、龐大前期支出與數千個工作機會的企業，有助於克服文化障礙。在美國的第一家日本汽車工廠，是1982年於俄亥俄州的馬里斯維爾動工的本田工廠。然而，大多數汽車廠都會設在成本較低的無工會州，以避免以前美國車廠和全美汽車工人工會（United Auto Workers union）那種

8　Andrew Ross Sorkin, *Too Big to Fail* (New York: Viking, 2000)
9　Quentin Webb, "Breaking Views-Morgan Stanley Has Paid Off Smartly for MUFG," Reuters, May 16, 2018, https://www.reuters.com/article/us-mufe-results-breakingviews-idUSKCNIIHo8C.

激烈衝突。日產在1983年也決定行動，在田納西州士麥那市設立了北美最大的汽車廠。

　　儘管戈恩後來一再推動提高北美市場的市占率，這件事成了與日產摩擦的關鍵，但是認為美國市場攸關成敗的絕對不只他一人。

　　豐田最初是在與通用汽車合資、設於加州佛利蒙市的「新聯合汽車製造公司」（NUMMI）開始在美國製造汽車的，它從中獲得了寶貴的經驗，了解到要怎麼讓美國工人像日本汽車工人那樣思考和行動。通用汽車工廠的勞動力，向來被認為是這個產業裡的末段班，長久以來都有曠職率高、勞動力差和品質低落的問題。

　　豐田並沒有因此卻步。它把工人送到日本，為他們提供適當的培訓。這是一場令人大開眼界的體驗。該工廠後來成了成功的典範，證明如果管理得當，美國工人能夠接受與日本工人相同的職業道德，並成為可以複製的模式。

　　這是個重要的里程碑，它向日本國內的車廠展示了他們可以在海外生產，而不用犧牲讓他們與眾不同的、對於品質的關注。此舉還有助於緩解──雖然並沒有消除──美、日貿易摩擦。備受爭議的日本汽車入侵，開始被廣受歡迎的日本投資入侵所取代。NUMMI工廠也一直別具歷史意義。這兩家公司決定在2009年關閉工廠，不過它發現它可以做為特斯拉的生產工廠，續命下去。

　　日本很明顯重視「持久戰」。本田的工廠還在建廠時，本田美國製造公司總裁入交昭一郎（Shoichiro Irimajiri）反常地承認，這家即將完工的工廠預計會虧損。但是他說無論如何他都會進行下去。「除了我們對公司理念的承諾，沒有其他任何解釋可以說明這個決策，這個理念告訴

我們，為了供應美國市場，必須把資源投入在美國生產製造上。」〔10〕

　　這是對日本企業願景的肯定，這種做法在美國企業界並不普遍，少有美國執行長敢嘗試這麼做。和日本企業的許多策略一樣，這是一個更大計畫的一環。到2019年，日本汽車製造商在美國的直屬員工總數就有93,600人，另外在供應商之類相關行業的就業人數有25萬人。總之，產業數據顯示，從1982年以來的直接投資總額為510億美元。〔11〕所有的這些投資在28個州設立了24家製造廠、45個研發設計基地和39個物流中心。這對所有相關業者來說都是個成功的故事，而且對於讓日本產品在美國市場站穩腳步，有著相當關鍵的作用。

　　但是日本在海外投資的第一名和最後一名，都和汽車業無關。這兩筆投資都出自同一個人——浮誇的科技企業家孫正義。孫正義在日本南部出生，父母是韓國人，他在2000年初斥資2,000萬美元，投資了當時剛剛起步的中國購物網站阿里巴巴。到了2020年，即使在售出最初34%股權的一部分之後，他持有的股份市值估計還有1,500億美元，投資報酬率大約是749,900%。這筆超級成功的投資，讓孫正義能夠彌補其他多次犯的錯誤，其中最引人注目的，是投資曾經蓬勃發展的共享辦公空間租賃公司WeWork。孫正義投資了135億美元，不過他在2020年4月認列了66億美元的損失。〔12〕「我太傻了。」他在認列後談到這筆投資時說。〔13〕然而，這對孫正義來說依然只是一筆小數目。在2000年網際網路泡沫的科技股崩盤中，據計算他損失了700億美元。不出所料，

---

10 John Holusha, "Japan's Made-in-America Cars," *New York Times*, March 31, 1985 https://www.nytimes.com/1985/03/31/business/japan-s-made-in-america-cars.html.

11 Japan Automobile Manufacturers Association, "JAMA in America, an Enduring Partnership," May 2019, https://www.jama.org/wp-content/uploads/2019/05/final-report-standard.pdf.

日本人把眼光放遠的那種概念，被他提升到了新高度：他的主要公司——行動通訊營運商軟體銀行（SoftBank），擁有一個三百年的戰略規劃。而且他至今仍舊位列日本富豪榜前茅。

• • •

和想要在日本投資的雷諾汽車所面臨的阻礙相比，日本企業在海外面臨的問題顯得微不足道。理論上，外國公司有很多機會進入這個成熟、安全，而且可能非常有利可圖的市場。雖然其經濟成長率是差強人意的1%到2%（這個數字以前在主要經濟體裡算後段班，現在是西方世界也可以理解的數字），但仍有數百家有盈利的公司坐擁無價的知識產權並持有大量現金，使得收購成本變得非常低廉。此外，由於日本的利率接近零，這一切操作都可以用「別人的錢」來完成。然而，光是這點還不足以吸引外資入場。2018年時，投入日本的國外資金總額達2,050億美元。這數字在全球排名第二十三，緊跟在波蘭之後。排名第一的是美國，湧入國內的外資達7.43兆美元。[14]

在日本的外國人會對很多問題有意見，但大部分的不對盤要歸結於一個基本差異。自由市場資本主義會獎勵那些低買高賣的人，然而日本

12 Sam Nussey, "SoftBank to Write Down WeWork by \$6.6 Billion, Compounding Portfolio Misery," Reuters, April 20, 202o, https://www.reuters.com/article/us-softbank-group-results/softbank-to-write-down-wework-by-6-6-billion-compounding-portfolio-misery-idUSKBN22COI1.

13 Lauren Feiner, "SoftBank Values WeWork at \$2.9 Billion, Down from \$47 Billion a Year Ago," CNBC, May 18, 2020. https://www.cnbc.com/2020/05/18/softbank-ceo-calls-wework-investment-foolish-valuation-falls-to-2point9-billion.html.

14 Organisation for Economic Co-operation and Development, International Direct Investment Statistics 2019, https://read.oecd-ilibrary.org/finance-and-investment/oecd-international-direct-investment-statistics-2019_g2g9fb42-en#page18.

人的觀點並不一樣。從這個角度來看（這在日本商業裡並非普遍現象），最好是獲得合理的利潤，並建立起長期的關係。畢竟你將來可能需要業務夥伴幫助。在這個講求合作的世界，「惡意」收購是個陌生的概念。

儘管如此，考慮到只用日本公司潛在價值的一小部分價錢就可能買下該公司，就有少數人躍躍欲試了。

第一個、也是最有爭議的，是德州「石油商人」（兩性平權意識抬頭前的簡寫）湯瑪斯・布恩・皮肯斯（T. Boone Pickens），他在1989年把他的西部狂野風格帶進了日本，成為汽車頭燈製造商小系製作所（Koito Manufacturing）的最大股東，而小系是豐田的供應商。皮肯斯掌握了26%的股份，據他說花了十億美元。他接手了公司，要求分配董事會席位，以及改革公司營運方針以提高獲利能力。皮肯斯指控小系製作所實際上屈從於其大客戶豐田汽車，而且這家大車廠利用了「獨買」（monopsony）權力（壟斷、獨賣的相反），迫使小系以可能的最低價格交付產品。

小系製作所指責皮肯斯根本意不在此。該公司表示，他的用意只是要「綠票訛詐」（greenmail）罷了，這種做法就是一個企業掠奪者會大聲要求企業改革，然後趁股價上漲時悄悄把股票賣回獲利，好拍拍屁股走人。這個長篇故事成了美、日貿易爭端的一個主要因素，美國國會議員非常樂意站在皮肯斯這邊，對抗大家認定的日本巨獸。也就是在這個時期，美國政界人士、商界領袖和工會對「日本威脅」有了共識，開始聯合起來，這也預告了近三十年後的美、中貿易衝突。

皮肯斯來到這家公司的兩年之後，同樣大聲宣布他要罷手了，他在《華盛頓郵報》上寫了一篇專欄文章，提出言之成理的論點——日本企業間緊密連結的經連會結構，打造出一個卡特爾企業聯盟讓這些企業皆

大歡喜，卻讓消費者必須多花冤枉錢。皮肯斯稱它為「對龐大的供應商與勞工網絡的封建控制」。〔15〕這確實是日本消費者支付世界最高價格的原因之一。（由於市場競爭變成更加現實的問題，而不只是例行公事，所以自從1990年以來，日本消費者支付的價格一直在穩定下降。）

到頭來，皮肯斯對於開放日本市場貢獻得不多。雖然小糸製作所不願意玩美國人那一套，但它確實知道規則，還聘請了一家實力雄厚的美國公關公司協助，用美國認可的方式展示其實績。然而，這位德州石油商自己似乎沒有善盡盡職調查。雖然他說他是從一個心懷不滿、想換手氣的日本投資者那裡買下這些股票的，但很快就遭爆料這些股票是某個極其富有的日本人持有，他還在夏威夷等地擁有大量房地產，和商界的關係也有些複雜不明。這些事情曝光後，日本輿論更加公然反對皮肯斯。十年後，那位日本合夥人最後因為涉嫌協助一些日本地位最高的「極道」（Yakuza）組織犯罪頭目進行金融詐欺交易，而遭逮捕。〔16〕

即使英國電信集團沃達豐（Vodafone）在1999年以更高明的手法進軍日本，最終仍沒有比皮肯斯的突襲來得成功。沃達豐是當時全球最大行動通訊營運商，具備在全球二十多個市場營運的經驗。當時正快速成長的日本無線通訊市場，是由從國營電信獨占企業「日本電信電話公司」（Nippon Telegraph and Telephone Corp）分割出來的NTT DoCoMo一家獨大。儘管NTT這家日本大公司具有主場優勢，沃達豐仍自信滿滿地預測，

15 T. Boone Pickens, "The Heck with Japanese Business," *Washington Post*, April 28, 1991, https://www.washingtonpost.com/archive/opinions/1991/04/28/the-heck-with-japanese-business/133oda7b-faob-416b-93d6-d88a02577d1o/.
16 National Mob Boss Held over Real Estate Fraud," *Japan Times*, May 21, 2001, https://www.japantimes.co.jp/news/2001/05/21/national/mob-boss-held-over-real-estate-fraud/#.XrsVBoBuLcs.

它將會「成為日本快速發展的無線網路市場的全國性大型營運商」。[17]

實際情形可不一樣。它的品牌J-Phone在其取得的頻寬空間，技術上處於劣勢。這是與政界人士建立長期關係，如何給企業在位者帶來好處的另一個跡象。對於能夠在日本賺多少錢、還有要花多久會開始賺錢，沃達豐總部也有著不切實際的想像。

借用一名前沃達豐高層的話來說，雖然倫敦方面亟需獲得更高的利潤，但是它卻派出了幾乎不了解當地市場、「缺乏文化敏感度」的外籍高階主管，這是另一個最基本的錯誤。根據後來一次資料洩密案中揭露的美國大使館報告，他說：「日本籍經理和工程師知道公司的問題，卻不願意透露半句，選擇保持沉默。」[18]沃達豐在2006年認輸，把日本業務賣給孫正義的軟銀，賠了86億美元。[19]

• • •

不幸的是，當外國籍老闆和日本籍中階職員聚集在一起時，這種情況並不少見，甚至在例行會議中也會遇到語言問題，並且在期望方面存在文化差異。在某些情況下，日本籍經理會逕自規畫策略，完全無視外籍成員的想法。在1990年代被外派到與日本公司合資的企業裡工作的一名外籍高階主管，說了一段他到任後不久的見聞。他在某個星期六前

17 "Vodafone Airtouch Increases Ownership in Japan," Regulatory News Service, press release, October 7, 1999, https://global.factiva.com/ha/default.aspx#./!?8_suid=16134405612740122267351 19274568.

18 Scoop.co.nz, "Cablegate: Why Did Vodafone Fail in Japan?" June 23, 2006, https://www.scoop.co.nz/stories/WL0606/S01319/cablegate-why-did-vodafone-fail-in-japan.htm.

19 Cassell Bryan-Low, Andrew Morse, and Miho Inada, "Vodafone's Global Ambitions Got Hung Up in Japan," Wall Street Journal, March 18, 2006, https://www.wsj.com/articles/SBI14264873803102084.

往公司，進了辦公室只看到整個日本籍管理團隊正在開會。他問他們在做什麼，他們告訴他正在策劃新投資項目的策略。他提醒這些同事，這些計畫已經在週間由雙方一起完成了，他們的回應是：「這才是我們之後真正要進行的。」

眾所周知，要在日本建立起良好的商業關係既困難又費時。現在，並不值得為將來可能的回報付出心血，對於大型國際投資者來說，日本已不在關注範圍內。在全球併購案不斷增加的同時，流入日本的資金和日本的經濟規模相比，仍然是微不足道。從2005年到2012年，在日本每年的外商直接投資（inbound direct investment）總額占其國民生產毛額（GDP）的0.17%。在美國的外商直接投資比例是該數字的十倍，而且整個經濟合作暨發展組織（OECD）國家的已開發經濟體，投資比例是日本數字的二十倍。[20]日圓升值（即使在經濟疲軟的情況下）也阻礙了投資，因為估值看起來更沒有吸引力。

直到2012年安倍晉三再度擔任首相，承諾要讓日本經濟恢復昔日榮景，這種狀況才出現真正實質的變化。他開始了他的「安倍經濟學」（Abenomics）經濟計畫。主要的「箭」（他喜歡這樣稱呼）是日本的中央銀行日本銀行創紀錄的大舉購入資產。到了2018年，日本央行的資產已經相當於整個國家的國內生產毛額。它擁有幾乎一半的日本政府債券，是指數股票型基金（ETF）和不動產投資信託市場的最大投資者。

安倍上台時，股市比五年前、也就是全球金融危機爆發前的2007年的最高點，低了50%。幾乎在任何地方都可以找到便宜貨，許多日本最

---

20 "Foreign Direct Investment, Net Inflows (% of GDP) 1981-2019," World Bank, https://data.worldbank.org/indicator/BX.KLT.DINV.WD.GD.ZS?end=2019&start=1981.

強大的藍籌股公司，把擁有的資產以低於分拆價值的價格出售。在同時，交叉持股量也下降了，更多股份掌握在對投資報酬更感興趣，而不是對經連會的長期關係更感興趣的投資人手上。再加上企業管理改善以及對股東回報有新認識，日本市場再度被視為龐大的機會，尤其對於外國有錢的大型私募基金而言。這一次，有別於湯瑪斯・布恩・皮肯斯的牛仔風格，換成外表光鮮的黑石集團（Blackstone Group）、科爾伯格－克拉維斯－羅伯茨基金（KKR）和艾略特管理公司（Elliott Management）上場了。

它們一開始就很不順利。這些外國投資基金以分割它們購買的公司來快速獲利而聞名，被稱為「はげたか」，即日語中的「禿鷹」。[21] 早期的結果造成了一些受矚目的衝突。總部設在紐約的鋼鐵合夥人控股公司（Steel Partners）和日本大型釀酒商札幌啤酒（Sapporo）[22] 長期的管理權之爭以失敗告終，在2010年賣出股份。[23] 酒店、鐵路和房地產巨頭西武集團（Seibu）在2015年經營權重整時，博龍資產管理公司（Cerberus Capital Management）爭取入主的努力也同樣失敗。[24] 這個美國控股集團的低點，出現在它建議西武關閉貫穿東京北部風景區的一條虧損的鐵路線時。西武抓住機會，爭取到了那條鐵路線沿途城鎮市長的支持，討論該鐵路關

21 Kana Inagaki, "Japan Inc. Wakes Up to Investor Activism in Its Own Backyard," *Financial Times*, August 27, 2019, https://www.ft.com/content/03cocafo-cSa4-11e9-a1f4-3669401ba76f.

22 Naoko Fujimura and Shunichi Ozasa, "Steel Partners Loses Vote to Oust Sapporo Directors," Bloomberg, March 30, 2010, https://www.bloomberg.com/news/articles/2010-03-30/steel-partners-loses-vote-to-oust-sapporo-directors?sref=KRTuSA3f.

23 Naoko Fujimura, "Steel Partners Sells Entire Stake in Sapporo Holdings," Bloomberg, December 16, 2010, https://www.bloomberg.com/news/articles/2010-12-16/lichtenstein-s-steel-partners-sells-its-entire-stake-in-sapporo-holdings?sref=KRTUSA3f.

24 Atsuko Fukase, "Cerberus Sells Big Chunk of Seibu Stake," *Wall Street Journal*, May 22, 2015, https://www.wsj.com/articles/cerberus-sells-830-million-chunk-of-seibu-stake-132279872.

閉會帶來什麼災難性影響〔25〕，博龍資產管理公司被連續幾天的負面新聞頭條搞到疲於奔命。

　　但是外國人確實也吸取了教訓，從高調的爭論改弦易轍採用日本傳統做法，在幕後謹慎地討論。2019年時，美國對沖基金ValueAct Capital和此前飽受醜聞打擊的醫療設備集團奧林巴斯（Olympus）合作〔26〕，贏得了董事會席位，並協助進行了業務轉型，使得該集團股價大幅上漲。這件事在當時並沒有造成什麼傷害，奧林巴斯董事會的成員多數來自公司外部，對股東權益比較關心，比較不擔心公司內部不容質疑的信念。

　　在勸說孫正義和軟銀集團在2020年3月賣掉自己巨額股權的一部分，來回購股票和償還債務這件事情上，艾略特管理公司出力甚多。〔27〕這讓股價在短短一週內上漲了55%，使艾略特管理公司獲得了可觀的帳面收益。皮肯斯勢必感到很得意。

　　這一切結果導致大量海外的新資金湧入日本，尋找新的便宜標的。這得益於世界各國央行正在效仿日本央行，對它們自己國內的經濟注入資金，把大多數主要市場的債券殖利率壓縮到零，甚至更低。

· · ·

25 Kazuaki Nagata, "Saitama Urges Seibu to Keep Chichibu Line Open," *Japan Times*, March 27, 2013, https://www.japantimes.co.jp/news/2013/03/27/national/saitama-urges-seibu-to-keep-chichibu-line-open/.

26 Olympus Corp., press release, January 11, 2019, https://www.olympus-global.com ir/data/announcement/2019/contents/irooo01.pdf

27 Phred Dvorak, "SoftBank to Sell $41 Billion in Assets, Signaling End of Buying Spree," *Wall Street Journal*, March 23, 2020, https://www.wsj.com/articles/softbank-to-sell4t-billion-in-assets-plans-big-share-buyback-11584944934?mod=article_inline.

　　然而，就在派對開始之際，日本當權者似乎退縮了。2020年初，對於被視為屬於戰略產業的公司，日本政府突然收緊了外資收購的規定。根據新規定，任何被認為具有戰略意義的公司，收購股權超過1%的收購案都會預先篩選[28]，而且政府所定義的範圍相當廣泛。它明定了十二個大項，包括國防、飛航、鐵路、科技和電信（在新冠肺炎疫情期間，還增加了製藥和醫療設備公司）。總共有14%的日本上市公司受到新規定保護。

　　在採取新的限制性措施時，日本政府顯然主要關注越來越財大氣粗的中國企業的任何拂曉攻擊企圖。同時，此舉無疑讓一些盤根錯節的董事會鬆了一口氣，因為這將減少可能會惹人厭的外國人干預的機會。而且，你想的沒錯，日產汽車（還有其他幾家汽車大廠）也在這份名單上。

28 Kosuke Takami, "Japan Names 518 Companies Subject to Tighter Foreign Ownership Rules," *Nikkei Asia*, May 9, 2020, https://asia.nikkei.com/Business/Markets/Japan-names-518-companies-subject-to-tighter-foreign-ownership-rules.

CHAPTER
15

我們看到了問題
We See Issues

　　全球備受矚目和尊敬的企業領導人卡洛斯‧戈恩，怎麼有辦法如傳聞所說的，騙過世界知名且頗受推崇的企業日產汽車公司這麼多年，而沒有曝光？該公司的審計、董事會的監督、法規安全網到哪去了？在針對戈恩的指控一公開時，人們就立刻提出這些疑問，旁觀者對這些情況確實是滿頭問號。

　　戈恩被捕之後，西川廣人的首要任務之一，就是對外說明怎麼會發生這樣的事。他成立了一個日產定位為特殊且獨立的委員會，由公司董事和受尊崇的商界人士組成，要根除弊端並提出更好的公司管理架構，以免重蹈覆轍。

　　這對西川廣人來說是個尷尬的角色，他一輩子都在日產汽車工作，靠著戈恩的關係爬到公司的最高層，而且在指控戈恩的幾份重要文件上有著他的簽名。西川往往是個兩極化的人物——在日本人和非日本人當中都一樣。他痛斥批評他的人是落伍的討厭鬼，一心想要拆散聯盟的守舊派民族主義者。挺西川的人認為，他是個以任務為導向的實用主義派；他不會感情用事，這點讓他成為頭腦清晰而有效率的商業領袖。批評他的人則認為，他的領導風格冷酷、固執而且傲慢。他背負著「戈恩

之子」原型人物的額外包袱。即使是在和雷諾對決的這些年裡，西川廣人的下屬也不見得能確定他在公司合併問題上的立場。

對於日產內部的許多人來說，西川廣人是問題的一部分，而不是解答。

「早上他會非常積極地想保護日產，到了晚上，他會說我們無法和雷諾抗衡，」一名民族主義派的日產前高階主管這樣評價他。「自始至終，西川從未自證清白過，這也是我們無法信任西川的原因之一。」

然而，由於西川廣人還是執行長，他設想藉由整治困擾著日產的公司管理問題，來做為補救之道。他引進透明化和責任制，加強監督，重振公司重挫的獲利，並重新修補和雷諾破裂的關係。簡而言之，到了2019年初，時年65歲、行將退休的西川廣人，會把日產從二十年來最大的危機中拯救出來。然後，他會把日產交給下一任執行長，帶領公司走向燦爛的未來。

至少西川的計畫是這樣。

• • •

日產的管理任務小組在2019年3月，回報了對戈恩醜聞的調查結果。該委員會把戈恩描繪成一個暴君，他把功能不彰的日產當做自己的領地來統治。報告裡曝光了傳聞中模模糊糊的子公司、偽造的文件，以及由信得過的執行者所控制、狡猾地獨立的業務部門。它概述了戈恩如何像指控所說的，在橡皮圖章董事會議和哈巴狗審計師組成的世界中，玩出這些把戲，幾乎沒有受到任何制衡。

這份報告歷時數個月編撰，卻沒有和戈恩或凱利面談過，它說戈恩

欠缺「經營管理人員該具備的道德操守」，並堅稱「這些不法行為的根本原因，是所有權力都集中在戈恩先生身上」。[1]

　　一直到2018年6月，日產終於任命了首位獨立外部董事，日產聲稱，董事會開會時間平均不到二十分鐘。這份報告認定，戈恩不喜歡有趣的問題或是別人的意見，而且傾向於把「挑剔」的審計師排除在外。日產和三菱合資的荷蘭子公司日產－三菱BV（NMBV），或實際支付戈恩購屋費用的初創公司Zi-A等子公司，其運作方式是黑箱作業，外人無從得知詳情。報告裡說，流向中東的──所謂的沙烏地和阿曼路線──可疑金流的來源執行長預備基金，畢竟還是不透明的，儘管戈恩表示這個基金需要好幾關簽字同意，而且也不是個人支票帳戶。

　　這份長達三十二頁的報告說：「在日產內部，戈恩先生在某種程度上，被神化成把日產從破產邊緣救回來的救世主，他的活動在公司內部被視為不容置疑的領域。」報告做出結論：日產受到一種「沒有人能對戈恩先生提出異議的企業文化」所困擾。

　　該委員會建議全面改造日產的公司結構，以提高透明度和監督力道。其中的建議是取消有爭議的執行長預備基金，並設立一個非執行董事職位。董事會仍將有一名會長，但該人選將是負責主持會議的董事，而不是像戈恩那樣，插手了公司更廣的營運項目。

　　「在日產，公司經營負責人和監督機構負責人，是由同一個人兼任。但是我們得到的結論是，這種結構會引發這類不當行為，」管理任務小組聯合主席當時表示。「日產的會長過去是身兼二職，不過我們建議取

1　Special Committee for Improving Governance Report, Nissan Motor Co., March 27, 2019, https://www.nissan-global.com/PDF/190327-o1_179.pdf.

消，公司經營負責人應擔任執行長，監督機構負責人擔任董事會會長，這兩個身分應該分開。」[2]

該報告還建議，重組後的董事會應該由外部獨立董事占多數，這也是新的做法。當時日產有九名董事，但只有三名被認為是「外部」董事，其中一名是前雷諾高階主管。日產一直到2018年6月，也就是戈恩被捕的幾個月前，才首次任命了真正的獨立董事。但其中一位是職業賽車手，另一位是經產省老臣豐田正和。兩人最初都被認為是在戈恩底下沒有權力的傀儡，然而後來他們成為批評戈恩最嚴厲的幾人。

如果戈恩一直認為豐田正和是個謙虛的前官僚，樂得在退休後賺一點企業董事的津貼，那麼他可能大錯特錯了。

在多次備受矚目的爭端中，這位前經產省官員擔任了要角，他在1980年代和1990年代極具爭議的美、日貿易爭端中，曾和華盛頓的同行正面交鋒，其中許多爭端都和日本汽車出口有關。在戈恩登陸日本的十年之前，豐田正和就已經在指揮國際政策規劃。

豐田正和以「直言不諱、不像日本人」著稱，最後晉升為副大臣，這是非政治任命官員能夠升到的最高職位。「任何跟豐田正和共事過的人都知道，一旦被他逮到問題，他就不會放過。」他的一名前同事說。

戈恩在2020年出版的書裡寫說，回想起來，對於他面臨的局勢比他最初所預期的更為複雜與艱困，他知道得太晚了。[3]他認為，豐田正

2　Hans Greimel, "Nissan Considers Sweeping Reforms in Wake of Ghosn Scandal," *Automotive News*, March 27, 2019, https://www.autonews.com/executives/nissan-considers-sweeping-reforms-wake-ghosn-scandal.

3　Ghosn Carlos and Philippe Riès, *Le Temps de la vérité: Carlos Ghosn parle* (Paris: Éditions Grasset & Fasquelle, epub 2020).

和是這場對付他的陰謀裡，關鍵的戰略家，他退休後之所以在日產工作，只不過是在為經產省從事間諜任務。戈恩寫道，在傳聞中的這群密謀者裡，「豐田正和無疑是主腦。」

• • •

當時，日產董事會裡包含了法定審計師。從理論上講，首席法定審計師可以是公司中最有權力的人，有權要求相關人士就其詢問提供答覆和看法。但是在實務上，這個職位通常專屬於忠心耿耿的公司自己人，被指派到這個職位等於獎勵他們在公司服務。由於公司的老同學網絡擁有相當多權力，這些審計師沒什麼膽量找他們老同事的麻煩。以日產為例，今津英敏從2007年起擔任董事，在2014年被任命為法定審計師。這位資深工程師在1972年進入日產；戈恩醜聞爆發時他已經69歲了。

毫不意外，日產的任務小組發現，法定審計員制度之所以未能及早發現不當行為，部分原因是它沒有真正的自主權。因此，任務小組建議成立一個由獨立委員會組成的新組織，來處理公司審計、高階主管提名和高階主管薪酬。這些委員會也應該由獨立的外部董事主導。日產沒有外部委員會負責挑選最高階主管，或是審查他們的薪酬。任務小組發現，這些決策都會經過戈恩這一關，戈恩甚至可以支配自己的薪酬。現在的共識是應該廢除這個制度。

為日本企業的公司管理和規範提供建議的單位——日本會社役員育成機構的研究經理班・加頓（Ben Garton）表示，即使在日本，允許戈恩決定包括他自己在內的高階主管的薪水，這種寬鬆程度也不符合慣例。真正引人注目的，是戈恩的薪資和其副手薪資之間的差距。

「非常難得看到一個人賺的錢比其他所有人多這麼多。如果你把一切交給一個人，就可能發生這種情況，」加頓說。「這點尤其讓卡洛斯・戈恩變成過街老鼠。這才是最後真正惹惱大家的原因。」

在檢方認定是戈恩共犯的格雷格・凱利受審期間，一名認罪協商者表示，戈恩似乎習慣一時興起，就在薪資表格上劃掉自己的薪資數字，並往上或往下調整。

「過去是由戈恩先生決定所有高階主管的薪資。他是唯一能做這些決策的人，這是事實，」日產獨立董事、從職業賽車手變成董事會要角的井原慶子，在戈恩被捕後這樣告訴《汽車新聞》。「以一家上市公司來說，這是不正常的。」

• • •

尤其是沒有薪酬委員會這一點，和戈恩喜歡拿自己薪資組合去做比較的許多美國企業，更是形成鮮明對比。例如，遵循更嚴格的美國規範的通用汽車公司（戈恩曾表示對方肯給他更多薪資），設有高階主管薪資執行委員會，並且有一份超過三十頁的年度委託書報告，詳細列明其主管級薪資計畫。就連雷諾也有一個薪資管理委員會，嚴格控制薪資以免過高，尤其是執行長的薪資。儘管戈恩的彈性薪酬附加項目把他的薪資總額墊高了很多，不過他最後一年的固定薪資上限僅僅100萬歐元（118萬美元）。雷諾的最大股東法國政府，也很謹慎地避免給人留下靠國家撐腰的企業都在養肥貓的印象。

日產的管理任務小組把令人不安的焦點，轉向日本傳統上自上而下的公司管理方式，以及其現在建議採用的、更透明的西式管理之間的文

化衝突。由於它的刺激，把聯盟該走哪條路的問題搬到了檯面上辯論，因為活力滿滿的西川廣人已經打包票會推動改革了。

企業規範專家表示，這些變革已經迫在眉睫，但是並非只有日產一家公司在和管理不善的問題搏鬥。日本的各個企業，以其猶如社團的經連會帶動的交叉持股、對內強調行政控制，以及對股東權利的矛盾心理，長期以來一直和美國與歐洲的做法不同調。

尤其是雷諾的高層，長期以來一直對日產的標準抱持懷疑，有些人說它是個容易被濫用和利用的體制。而像是東京證券交易所這類日本機關，其鬆散或模稜兩可的指導原則又創造了更多薄弱的連結。

一名雷諾的財務職員述說了日產社長前塙義一和前雷諾執行長路易斯・史懷哲在紐約華爾道夫酒店（Waldorf Astoria Hotel）舉行的媒體活動中，是怎麼一起上台的，他們兩個人早在1999年，就在推動兩家公司進行初步合作。在場的一名日本分析師向塙義一詢問，有關日產綜合淨財務負債的詳細資訊。

「他回答不出這個問題；史懷哲還得幫他回答，」這名曾在戈恩手下的兩家公司工作過的前雷諾高階主管說。「他完全不知道，因為東京證券交易所不需要合併帳戶。他們要的是母公司專用帳戶。從數字的角度來看非常鬆散，從企業管理的角度來看也非常鬆散，因為你們沒有獨立審計師或獨立的外部董事，也沒有第三方監督。」

「我來到日產時進了財務部門，我完全被他們非常落伍的系統狀態嚇一大跳，」這名高階主管說。「那是個完全不同的世界。日本在控管方面非常、非常鬆散。」

日本監管機構最終在2000年代初，建議企業轉換成國際採用的三

個委員會管理架構，好讓該國能和與全球標準同調，也能刺激外國投資日本。例如在美國，多委員會制度是證券交易所上市規定的要求，而且委員會成員都必須是獨立的。[4]

但就像在日本常會碰到的那樣，改革的實施進度慢如牛步。

根據日本會社役員育成機構的資料，到了2020年的時候，在東京證券交易所市場第一部上市的2,125家公司中，只有65家採用了日產汽車在任務小組建議之下，準備採用的那種國際委員會組織架構。日產和其聯盟夥伴三菱汽車雖然是其中改採三個委員會的公司，不過那是因戈恩醜聞而蒙羞之後才這麼做的。

「這是確保公司遵守企業管理準則的唯一架構。」東京的瑞聯銀行（Union Bancaire Privée）企業管理觀察員兼總經理祖哈伊爾‧汗（Zuhair Khan）在談到三個委員會的做法時說。他補充說，在美國這是黃金標準，很多公司為了因應從市場衝擊到企業欺詐之類的各種突發事件，甚至設置了第四個風險委員會。「基本上，日產已經被迫採用了。」

• • •

日本還在2015年大張旗鼓地推出一項新的公司管理準則，要求公司至少要有兩名獨立董事，以提高監督強度和透明度。在美國和歐洲，獨立董事被視為檢查公司管理人員表現和股東權益的第三方獨立監察人。但是，日本公司傾向於交由負責日常營運的高階主管自行決定——畢竟，他們是完全浸淫在商場大大小小事務的專家。

---

4 Corporate Governance Factbook, Organisation for Economic Co-operation and Development, 2019, www.oecd.org/corporate/corporate-governance-factbook.htm.

　　日本也更加信任公司創辦人——以及其家族——因為他們有動力（若是沒有待開發的才能或專業知識的話）為他們的公司做長期正確的事。日本行動通訊與科技公司軟銀的創辦人孫正義，是蘋果 iPhone 在日本的第一家供應商，在將近四十年之後他還一直主導著公司方向。柳井正創立了一家與美國休閒服飾連鎖店 Gap 相似的公司。即使年過七十，柳井正創立了一家與美國休閒服飾連鎖店 Gap 相似的公司。即使年過七十，身兼會長、社長和執行長的他，仍然會在每天早上六點半上班，在零售控股公司迅銷（Fast Retailing）及其流行、無處不在的優衣庫（UNIQLO）門市直接發號施令。股東也不會急著要他交棒走人。

　　日本的汽車工業也有同樣的家務事。鈴木修就是以入贅「鈴木」這個家族企業而聞名，他改姓、接手公司，然後把控制權交棒給了自己的兒子，延續了鈴木王朝。豐田汽車創辦人的孫子豐田章男，於 2009 年被任命為這家日本最大汽車製造商的社長。在豐田章男之前，他的父親、叔叔，甚至他祖父的堂兄，都擔任過自家公司的社長。豐田家族成功地在公司裡維持著這種巨大的影響力，儘管近年來大家認為，豐田章男和他的父親所持股份已不到 1%。[5] 豐田章男自己的兒子進入公司後，引起眾人猜測他有可能成為該公司下一代接班人。

　　但是，首相安倍晉三試圖透過稱為「安倍經濟學」的政策，在 2010 年代重振日本奄奄一息的經濟，他斷定，國際普遍採用的責任制，可能有助於提升企業表現。在改革中，監管機構還呼籲，裁減長期以來把日本企業束縛在錯綜複雜、有時效率低落的經連會集團裡的交叉持股。另

5　Hans Greimel, "At Toyota, 'It's Not That Easy' Being a Toyoda," *Automotive News*, June 7, 2019, https://europe.autonews.com/automakers/toyota-its-not-casy-being-toyoda.

一項關鍵措施是要求日本企業董事會裡增設獨立董事。

幾乎在一夜之間，它在日本的非日籍商人中催生出一種小型行業，他們毛遂自薦提供服務，以協助企業幫董事會增添國際視野和多樣性。在另一項安倍所倡議、名為「女性經濟學」的政策下，女性董事特別受到重視，也提高了女性加入勞動力的意願。

豐田打破常規，在2018年任命了迄今為止最多樣化的董事會，董事會成員包括一名日本女性和兩名非日籍人士。其中一位非日本籍董事是頗有成就的英國輪椅籃球運動員菲利普・克雷文（Philip Craven），他曾任國際殘奧會主席。豐田解釋，選擇克雷文是為了支持公司贊助2020年東京奧運會，以及推動以開發自動駕駛汽車實現「Mobility for All 行者無界」的理念。[6]

日本公司選拔新董事的範圍很廣，有時甚至會進入無明顯管理資格的候選人群。一家日本連鎖麵店任命了一位日本電視女主播。日本電子大廠富士通（Fujitsu）加進了日本首位女太空人。儘管在戈恩醜聞案之後，賽車手井原慶子直言不諱地呼籲改革，證明自己是個堅定的領導者，但日產選擇她擔任董事仍然出人意表。[7]批評者斥責這種新趨勢只是讓門面好看而已，為了多樣化而尋求多樣化，對於符合資格、充分理解的企業監督幾乎沒什麼幫助。

• • •

6 Hans Greimel, "Toyota Names Most Diverse Board Yet," *Automotive News*, March 9, 2018, https://www.autonews.com/article/20180305/OEM02/180309712/toyota-names-most-diverse-board-yet.

7 K. Moriyasu, "Japan's New Corporate Governance Code Unlocks Opportunities," *Nikkei Asian Review*, June 11, 2015, https://asia.nikkei.com/Business/Japan-s-new-corporate-governance-code-unlocks-opportunities.

　　儘管如此，日本企業發現，比起許多正在推行的其他管理改革，董事會多樣化更容易被接受。2010年，在東京證券交易所市場第一部上市的公司裡，只有13%的公司擁有兩名以上的外部董事。到了2015年改革後，比例增加到48%。到了2019年，超過90%的企業達到標準。[8]新的準則還因為推動日產首次任命獨立董事，而受到讚譽。但日產只是在新措施生效三年後的2018年才這樣做。

　　積極股東（shareholder activist）認為，日本的改革是朝著正確方向邁出的一步，朝著更負責任的美國式企業管理邁進。但是新規定並沒有強制性。例如，如果一家日本公司沒有任命獨立董事，它只需要在提交的文件裡解釋其決定。

　　這是日本在不做實際改變下做調適的一個典型例子。

　　與此同時，美國大多數大型上市公司的董事會，都是以獨立董事占多數席位，這是自從2000年代初通訊公司世界通訊（WorldCom）和能源產業巨頭安隆（Enron）爆出歷史性的會計醜聞而垮台之後，就存在的情形。東京Metrical Inc.的企業管理專家兼常務董事松本昭彥估計，在日本，即使安倍經濟學的規定生效，在最大的前1,800家公開上市公司裡，獨立董事占多數的也不超過一百家。

　　松本表示，在同時大約有90%的日本公司，仍然由同時擔任社長和會長的高階主管領導，這種讓人反感的組合被認為是日產的最大敗筆，因為有潛在的利益衝突，而且權力過度集中。他估計，在美國大約有

8　Masato Kanda, "Corporate Governance Reform in Japan Securities Summit," presentation, March 1, 2016, Japan Securities Dealers Association, http://www.jsda.or.jp/en/activities/international-events/jss2016/05MrKanda_presentation.pdf.

60%的董事會董事長兼任執行長,而在歐洲,這種比例甚至更低,因為歐洲的董事會主席人選習慣上會挑外來的人。

在松本對企業管理所做的評估中,沒有一家日本汽車製造商獲得 A 級。豐田、本田和五十鈴以 Bs 得分最高;儘管在日本競爭對手當中,日產擁有最高比例的獨立董事,但只獲得了 B-。

即使在日產進行了改革之後,批評者仍然在抨擊它擺脫不掉的弱點,說某些獨立董事缺乏完整的從商資格和訓練,不然就是同時在其他公司任職、分身乏術,無法妥善履行他們應盡的職責。例如,新任的美籍獨立董事珍妮佛・羅傑斯(Jenifer Rogers),就同時兼任另外三家公司的董事,包括川崎重工(Kawasaki Heavy Industries)和貿易商社三井物產(Mitsui & Co.)。

• • •

隨著管理改革任務小組的建議與安倍經濟學改革開始落實,西川廣人在 2019 年 6 月的年度股東大會上,鼓吹全面改革日產的企業管理。他提議的變革項目直接取自委員會的報告。這次投票,是西川廣人要在退休前重振日產的計畫中,重要的一步,時程就在日產對飛雅特克萊斯勒汽車與雷諾的合併提案投棄權票,使得該交易案破局之後沒多久。事情看起來很順利。但是雷諾另有打算。這家法國車廠仍然對破局的 FCA 合併提案感到痛心,在股東大會召開前兩週反擊日產,表示它會反過來不支持西川廣人的改革計畫。日產被激怒了。

表面上,這看似針鋒相對,但是再一次,癥結在於雷諾在日產的代表人,這一次是在三個新的管理委員會裡。雷諾希望確保它在新委員會

裡擁有席位，這些席次原本是設計由獨立董事來擔任和主持，以免受到管理層的影響。這個要求有可能破壞西川廣人的一項留名歷史的成就。但通過最後一刻的爭論，雙方妥協了。雷諾領導人盛納德和博洛雷，最後得以在兩個日產委員會裡取得席位——盛納德在提名委員會，博洛雷在審計委員會。〔9〕

路上的障礙終於排除，股東們投票通過進行全面改革。

儘管西川廣人在某些方面頗具爭議，但他仍繼續擔任執行長——至少暫時如此——並表示他將減薪50%以彌補戈恩醜聞案的影響。他把這次投票結果視為在日產把事情導回正軌的一場重要的「個人」勝利，然後將目光轉向下一道難題：接班人。

「我個人在履行職責方面，達到了一個重要的里程碑。」在2019年股東大會上，投資者批准了他的改革時，西川廣人如此表示：「我們必須考慮到公司的未來以及接班計畫，為此做好準備，準備好迎接下一個階段……為了履行我剩下的職責，我想做好準備並專注在接班人的事情上。」〔10〕

2019年夏季期間，西川廣人還專注在重振日產崩盤的業績，以及修復和雷諾的緊張關係。他的目標是在2019年末或2020年初，圓滿處理好這些鬆散的組織，然後在2020年3月31日這個會計年結束之前，移交給繼任者。他希望新的提名委員會能在9月提出候選人名單。

9　Natsuki Yamamoto and Togo Shiraishi, "Nissan's Ghosn Crisis: Renault Agrees to Support Nissan's Management Reform Plan," *Nikkei Asian Review*, June 21, 2019, https://asia.nikkei.com/Business/Nissan-s-Ghosn-crisis/Renault-agrees-to-support-Nissan-s-management-reform-plan.

10　Hans Greimel, "Saikawa Wins Reforms at Nissan, Signals Handover Power," *Automotive News*, June 25, 2019, https://www.autonews.com/automakers-suppliers/saikawa-wins-reforms-nissan-signals-handover-power.

「我有很多功課要做。」西川回憶道。

• • •

　　首先要做的是重振日產的業務。西川在2019年初公司報告季度營業獲利下滑45%時，曾宣稱日產的業績已跌到「谷底」，但事情並非如此。日產要跌到「谷底」還有很長的一段距離。在接下來的那個季度，營業獲利驚人地暴跌了99%。借鑑戈恩的成本削減劇本，西川廣人宣布計畫在全球裁員12,500人，以期在2023年3月之前，把營業獲利率從少得可憐的2.7%拉回到6%。他計畫關閉「虧損的海外工廠」，以縮減過於龐大的產能。[11] 在當時，日產僅用了其全球工廠生產力的69%；未用到的產能只是在增加赤字而已。這工作的目標，是把工廠利用率提高到更可觀的86%。

　　在這同時，西川祕密和盛納德重新接觸，商討聯盟未來的發展方向。談話內容包括重啟失敗的飛雅特克萊斯勒汽車公司合併提案（這兩位聯盟領導人仍然不知道，FCA已經把目光轉向雷諾的競爭對手PSA集團）。西川廣人要求詳細說明，重新推動合併將會對日產有怎樣的影響。他還探詢了重新調整雷諾和日產之間交叉持股的可能。一個想法是把雷諾持有的日產股份減到30%以下，可能減個5%到10%，根據日本政府的新準則，這樣的程度一般認為是比較健全的。在西川廣人看來，只要雷諾持股比例低於能有效控制日本公司的33%（也就是能控制日本

11　Hans Greimel, "Nissan Will Cut 12,500 Jobs after Profit Plunges 99%," *Automotive News*, July 25, 2019, https://www.autonews.com/automakers-suppliers/nissan-will-cut-12500-jobs-after-profit-plunges-99.

公司的最低門檻），就足夠了。在理想情況下，友好的股東會介入，從雷諾手中購買那些股份。如果有任何重新調整股份的可能，西川廣人想要盡快解決這件事，然後再把重點轉移到 FCA 身上。

· · ·

西川在探詢這些問題時並不知道，和雷諾達成共識，會是他所碰到的最小阻礙。在日產內部，一群保守派高階主管正要和他作對，他們仍然視他為最後的戈恩之子。諷刺的是，他們在西川本人委託的戈恩不當行為調查報告裡，發現可以對付西川的子彈。

在任務小組的管理報告提交後，日產內部自家人團隊繼續調查可能的不當行為。和戈恩一起被捕、擔任戈恩下屬的美國籍董事格雷格·凱利同意和日本新聞雜誌《文藝春秋》（Bungei Shunju）對談時，讓任務小組取得了某些重要事務裡的密報消息。在一次重磅炸彈的採訪中，凱利指控西川廣人不當操縱和日產股價連動的獎金制度，為自己牟取高達四十萬美元的利益。

日產的內部團隊進行了調查，凱利是對的。透過偽造「股票增值權」（share appreciation rights，一種又稱為 SARs 的股票期權）的行使日期比實際行使日期提前一週，西川廣人能夠額外淨賺 4,700 萬日圓（44.6 萬美元）。更重要的是，內部調查的結果在正式報告給日產董事會之前，就被洩露給日本的記者，對西川廣人施加了下台的壓力。

到了 2019 年 9 月 9 日的董事會，內部調查委員會的調查結果正式報告時，日產的外部董事已經受不了了。他們強迫西川廣人辭職，並宣布他要在兩週內辭去執行長一職。西川廣人說他認為「有點早」，並試著

交涉延長留任時間——也許再多幾個月——直到他可以指定繼任者時。不過董事會並沒有讓步，表示最好趕快一刀兩斷，還怪怪地加了一句：「我們看到了西川先生四周的問題。」〔12〕他們打算在十月底之前指派新的執行長。西川沒有機會好好走完最後一段路了。

　　許多關注這一連串事件的人，現在認為西川廣人並沒有比戈恩好。不過兩人還是有一些差別。首先，西川廣人沒有像戈恩那樣，被指控犯下刑事罪。任務小組表示，濫用股票增值權並沒有違反法律，只是違背了公司的職業道德政策。因此，有人認為沒有必要起訴西川。（日產在公司管理改革中已經不再使用SARs。但是在2020年，它引進了另一種名為「限制性股票單位」（restricted stock units）的股票激勵計畫。）〔13〕

　　此外，在體制內玩這種把戲的，並不是只有西川一人。根據特別任務小組的說法，戈恩也做過同樣的事，輕輕鬆鬆就賺進比他原本應得的還要多出1.4億日圓（130萬美元）的錢——金額幾乎是西川廣人股票獎勵的三倍。據說，凱利也從提早兌現的股票增值權獲利——達到700萬日圓（65,000美元）。有兩名前董事和其他四名現任或前任社長，也操縱了他們自己的股票配息。

　　據知情人士透露，這份賺取不義之財的名單裡，包括了參加認罪協商的哈里‧納達，據稱他獲利接近30萬美元。但是納達被認為位階還沒有高到有必要公開制裁，因而奇蹟似地保住了工作——很符合他那最後的倖存者形象。這樣的做法只會讓批評者更加確定一件事，就是日產

12 Hans Greimel, "Help Wanted: An Inspiring CEO," *Automotive News*, September 16, 2019, https://www.autonews.com/executives/help-wanted-inspiring-ceo.
13 "Introduction of Stock-Based Compensation Plan," Nissan Motor Co., press release, August 20, 2020, https://global.nissannews.com/en/releases/release-5f786044eb466dfeoa 86a13a52043a3a-200820-02-e.

仍然面臨著嚴重的遵守規範問題。

最後，沒有人因這些違規行為受到起訴。總之，西川同意把錢全部退還，至少在他看來，能做到這樣也勝過戈恩或凱利所做的。

西川自己的不當行為根本是作繭自縛。但是自從戈恩被捕以來，日產內部對他的不滿和抵制越來越強烈。由於日產的銷售量和獲利大幅下滑，很多人對他的領導能力沒有信心。西川廣人背地裡和盛納德就FCA合併案進行祕密談判的事被揭發後，某些高層對他感到惱火。還有一些人認為，他早在戈恩醜聞開始時就應該下台，為這麼久以來都對這名腐敗的會長忠心耿耿負起責任。

到最後，就連員工都對這家公司不抱任何幻想了。

「在日產你沒有看到任何計畫。你只有看到很多不良行為，」一名最後在這場動盪期間離職的前高階主管說，「如果你不能信任人們管理公司的能力，你怎麼能信任這些人來製造你要讓家人乘坐的汽車呢？你真的想拿家人賭一把嗎？還是你會就此放棄它，去買一輛Volvo？」

• • •

領導階層的大搬風，強化了日產當前群龍無首的形象。在高階主管們必須專心在反轉業績的時候，選出新執行長的重大決策讓公司的負擔更加沉重了。日產的營業獲利本來就已經很微薄，在2019年7月到9月這一季又暴跌了70%。這家陷入困境的公司，很莫名其妙的跌破了西川廣人所說的「谷底」。群龍無首的狀況，也使得日產和雷諾的關係中任何重要突破都變得複雜。

此外，雷諾的高層也有自己的問題。2020年10月，或許是察覺到

西川廣人有可能下台，雷諾執行長、長期力挺戈恩的蒂埃里・博洛雷再次質疑，讓納達與瑞生國際律師事務所針對戈恩事件在日產進行內部調查，可能存在利益衝突。畢竟，納達也和所謂的不法行為有所牽連，而該律師事務所過去曾就各種正在審查的薪資計畫，為日產提供諮詢。瑞生國際以客戶機密為由不做回覆，卻堅持一貫立場，表示和日產合作並沒有利益衝突，在調查方面也沒有先入為主。

• • •

博洛雷在10月8日寫了一封長達十頁的信給日產董事會，羅列了一長串關於日產的調查是否恰當的問題。「尤其，有鑑於納達先生個人也參與了此次戈恩相關的高階主管不法行為，以及他已經和JPPO（日本檢察廳）達成認罪協商這件被大肆報導，誰會認為他有資格成為或留任日產合規辦公室的成員？」博洛雷問道。「納達先生怎麼可能繼續在日產裡面保住公司高級職員的職務？」博洛雷補充說，就在他提出「對納達以及同為認罪協商者的大沼一直在進行的『詐欺與不當行為』感到擔憂」的前一個月，他收到了一封來自日產內部告發者的匿名信。

博洛雷並不是唯一一個提出警示的人。日產當時的全球法律總顧問、納達直屬下屬拉文達・裴西（Ravinder Passi）也寫信給董事會，表示擔心納達處理內部調查的方式。裴西被當成了空氣，最後還被調到日產的英國子公司，實際上是降職。在裴西提起勞動申訴，指控因內部告發受到報復之後，他被解僱了。裴西隨後對該公司提出了第二次勞動申訴，他曾在該公司工作了十六年左右，升到了該公司的主辯律師之列。納達在2017年呼籲員工勇於揭發不當行為的影片，在涉及質疑他自己

的行為時，似乎要加上星號做註記。

　　一直到2019年10月8日召開的日產董事會議上，才終於不再讓納達經手法律事務，讓他成為「顧問」。身為日產的法務部門負責人，他在日產下令進行的大規模審計中，拿到一份乾淨的健康證明（沒有被發現重大問題）或許也不意外了。「日產沒有找到證據能證明，納達不當介入針對前會長卡洛斯・戈恩與其他人主導的高階主管不法行為的內部調查。」該公司在宣布他的人事變動的新聞稿中這麼寫著。它補充說，納達需要專心在「即將採取的法律行動」，這大概率涉到要向東京地方法院解釋，他是怎麼從要根除公司內的詐欺行為，轉成擔任檢方證人的。

　　很難確定博洛雷所詢問的任何問題是否得到過令他滿意的答覆。立即有消息傳出說盛納德打算開除他。[14]博洛雷在寫信給日產董事會的三天後，就被雷諾解僱了。博洛雷譴責，他被撤職是一場政變，並且表示他「完全料想不到」而且「非常吃驚」。[15]

　　這代表著聯盟歷史上的一個重要時刻。不管是好是壞，清理門戶的工作幾乎都完成了：不管是日產還是雷諾，幾乎所有戈恩時代遺留下來的人事物，都被清除了。

　　「我們開始了一項非常艱鉅的工作，那就是整理乾淨、開除某一代的人。」一名和日產董事會關係密切的人士說，「他們其中有一些人已經自己離開了。還有些人，我們不得不開除。西川的情況，這是絕對必

14　Peter Sigal, "Renault May Replace CEO Bolloré, Reports Say," *Automotive News Europe*, October 8, 2019, https://europe.autonews.com/automakers/renault-may-replace-ceo-bollore-reports-say.

15　Peter Sigal, "Former Renault CEO Denounces Coup Against Him," *Automotive News Europe*, October 10, 2019, https://europe.autonews.com/automakers/former-renault-ceo-denounces-coup-against-him.

要的。博洛雷也是。他支持戈恩的方式，是支持和此案有牽連的人。而他自己也沒有理解到這一點。」

但是並非所有「舊人」都走了。

在戈恩調查期間擔任日產汽車與日本政府聯絡人的高階主管川口均，於2020年3月，在總部前的車道上和一群支持者停留許久，接受了感謝致詞以及英雄式的送行儀式後退休。今津在2019年6月從法定審計師的職位卸任，並且在2020年從日產退休。

大沼待得更久。哈里‧納達也一樣，他很莫名其妙地安然度過每一場風暴，也撐到最後。說實話，日產在即將到來的審判需要他們倆做為關鍵證人，又無法和他們切斷關係。只要他們仍然是日產的員工，對檢察官和日產就越有利。

雖然是這麼說，但聯盟仍舊亂成一團，此時由臨時領導人管理。飛雅特克萊斯勒汽車和PSA集團合併，戈恩公開嘲笑他在雷諾和日產的繼任者成事不足、敗事有餘。

博洛雷被開除後，雷諾任命財務長克勞蒂爾德‧德爾博斯（Clotilde Delbos）為臨時執行長。2020年年中，福斯集團旗下西雅特（Seat）品牌前負責人盧卡‧德‧梅奧（Luca de Meo）接任。最重要的是，德‧梅奧的總薪資為500萬歐元（560萬美元），遠低於戈恩一向能拿到的700萬歐元以上（790萬美元）。[16]

日產的行動更快。在西川廣人下台後的一個月內，任命了日產重要的中國區負責人內田誠擔任執行長。內田不是日產的終身僱員。他在

16 Peter Sigal, "Renault's New CEO Will Be Paid Less Than Ghosn," *Automotive News Europe*, June 23, 2020, https://europe.autonews.com/automakers/renaults-new-ceo-will-be-paid-less-ghosn.

日本貿易公司日商岩井株式會社（Nissho lwai Corp.）工作多年之後，才在2003年加入日產。他甚至在自己的公司內都沒有多大的知名度。

內田被認為是雙方妥協之下挑選的候選人，任命他是和雷諾之間關係持續緊張的結果。日產的保守派青睞當時負責重振績效的副社長關潤（Jun Seki），他正在擬定西川要的轉虧為盈計畫。由雷諾帶頭的陣營則支持阿什瓦尼·古普塔（Ashwani Gupta），他來自印度，是頗受敬重的汽車界老兵，在達特桑（Datsun）和雷諾晉升，當時是聯盟合作夥伴三菱的營運長。這兩個人選都有人有意見。畢業於日本防衛大學校（National Defense Academy of Japan）的理工生關潤，被雷諾的一些人視為民族主義挑撥者。而在日產，則有很多人認為古普塔和雷諾過從甚密。此外，雖然古普塔能說流利的日語，但他是印度人，不是日本人。一些日產董事堅持，在這次戈恩的慘劇之後，下一任執行長必須是本地人。反對派選定內田。但是由於他只有53歲，而且還缺乏經驗，日產就把他的行政部門安排為三人領導團隊的負責人。內田將擔任執行長，由古普塔擔任營運長，關潤擔任副營運長做為後盾。

這個三人領導團隊在2019年12月就任，而在這個時間點，西川廣人的轉虧為盈與接班人計畫應該已經底定了。最後西川出的一長串「功課」就留給這三個人來完成。日產的新領導人必須恢復獲利能力，把銷售量再拉上來，重建外界對公司的信任，還要修復和雷諾的關係。

但是就在這個月結束之前，關潤突然從這家待了三十三年的公司辭職——顯然對於自己最後沒有被列入考慮，仍然心裡有疙瘩。他還是想要成為自己公司的社長，於是跳槽到日本電產（Nidec Corp.）這家製造機器人、無人機、冰箱、洗衣機等種種產品的電動馬達公司。關潤成為日

本電產的新領導人之後，其任務是進軍以電動車為主的汽車業。日產裡有很多人都感嘆，關潤叛逃是又一次人才與強大領導力的巨大損失。

・・・

日產到底出了什麼差錯？在凱利案的審判中，日產營運長、戈恩任內的副會長志賀俊之（Toshiyuki Shiga）做了簡單的解釋。

「總而言之，日產的公司管理方面失敗了。卡洛斯・戈恩慢慢變了，而且他不聽別人的話，」志賀說。「但那些任由這種事發生的人，同樣都有責任。」

然而，儘管經歷這種種風波，西川既自傲也毫無歉意。

他認為自己是日產內部日本保守派的犧牲品，傳統派那群人過度保護他們的獨立性，害怕和外籍合作夥伴過分親近——這和許多人對戈恩的看法沒什麼不同。

「公司的情況仍然莫衷一是，你可以看到一群人非常現代，非常習慣全球管理體系，能接納多樣性，也能接受聯盟夥伴。不過你也看到另一群人不是這樣，他們仍然很保守，比較不能接受新人，」西川說。「對我來說這樣的問題更大。有些人認為讓我們回到以前，像在1990年代，獨立自主或是以日本為中心。這類事情開始一件一件冒出來。我是支持聯盟的人。我希望能國際化。」

對西川廣人而言，戈恩下台只會讓那些鼓動解僱他的保守派更加膽大妄為，這是把公司重新日本化的計畫的一部分。從這個意義來說，西川廣人認為戈恩在兩個方面傷害到了日產——首先，是藉由他那金錢上的不法行為傷害了一次；然後，破壞了聯盟在過去的二十年裡，一直處

心積慮試著結合在一起的國際合作結構，再一次傷害了日產。

西川廣人在2017年接手，和一場史無前例的危機正面對決，這在日本企業界前所未見。日產因為昔日的救世主和久任的老闆卡洛斯·戈恩被捕，而大大受到影響；隨後又因為和雷諾的聯盟差點分裂解散而動搖；最後因為公司自身獲利和銷售量雙雙崩盤，而跌落谷底。西川和來自法國要求進行「不會走回頭路」的公司合併壓力作抗爭，然後想盡辦法整頓日產內部腐爛的公司管理。但是到最後，他因為自己成立的一個小組發現到的這類不當行為，而讓他的道德瑕疵曝光，因而被趕出了公司。西川本人大力支持的公司新委員會的新外部董事做出了決斷，日產必須在沒有他的情況下重新開始。

對戈恩來說，那是罪有應得，報應不爽。但是西川並不怎麼後悔。

「對日產來說，當時由我來負責是件好事。因為要妥善處理好這種狀況並不容易，」西川廣人談到他在日產結束四十二年職業生涯之前，擔任執行長時的瘋狂經歷時說。「我對自己的所作所為感到自豪。我應該受到讚揚。尤其是去年我為日產做了很多事情。我自己相信我貢獻了很多。」〔17〕

---

17 Hans Greimel, "Nissan's Ousted Saikawa Unbowed," *Automotive News*, December 2, 2019, https://www.autonews.com/executives/nissans-ousted-saikawa-unbowed.

16

醜聞
Scandalous Affairs

　　日本以其極低的犯罪率、誠實和高道德水準而聞名。在餐館裡，幾乎不需要核對帳單，沒有人會去碰掉在公共場合的遺失物，而且公司不太擔心員工監守自盜。

　　個人的誠實不僅遠近馳名，也得到了喜歡用資料說話的日本官方背書。東京都警察局追查了每一份遺失物的報告（2019年有420萬件失物）。根據2019年的資料，當年有153,000支手機和372,000個錢包被交到警方處。其中，83%的手機和65%的錢包都物歸原主。更令人驚訝的是，交到警察手上的遺失財物總共有3,700萬美元（其中2,700萬美元物歸原主）。[1]這在某種程度上證明了，日本老一輩的人還是比較喜歡用現金付款，即使在商業交易中也一樣。

　　雖然和企業有關的資料較少，但註冊舞弊檢查師協會（Association of Certified Fraud Examiners）表示，在2016到2017年之間，它調查了全球2,690起涉及企業或員工的職業欺詐案件。其中，有一千件在美國，而日本只有四筆紀錄。[2]這支持了日本企業道德感較強的看法，享有盛譽的道

1　National Police Agency, "Lost Property Handling Status," March 27, 2020, https://www.keishicho.metro.tokyo.jp/about_mpd/jokyo_tokei/kakushu/kaikei.html.

瓊永續世界指數（Dow Jones Sustainability World Index）顯示，日本公司在履行企業責任和道德行為的承諾方面，評價很高。[3]

那麼，為什麼會出現這麼多企業醜聞，甚至一些日本最大與饒富盛名的企業裡也有呢？

這些危機幾乎遍及所有主要行業，其中一些危機嚴重到幾乎讓公司倒閉。電子業集團東芝被發現，在2008年到2009年的全球金融危機之後的七年裡，在它所聲明的獲利數字上灌水，以掩蓋公司的問題。以先進材料聞名的神戶製鋼所（Kobe Steel）被查出更改品質測試結果。也有其他大公司被發現偽造結果，包括碳纖維的領先製造商東麗公司（Toray Industries）。在金融業，日本長期信用銀行（Long-Term Credit Bank of Japan）和山一證券公司，都在1990年代後泡沫經濟時期的艱難經營環境中倒閉，當時發現，由於經濟惡化，它們隱瞞了財務虧損的狀況。[4]

就連藍籌股豐田汽車在2009年也出現醜聞，美國顧客間傳出可怕的故事，表示其生產的汽車可能會無緣無故暴衝。焦點集中在電子油門踏板上，消費者認為它故障了（後來聯邦監管機構表示，他們幾乎找不到曾經發生這種狀況的證據）。[5]還有一個比較簡單的解釋：腳踏墊造成了妨礙，把油門往下推。後來的一些技術上的研究證明，真正的原因更

2　Report to the Nations, Association of Certified Fraud Examiners, 2018, https://www.acfe.com/report-to-the-nations/2018/Default.aspx.

3　Dow Jones Sustainability World Index, S&P Global, September 23, 2019, https://www.spglobal.com/esg/csa/static/docs/DJSI_Components_World.pdf. 4.

4　"Corporate Scandals," *Japan Times*, https://www.japantimes.co.jp/tag/corporate-scandals/.

5　NHTSA, "U.S. Department of Transportation Releases Results from NHTSA-NASA Study of Unintended Acceleration in Toyota Vehicles," February 8, 2011, https://one.nhtsa.gov/About-NHTSA/Press-Releases/2011/U.S.-Department-of-Transportation-Releases-Results-from-NHTSA%E2%80%93NASA-Study-of-Unintended-Acceleration-in-Toyota-Vehicles.

加稀鬆平常：駕駛誤踩了油門而不是煞車，由於汽車仍然往前行駛，所以他們踩得更重，以為車子會停下來。[6]

但是，企業聲譽已經受到損害。這個故事與人們害怕電腦控制的機器出現失控有關。豐田汽車社長豐田章男為了此事，去了國會委員會（他按照日本最好的傳統，深深鞠躬道歉）。然而，問題並沒有就此打住。某些油門踏板出現了機械缺陷。由於豐田試圖掩蓋這件事，美國司法部對該公司啟動大規模調查，最後豐田汽車在2014年承認它誤導了消費者。[7]該公司支付了當時創紀錄的12億美元，來平息這些指控。美國聯邦地區法院法官威廉‧鮑利（William Pauley）說，此案呈現了「企業的不當行為應當受到譴責」的樣子。[8]

但是對全球最具影響、也因此大大重創日本工業聲譽的，是全球安全氣囊領導品牌高田公司（Takata Corp.）的事件。公司內部警告其安全氣囊有安全疑慮，爆開時可能會產生金屬碎片，造成人員受傷。但該公司忽視了這些提醒。2008年，高田首次召回已售出的汽車，當時召回了四千輛，後來由於出現越來越多問題，召回數量逐年增加。[9]到了2015年，這次瑕疵已經成為歷史上最大量的汽車類召回事件。

一個關鍵問題是，該公司似乎無法理解這次問題的全貌，隨著更多

6 Meagan Parrish, "The 2009 Toyota Accelerator Scandal That Wasn't What It Seemed," Manufacturing.net, August 11, 2016, https://www.manufacturing.net/automotive/blog/13110434/the-2009-toyota-accelerator-scandal-that-wasnt-what-it-seemed

7 United States Department of Justice, "Justice Department Announces Criminal Charge Against Toyota Motor Corporation and Deferred Prosecution Agreement with S1.2 Billion Financial Penalty," March 19, 2014, https://www.justice.gov/opa/pr/justice-department-announces-criminal-charge-against-toyota-motor-corporation-and-deferred.

8 David Shepardson, "U.S. Asks Judge to Dismiss Toyota Acceleration Case as Monitoring Ends," Reuters, August 9, 2017, https://www.reuters.com/article/us-toyota-settlement-idUSKBNIAOIRK.

問題曝光，召回行動持續進行到2020年，最後總共召回了大約一億個
安全氣囊。這是在高田公司可能得面臨大規模訴訟所以申請破產保護，
而將其資產出售給中國競爭對手的三年之後了。該公司已經在2017年
同意為此問題支付美國十億美元罰款，三名高階管理人員在密西根州的
聯邦法院被起訴，罪名是故意隱瞞這些問題。當時所有人都已經返回日
本，無法確定是否會引渡他們。〔10〕

　　雷諾－日產聯盟的合作夥伴三菱汽車，對醜聞也不陌生。2016年，
該公司因為燃油經濟性標準造假醜聞，而受到打擊。這次資料造假可
往前回溯二十五年，事情曝光迫使該公司社長辭職，並引發股價下跌
35%。這也不是這家公司第一次惹上麻煩。2000年，在承認了二十年來
一直隱瞞煞車、離合器和油箱等一大堆缺陷之後，它的聲譽遭受重創。
後來又發現該公司隱瞞了其他問題。就像燃油經濟性醜聞發生時，一則
新聞報導所指出的：「提到公開道歉這門藝術，很少有公司能夠超越最
容易發生醜聞的三菱汽車。」〔11〕

• • •

9　Hiroko Tabuchi and Christopher Jensen, "Now the Air Bags Are Faulty, Too," *New York Times*, June 23, 2014, https://www.nytimes.com/2014/06/24/business/international/honda-nissan-and-mazda-join-recall-over-faulty-air-bags.html?_r=o; *Automotive News*, "TIMELINE: Takata's Airbag Crisis Began in 2008," June 25, 2017. https://www.autonews.com/article/20170625/OEM10/170629833/timeline-takata-s-airbag-crisis-began-in-2008.

10　Steven Overly, "U.S. Indicts Three Takata Executives, Fines Company sI Billion in Air-Bag Scandal," January 13, 2017, https://www.washingtonpost.com/news/innovations/wp/2017/01/13/u-s-indicts-three-takata-executives-in-faulty-airbag-scandal/

11　Yuki Hagiwara and Matthew Campbell, "Mitsubishi Motors' Scandal Was an Accident Waiting to Happen," Bloomberg, May 18, 2016, https://www.bloomberg.com/news/articles/2016-05-18/mitsubishi-motors-scandal-was-an-accident-waiting-to-happen ?sref=KRTu8A3f.

　　造成這一連串隱瞞過失的事件和隨後的醜聞的其中一個原因，是日本雇員普遍活在終身只有一個雇主的世界，導致他們的眼界變得狹隘。「關鍵問題是，終身聘僱制下的員工，是生活在一個由相同類型的人組成的小型社會，」東京出身的經營管理顧問富山和彥（Kazuhiko Toyama）評論道。「他們更關心周圍方圓五米以內發生的事情，而不管這範圍以外的常識。」〔12〕

　　有個外國人非常了解這種現象，就是相機與醫療設備製造商奧林巴斯公司的前執行長：邁克‧伍德福特（Michael Woodford）。和戈恩一樣，伍德福特是一家陷入醜聞的日本企業的外籍執行長，但他不是涉嫌不法的參與者，而是內部告發者。伍德福特在日式作風的奧林巴斯裡一路晉升，從1981年在祖國英國擔任業務員開始，在三十年後於2011年4月接任營運長，隨即在幾個月後、同年10月升任執行長。然而，他連新位子都沒有坐熱。才剛被任命兩週，他就被董事會投票趕下台。在他開始質疑公司於投機性投資裡隱瞞了16億美元虧損之後不久，就被免職了。

　　這起醜聞的核心，是向海外投資銀行家支付超額款項，這些投資銀行家曾參與該公司在2008年以二十億美元收購英國外科器械公司Gyrus的交易。這類交易的佣金，通常為交易價值的1%到2%，但是在這件收購案裡，奧林巴斯總共支付了6.87億美元，占總收購價的三分之一。後來發現，這些支付款以及其他有問題的交易，都是一種欺騙手法。這筆錢被匯到奧林巴斯在海外的祕密帳戶，這些帳戶早在1980年代和1990年代該公司在全球貨幣市場上進行投資時，就已經蒙受龐大損失了。由於帳戶在海外，公司不需要公開承認虧損，或是從公司的整體收益中扣

12 Hagiwara and Campbell, "Mitsubishi Motors' Scandal."

除損失——直到1990年代末法規修改之前。〔13〕

　　伍德福特在擔任歐洲業務負責人時，就開始質疑Gyrus的費用。儘管他向高層管理人員提出了尖銳的問題，但他很快就被拔擢，在2011年還成了公司執行長。這項任命本身就是個謎團，因為他在公司的職位相對較低，工作地點也不在總部，會說的日語也有限。

　　據伍德福特表示，他的任命案很明顯是前任執行長菊川剛（Tsuyoshi Kikukawa）設計的，他打算在新的會長職位上繼續控制公司。他原本預期，伍德福特這個外國人會扮演附和的後輩，對這件財務詐欺案默不作聲。結果證明菊川剛嚴重失算，因為伍德福特繼續深入研究該公司失敗的投機投資。這位會長只能透過說服對他言聽計從的董事會解僱伍德福特，讓他犯的過錯一再錯下去；後來伍德福特稱這次董事會是「八分鐘的公司處決」。〔14〕

　　該公司試圖聲稱，伍德福特是因為管理作風不同而被解僱。奧林巴斯在他下台幾天之後發布新聞稿表示：「邁克・C・伍德福特在經營管理方向以及管理方式上，和管理團隊的其他成員有很大的分歧，現在這種狀況對管理團隊的決策造成了困擾。」〔15〕這當然是事實，因為該公司當時似乎確信，它可以繼續從事非法掩護活動。在董事會投票之後，負責向伍德福特取回公司所發物品的奧林巴斯職員告訴他，他可以搭公車

13 Dennis Elam, Marion Madrigal de Barrera, and Maura Jackson, "Olympus Imaging Fraud Scandal: A Case Study," *American Journal of Business Education*, January 18, 2016, https://clutejournals.com/index.php/AJBB/article/view/9577

14 Max Nisen, "Michael Woodford Olympus Firing," *Business Insider*, November 27, 2012, https://www.businessinsider.com/michael-woodford-olympus-firing-2012-11

15 Olympus Corp., "Olympus Corporation Resolved Dismissal of President Michael C. Woodford," press release, October 14, 2011, https://www.olympus-global.com/en/info/201b/if11014corpe.html.

去機場離開這個國家，像是深怕大家看不出這家公司有多傲慢似的。

伍德福特自有打算。他把自己的故事告訴英國《金融時報》，而且由於某些交易可能跟犯罪有關，出於擔憂自身安危，他很快就逃離日本。他的下一站是英國的嚴重詐欺辦事處（Serious Fraud Office），考慮到英國要透過Gyrus來聯繫，該辦事處同意受理此案。FBI和日本金融廳很快也加入了，它們也根據伍德福特的證據展開自己的調查。

奧林巴斯此時表達了一個明確的立場，斬釘截鐵地表示一切都沒事。它說：「媒體提及的過去的收購案，是通過適當的評估和程序處理的⋯⋯這些交易絕無不當，我們正在設立一個外部專家小組，來審查和報告這個收購活動。」[16]不曉得有沒有哪個負責這一切的人注意到，在宣稱這場交易完全合法的同時，又將它交由外部專家小組來調查，是一件很諷刺的事。

同時，奧林巴斯很清楚誰應該為所有問題負責：「業務中斷和企業價值損失確實令人遺憾，如果公司認為有必要，未來會考慮對他（伍德福特）採取法律行動。」該公司發表了一連串讓人滿頭問號的聲明，來證明這起收購案是合理的，它主張一家微波爐容器製造商和該公司的醫療器材業務之間，會產生某種綜效（它居然辯稱，兩者都和醫療保健有關）。投資者並沒有被這種指責和滿滿問號的公關稿唬弄過去。即使該公司說一切都沒事，其股價還是在六週內暴跌了81%。

該公司委託撰寫的獨立報告，在伍德福特下台後不到兩個月就出爐了，這份滿滿兩百頁的報告竟然也不留情面[17]，證明了伍德福特一直

16 Cesar Bacani, "Olympus Scandal: Bye, Old Guard, Hello... Old Guard?" *CFO Innovation*, October 30, 2011, https://www.cfoinnovation.com/olympus-scandal-bye-old-guard-hello-old-guard.

是對的。從1980年代初以來，一小撮高層管理人員接連進行了好幾次極其投機的投資。由於市場對他們的投資很不利，估值損失越積越高。同個時期裡，以前寬鬆的日本會計規定也修改得更加嚴格，使得要隱瞞越來越多的赤字變得難上加難。這群帶頭的人採用了一批不怎麼光明磊落的投資銀行家，他們成立了好幾家空殼公司，大多數設在開曼群島。

專家小組下了結論：「該公司經營層的核心成員已經腐化，而且汙染了周圍的其他部分……」。它建議「應該在適當的時間撤換掉」公司那些「用短短十五分鐘的會議，處理（解僱伍德福特）這個有問題的案子」的董事，此時菊川和另外兩名高階管理人員已經離開公司，而且很快就要走上前往日本法院的路，最終他們承認了教唆犯罪的指控。

最後，奧林巴斯不得不重編它的五年期收益財報，最後註銷的資產總額達1232.5億日圓（15.8億美元）。[18]2013年，該公司認了詐欺罪並且被罰款7億日圓（700萬美元），對這種規模的詐欺行為，這已經是相對輕微的處罰了。菊川和其他涉案的高階主管都因為詐欺被判處緩刑，法官指出，這些負責人都沒有真正獲得個人私利。不過菊川的好運也快用完了。在2017年，他和其他七名高階主管在奧林巴斯提起的民事訴訟中，被認定要對此事負責，在2019年的高等法院判決中，菊川和另外兩人被勒令要支付與醜聞相關的金額，總計594億日圓（5.43億美元）。[19]

17 Olympus Corp., "Investigation Report," December 6, 2011, https://www.olympus.co.jp/jp/info/201b/if1206corpj_6.pdf; English summary report at https://www olympus-global.com/ir/data/announcement/pdf/if111206corpe.pdf

18 Juro Osawa and Kana Inagaki, "Olympus Results Reveal Cash Crunch," *Wall Street Journal*, December 15, 2011, https://www.wsj.com/articles/SB10001424052970203430404577 097473230925372.

19 "Former Olympus Execs Ordered to Pay Damages in Multibillion Yen Case," *Mainichi*, April 28, 2017, https://mainichi.jp/english/articles/20170428/p2a/oom/ona/003000c.

對於奧林巴斯公司來說，未來還有更多磨難等著。在2016年的一起美國案件裡，該公司承認為了幫助推銷它的內視鏡而違法支付回扣，同意繳交6.46億美元的罰款。[20]這個事件再次顯示日本公司在海外做生意的危險。儘管這種行為在日本也是非法的，但是並沒有像在美國那樣被看得那麼嚴重，公司也不太可能面臨這麼高額的罰款。

然而，該公司最後確實改正了做法，並且已經成為企業管理的忠實擁護者，它在改善公司治理方面採取的措施，遠遠勝過在戈恩領導下的日產，以及其他許多日本公司的草率措施。對於這點，在2019年出現的明顯跡象，是該公司放棄了反對積極股東的日本傳統戰術（這些股東普遍來自海外）。奧林巴斯同意，讓美國對沖基金ValueAct Capital在其董事會中列席，並啟動該基金正在推動的轉型計畫。[21]事實證明，支持外部人士的決定立即受到投資者歡迎，在決策宣布當天股價就上漲了10%。對於長期持有股票的投資者來說，這使得該公司成為絕佳的買進標的。到了2019年年底，奧林巴斯的股價從2011年鬧出醜聞期間的低點，上漲了1369%。

奧林巴斯經營團隊的行動看似魯莽，但至少就它更廣泛的目標去看，不難理解。在看到其核心業務要面臨後泡沫經濟環境的新問題後，它決定尋求快速的解決方案，而不是設法大刀闊斧地改革核心業務。這就把菊川和其前任執行長們，拉進了相當於快速致富的計畫，而與往常

20 "Medical Equipment Company Will Pay $646 Million for Making Illegal Payments to Doctors and Hospitals," US Department of Justice, March 1, 2016, https://www.justice.gov/opa/pr/medical-equipment-company-will-pay-646-million-making-illegal-payments-doctors-and-hospitals.

21 Olympus Corp., "Notice Concerning Transformation Plan "Transform Olympus to Develop Itself as a Truly Global Medtech Company and Change in Representative Director," news release, January 11, 2019, https://www.olympus-global.com/ir/data/announcement/2019/contents/ir00001.pdf.

一樣，這種可能取得高額獲利的計畫，也有同等機會面臨巨大損失。

當然，這一切都是投資銀行家教唆他們的，這些銀行家一開始先提出有著高額獲利的美好交易，然後繼續藉由設立用來隱瞞問題的海外基金，來「幫助」他們。

雖然他們是核心人物，但是最老經驗的銀行家從來不會因為任何不當行為而受審。該案件的主要人物，以前在日本野村證券任職、後來在紐約創辦自己的公司，住在佛羅里達州博卡拉頓（Boca Raton）的銀行家佐川肇（Hajime Sagawa），確實被美國證券交易委員會（SEC）的調查逮個正著。在對這些指控進行和解時，SEC終身禁止他從事證券業務（當時他67歲），但沒有對其處以任何罰鍰。美國證券交易委員會在其法庭文件中表示：「在決定接受其和解條件時，委員會考慮到被告對SEC工作人員提供的合作」[22]。這份文件並沒有詳細說明。一名據稱在這次醜聞裡擔任次要角色，並且對於針對他的指控提出異議的野村證券銀行家，與他的兩名下屬一起被定罪。

雖然奧林巴斯的會計師未能發現這些連伍德福特都能揭發的問題，卻也逃掉了在此案的任何制裁。這份獨立報告為這兩家公司洗脫了嫌疑，稱「此案件的策劃者藉由巧妙地操縱專家意見，來隱藏這些非法行為」[23]，這樣的說法，有點像是含蓄地讚美這些醜聞負責人的表面功夫。

奧林巴斯醜聞也因為日本媒體的調查報導——或是未報導——而引

22 US Securities and Exchange Commission, "In the Matter of Hajime Sagawa, Respondent," February 27, 2015, https://www.sec.gov/litigation/admin/2015/33-9733.pdf.
23 Yoko Kubota and Nobuhiro Kubo, "Panel Clears Audit Firms of Olympus Scandal Blame," Reuters, January 16, 2012, https://www.reuters.com/article/us-olympus-auditors/panel-clears-audit-firms-of-olympus-scandal-blame-idUSTRE80Go620120117.

人注目。這起詐欺案最初是因為日本一家調查類型的小型雜誌《Facta》的報導而浮上檯面的，該雜誌的編輯曾經是日本最大的財經日報《日經新聞》的編輯。這種情況在日本經常發生，主流媒體忽略了這個故事，堅持公司的立場，把這些事都當做謠言和八卦。直到《金融時報》等外國媒體開始報導，《日經新聞》等日本報紙才開始深入挖掘此事。「外壓」的壓力影響著日本很廣泛的機關。

雖然奧林巴斯事件是日本近代史上，相當引人注目的醜聞，但是和戈恩衝擊相比，算不了什麼。然而，這兩個事件有著相似的根本原因。不管是在奧林巴斯還是日產，一名掌握大權的會長，就有能力讓本來應該被實質獨立的董事會質疑的行動，獲得通過。就奧林巴斯的情況來說，董事會對於專橫的會長所下的指示，連一個疑問也沒有提出，就聽話地罷免了一名剛任命的執行長。在日產這個例子，董事會同樣默許了戈恩的要求，成了他的橡皮圖章，毫不過問其原因。事實上，戈恩對薪資規定的各種修改和設立境外公司一事，一個主要辯護論點就是：這一切都已經過董事會批准。

這兩起醜聞也顯示了，強硬聲明造成的公關風險，可能會捲土重來造成公司困擾。一旦奧林巴斯自認可以捨棄伍德福特，它就覺得可以隨意宣布他要對該公司的問題負責，並且威脅要對他採取法律行動。[24]同樣的，日產的公關部門在2019年4月，發表了令人難以置信的大膽聲明：「這一連串事件的唯一原因，是戈恩和凱利所主導的不法行為。」在接下來的幾個月，該公司本身也對於交給監管機構的文件中的指控認罪，兩名高階管理人員不得不承認他們和檢察官達成認罪協商，還有包括當時的社長西川廣人在內的許多高層人員，也被發現使用竄改過日期

的股票激勵措施，來提高他們的獎金。優秀的公關部門在這兩種情況下，會建議要更加謹言慎行。

但是在另一方面，戈恩的醜聞也有別於其他醜聞。日本公司之所以發生企業醜聞，通常是因為內部的人認為需要掩蓋一些會損害公司的事情。在那些案件中，沒有人因為掩蓋醜聞，而被指控犯了圖謀個人私利的罪刑。戈恩事件正是因為這方面的差別，使得民眾對於這位曾被視為日產救世主的企業巨頭，看法大大改觀。

諷刺的是，戈恩要打造三方聯盟時，這起醜聞也發揮作用幫了一把。三菱的燃油經濟性危機，是從日產（該公司使用三菱製造部分汽車）揭發其合作夥伴造假里程資料開始的。這次醜聞在媒體曝光後，三菱的股價一下子就跌了35%。這讓日產有機會能夠用低了很多的成本收購34%的控股股權，同時也讓戈恩成為全球前三大汽車廠的高層。

在商業世界裡，每個事件——甚至醜聞——都會產生贏家和輸家。

---

24 Olympus Corp., "Company Response to Media Reports," press release, October 19, 2011, https://www.olympus-global.com/ir/data/announcement/pdf/nrI11019e.pdf.

四分五裂的遺緒
Shattered Legacy

2011年3月11日星期五，就在下午三點之前，正當日本各地的人們都要放下工作準備度週末時，全國就因為規模9.0級的大地震而打亂了日常生活。這是這個地震活動頻繁的島國有史以來最強烈的地震，這麼劇烈的地質災難，造成日本北部的部分地區朝美國靠近了13英尺，使得地軸傾斜，甚至一天的長度可能因此縮短了幾微秒。[1]

這場劇烈的震動很快就引起更嚴重的擔憂。

海底地震集中在日本北部的仙台市近海，引發了高達130英尺的海嘯，摧毀了它所到之處的一切，深及內陸，還有太平洋沿岸上下數百英里海岸。更糟糕的是，海嘯淹沒了福島的第一核電站，造成三個核反應爐熔毀，這些核反應爐放射出的輻射，波及了這個農村的大片地區。

地震－海嘯－反應爐熔毀的三重災難，造成一萬九千多人罹難。[2]

這場天災還造成了數千億美元的損失，並且瓦解了日本的經濟支柱。這場大災難破壞了汽車業錯綜複雜的供應鏈，造成工廠停工，而且

1　Kenneth Chang, "Quake Moves Japan Closer to U.S. and Alters Earth's Spin," *New York Times*, March 13, 2011, https://www.nytimes.com/2011/03/14/world/asia/14seismic.html.

2　The Reconstruction Agency (Japan), https://www.reconstruction.go.jp/english/topics/GEJE/index.html.

在該年剩下的大多數時間，產能也都受到限制。日本汽車製造商在這場危機最嚴重的時候，損失了超過150萬輛汽車的產量。

全世界都清楚地感受到了這次震動——它突顯了此刻全球化汽車產業脆弱且脣齒相依的現實。像是通用汽車和PSA集團這些競爭對手在美國和歐洲的組裝廠，因為無法從日本供應商那裡取得關鍵零組件，而暫時停產或減產。福特停止接受特定的紅色和黑色汽車訂單，因為它拿不到只在日本震災區生產的專用金屬漆顏料。日本生產的車用晶片在全球大缺貨，導致全球汽車生產進度慢如牛步長達數個月。各地的汽車製造商都處於震驚當中，爭先恐後地想要保住自己的生意。〔3〕

但是一向積極強勢的卡洛斯·戈恩，並不打算讓這場致命的地震破壞他的擴張計畫。悲劇發生才經過幾週，雖然還存在輻射問題，他就成為最早冒險進入災區的執行長之一，並調查了日產磐城引擎工廠的毀損情況。工廠裡的引擎像玩具積木一樣，從生產線上掉下來，工廠地板也下陷多達四英寸。他鼓勵員工把引擎重新上線生產，而且他們在4月18日之前得到了顯著成效。

接著在6月，隨著「福島」成為車諾比核災以來最嚴重的核災之代名詞，救援人員還在尋找罹難者遺體，全國的工廠正在努力重啟之際，戈恩登場宣布了他繼十年前復興日產汽車之後，最雄心勃勃的事業計畫。他把這個六年計畫稱為「Power 88」，其中的8代表8%全球市占率和8%營業獲利率這雙重目標。該計畫甚至有個標誌：用狂野而富有個性的書法寫的漢字「挑」字，是「挑戰」的意思。

3　Hans Greimel, "Now: No Parts, Crippled Plants," *Automotive News*, March 28, 2011, https://www.autonews.com/article/20110328/OEMor/303289952/now-no-parts-crippled-plants.

「挑戰」這個意思很貼切。光是8%這個市占率目標，就要在六年內、於2017年3月之前實現，這代表日產要從當時保持的5.8%市占率，雄心勃勃的大步跨前。按照戈恩一貫的做法，每個目標都量化了。日產要在六年內推出51款新車型，並導入90種新技術。日產將在越來越熱的中國市場爭取10%市占率。該公司的高級車品牌Infiniti，要拿下全球高級車市場的10%市占率。日產汽車要每年縮減5%的成本。最重要的是，日產和Infiniti品牌在最重要的美國市場，市占率將達到8%以上。以戈恩當時對整個美國市場成長的預測來看，這個目標意味著在美國的銷售量會有50%的驚人成長，從2010年的908,000輛增加到大約140萬輛。[4]「基本上，我們是樂觀的，」戈恩談到他的計畫時說。

「Power 88」計畫具體呈現出戈恩對汽車業未來的願景。成功的關鍵是龐大的規模、新的市場和新技術。他的藍圖要求迅速增加在新興市場像是印度、巴西、墨西哥、俄羅斯、中國和東南亞的投資，這些新興市場的中產階級持續增加，多的是爭相購買第一輛車的新客戶。戈恩預計，日產全球業務的天平，會從2007年的新興市場占40%、成熟市場占60%，變成2017年時新興市場占60%。

在新技術方面，戈恩希望日產和雷諾總計賣出150萬輛電動車。除了Leaf，日產和雷諾還將提供多達七種新款電動車，包括一款來自Infiniti的純電動豪華車。後來，戈恩還把自動駕駛汽車加到他這份自信滿滿的待辦事項清單裡。

---

4   Hans Greimel, "Ghosn Targets Big U.S. Sales Growth for Nissan," *Automotive News*, October 31, 2011, https://www.autonews.com/article/20111031/OEM01/310319857/ghosn-targets-big-u-s-sales-growth-for-nissan.

　　為了達成這個目標，日產在中國、印度、巴西、墨西哥和印尼，展開大規模擴廠和新建生產線的閃電戰。日產還讓已停產的Datsun品牌復活，做為平價入門車品牌，協助該公司打進新興市場。日產也擴大投資電動車，以期在戈恩所爭取的這個新穎卻成本高昂的技術領域，比競爭對手先搶得先機。

　　簡而言之，日產將躋身全球汽車製造商的前段班──成為新興市場、已開發市場、高級車市場，以及電動車和自動駕駛汽車等新技術領域，真正的領頭羊。而且日產會拉著雷諾跟它一起爬到頂峰。

　　「有些人可能會質疑我們能否達成所有目標，」戈恩表示，並斷言他的領導將會開闢出一條成功之路。「不過我會堅守承諾──就像我在1999年、2008年所做的，還有2011年3月，那時地震摧毀了我們一些寶貴的設施──我們能兌現所有成果。」[5]

　　「Power 88」計畫大膽的擴張願景，尤其在日本因為這次嚴重天災還陷入癱瘓之時，與當時的主要競爭對手豐田形成鮮明對比。豐田除了要設法解決自己的地震創傷，還承受著財務損失和空前的召回故障汽車修復的雙重打擊。創辦人家族的後人豐田章男在2009年接任社長，此前該公司已經陷入七十年來首次全年營運虧損。2010年，在被迫於全球召回數百萬輛汽車，以回應消費者指控其汽車會突然暴衝、有時甚至造成傷亡之後，豐田更加顏面無光，也陷入經營危機。在美國國會委員會的聽證會上，針對該公司汽車的安全性質問豐田章男時，他個人承諾會改善產品品質。「我是創辦人的孫子，豐田的所有汽車都掛著我的姓

5　Carlos Ghosn, "Nissan Midterm Plan" (speech, Nissan Motor Co. media conference, Yokohama, Japan, June 27, 2011).

氏，」豐田章男在華盛頓對美國國會議員說道，「對我來說，這些汽車損壞時，就好像我的名聲被毀了一樣。」[6]

豐田這位新老闆說，豐田的困境有一個明確的解釋。他的前任社長們開始狂妄地追求拉高全球市占率到15%。豐田確實成了全球最大的汽車製造商，卻也付出可怕的代價。其爆炸性的國際成長率，給豐田的人力資源施加了強大的壓力。它的工廠因為大幅擴張，產能過剩得很誇張，它的工程師也讓品質下滑，公司不再以客戶為重。人力、資源吃緊的豐田，變得容易受到經濟衰退影響，最後在金融危機來襲之際，遭受到應有的打擊。不久之後，豐田章男就要求「刻意暫停」公司成長。他延後投資工廠三年，放棄了數字目標，並且鼓吹回歸基礎。豐田汽車失寵一事，最後證明是日產的一個前車之鑑，當時日產的這個頭號對手已經猛踩煞車了，它卻繼續踩著油門。

• • •

在「Power 88」計畫的2017年3月大限之前，日產終究還是未能達成大部分目標。但真正的清算發生在戈恩被捕之後，當時對他在日產工作的審查，遠遠超出了他被控的財務不當行為。在日產的股價暴跌時，其銷售量和獲利也跟著一起下滑，批評他的人（包括該公司的新領導人）認為，他們很清楚根本原因：戈恩持續進逼的全球擴張閃電戰，例如「Power 88」計畫。對他們來說，他拚命推動更多銷售量的舉動，讓

6 Hans Greimel, "Akio Toyoda Waves Family Flag, Heir Makes Crisis Personal Challenge, *Automotive News*, February 24, 2010, https://www.autonews.com/article/20100224/OEM02/100229940/akio-toyoda-waves-family-flag-heir-makes-crisis-personal challenge.

日產走上了一條在他離開已久後，仍舊危機重重的碰撞路線。他們說，日產低迷的業績證明了戈恩有多不智，也翻轉了他所留下的產業先知與汽車王國締造者美名。

突然間，在很多人看來，戈恩這些年來確實完成過的成就，是疊起來的紙牌屋。如今，紙牌屋全倒了。

西川廣人是最早公開質疑戈恩商業策略的人之一。不過同聲一氣的，還有繼任西川廣人的日產執行長內田誠、雷諾董事長尚－多米尼克．盛納德、雷諾臨時執行長克勞蒂爾德．德爾博斯，甚至還有三菱汽車會長益子修。他們都不僅僅指責戈恩被指控的道德瑕疵，更進一步批評他的策略。依照新的傳統智慧來看，多年來戈恩主導的瘋狂擴張，已經造成這三個公司的人力物資短缺到危險的地步，因此迫切需要大規模重組以避免倒閉。

內田誠在上任後的第一次新聞記者會上說：「我們的業績，在想辦法實現野心過大的目標的過程裡，被快速拖垮了。我們必須設定具有挑戰性、但是有辦法實現且合情合理的目標。」

這位在拿到神學學位畢業之後，在戈恩時代加入日產的新任執行長表示：「我們必須承認錯誤並修正路線。」〔7〕

2020年初，內田公布了一項新的復興計畫，將廢止「Power 88」計畫。他要把日產的全球年產能，從戈恩建立的720萬輛水準，裁減到540萬輛，這個水準比較接近實際的銷售量。

三菱汽車也出人意表地否決了戈恩的業績成長要求。戈恩在2016

7　Hans Greimel, "Ghosn to Nissan: Don't Blame Me for Your Struggles," *Automotive News*, March 9, 2020, https://www.autonews.com/executives/ghosn-nissan-dont-blame-me-your-struggles.

年被任命為三菱汽車會長時，就立刻多管齊下地推動在包括歐洲、美國和中國在內的幾個全球最大市場擴大規模。隨著戈恩下台，三菱就突然拋掉進軍全球的任何偽裝。反過來，宣布了它自己的重新布局計畫，把三菱汽車的發展重點，縮小到主攻東南亞地區——這裡是三菱比較小，卻很穩定可靠的重要銷售據點。三菱汽車的益子修把新的商業戰略命名為「小而美」。

「與其急著追求擴張，我相信在投資和穩健成長之間取得良好的平衡，是最好的選擇，」益子修談到重新布局時說。「我們重新確定了未來的方向，儘管我們只是一家小車廠，但仍將追求更強大的獲利能力。」[8]

雷諾的新管理層，也否定了戈恩對銷售量成長的執著，戈恩曾希望這家法國車廠在2022年生產五百萬輛汽車，遠多於2018年（戈恩掌舵的最後那一整年）的不到四百萬輛銷售量。當雷諾在2019年陷入淨虧損時，代理執行長德爾博斯提議，在三年內裁減14,600個職位和超過20億歐元（22.4億美元）的支出。到2024年，雷諾的全球產能將減少五十萬輛汽車。德爾博斯坦承：「我們把自己組織起來，包括我們的工作方式和運作方式，來達成我們從未實現過的野心。」[9]

當正式的執行長盧卡・德・梅奧在2020年年中接掌雷諾時，他表示可能需要更大刀闊斧的取捨。在路透社看到的一份內部備忘錄裡，他表示雷諾應該效法法國主要競爭對手PSA集團的轉型。這樣的聲明

8 Hans Greimel and Naoto Okamura, "Mitsubishi Chief Says 3 Partners Are Stronger Than I," *Automotive News*, June 24, 2019, https://www.autonews.com/executives/mitsubishi-chief-says-3-partners-are-stronger-1.

9 Peter Sigal, "Why Renault Is Thinking Small," *Automotive News Europe*, June 5, 2020, https://europe.autonews.com/blogs/why-renault-thinking-small.

可能尤其會讓戈恩火冒三丈。PSA集團後來是由卡洛斯・塔瓦雷斯領導，他曾是戈恩的替補人選，但是被老闆逼走。在重振PSA之後，塔瓦雷斯本人如今已經是著名的企業轉型大師。德・梅奧表示，他將做出艱難而必要的決定來重啟雷諾。「我會說這是一場革命，」德・梅奧寫道。「這場革命必須從公司裡不分男女一起推動，我稱它為『雷諾革命』（Renaulution）」。[10]

・・・

毫無疑問，在2017年西川廣人接任日產執行長之後，日產的業績的確快速下滑。但實際的情況是，早在戈恩仍然是無人挑戰的頭號人物的平穩時期，日產便已開始衰落。表現疲軟是從關鍵的美國市場開始的。北美市場有好一段時間，都是日產最大和最賺錢的搖錢樹——日產在田納西州士麥那的組裝廠，是美國最大的汽車工廠，年產能可以達到64萬輛。但是美國的這座印鈔機遇到了問題，因為戈恩催促他的副手要在「Power 88」之下，達成美國市占率10%的目標。

為了達到這個目標，日產開始以大幅折扣來促銷汽車。這種策略確實在短期內提升了市占率，卻是長期獲利能力的定時炸彈。那些公開用現金補貼出售的汽車，在車主要汰舊換新購車或是出售時，轉售價值比較低。反過來，比較低的轉售價值會以兩種方式，侵蝕正在銷售的新車的價值。第一個，人們不願意付比較高的價格，購買一輛會迅速貶值的

10 Gilles Guillaume, "Renault CEO Warns Deeper Cost Cuts May Be Needed," *Automotive News*, September 9, 2020, https://www.autonews.com/automakers-suppliers/renault-ceo-warns-deeper-cost-cuts-may-be-needed.

新車。第二個,未來的買家會被要求支付更高的頭期款,因為他們的汰舊折讓金額比較少。最後這就成了一個自我毀滅的循環。日產發現,因為客戶已經習慣期待促銷回饋金(spiffs,這是折價的業界行話),新車很難訂更高的價格。[11]由於所有投資都流向了新興市場和電動車等新技術,日產就更沒有資金投入美國這類現有市場的新車了。它的車款陣容越來越老舊,更讓它的產品越沒有吸引力。例如,戈恩在2007年推出GT-R跑車,做為吸引眼球、建立品牌形象的車款。但是到了2020年,做為該公司最受矚目的名車之一——它因為性能強大而被全球車迷暱稱為「哥吉拉」—— GT-R都還沒有進行全面改款。結果,日產日漸老化的產品線就需要更多折扣來吸引消費者關注。

在同時,美國經銷商也透過一項「梯式激勵計畫」來推銷更多汽車。如果經銷商達到汽車製造商(在業界術語中稱為「工廠」)設定的每月銷售目標的某個門檻,這項激勵計畫就會為每輛售出的汽車,付給經銷商回扣。例如,如果經銷商銷售量達到工廠每月銷售配額的90%,則每輛汽車可能可以拿到兩百美元,如果達到目標的100%,則可能會拿到五百美元。這種激勵方式之所以稱為「階梯式」是因為:每接近工廠吊在它們前面的目標數字一步,獎勵金就會隨之增加。這樣的利誘方式能激勵經銷商盡可能賣出更多汽車,拿到每個銷售數的現金回饋。答應它們賣出的每輛汽車可以拿到五百美元、而不是兩百美元,就意味著經銷商會無所不用其極地,賣到最後一輛車。[12]

但這些台階也會有適得其反的缺陷。隨著月底逼近,經銷商不可避免地開始爭相要滿足它們「工廠」的配額。為了賣掉更多汽車,他們經

11 譯註:spiff指銷售績效激勵金:sales performance incentive fund。

常極盡能事地採用折扣戰，好把客戶從競爭對手那邊吸引過來，即使那些競爭對手賣的是相同品牌。從表面上看，這似乎是教科書裡自由市場資本主義運作的案例。但是這種割喉戰引發了連經銷商和車廠雙方都承認是「不良」的一些行為。[13]

首先，階梯式的激勵措施會引發越殺越低的價格戰，因為附近城鎮甚至同城鎮的日產經銷商，會想盡辦法在生意上贏過對方。這會讓這個品牌背負了「降價商品區」的形象，從而拉低轉賣價。眾所皆知，為了滿足配額而苦惱的經銷商會虧本賣車，甚至購買自家的庫存。在後面這種情況下，它們會轉頭把這些基本上是全新的汽車，當做二手車降價出售，進而加速了品牌魅力下降的惡性循環。

這聽起來像是購物者的天堂，顧客可以在眾多划算的商品裡挑三揀四。但是從長遠來看，買家要用舊車折價換購新車時，一旦知道他們在低價出售時購買的日產 Altima 轎車的價值，遠低於沒有現金回饋支持的同級車豐田 Camry，也會怒火中燒。當顧客看到他們上個月因為降一千美元的甜頭而購買的 Altima，現在用低了兩千美元的報價出售時，他們也會感到火大。這種做法削弱了消費者對當地經銷商和品牌的信任。當這些日產的客戶下一次準備買車時，就不太可能把日產放在購物清單的第一順位。

階梯式激勵辦法並不是日產獨有的，但是在美國，因為「Power

12 John Sotos, "The Trouble with Stair Step Incentives," Sotos LLP, April 23, 2013 Lexology.com, https://www.lexology.com/library/detail.aspx?g=263d604d-62c1-4479-asb5-045ce2aac9bd.
13 Jeremy Anwyl, "Stair-Step Programs, Good or Bad for Business?" Edmunds.com, June 26, 2012, https://www.edmunds.com/industry-center/analysis/stair-step-programs-good-or-bad-for-business.html.

88」計畫，日產對撒錢攻勢的運用尤其無恥。

日產還有一個壞習慣，就是用所謂的大宗銷售來讓自己的帳面更好看。在那個時代，任何曾經在機場租車的人都一定會注意到，停車場裡擠滿了比例超過其市占率、掛著日產汽車商標的車子在待命。把大批車子賣給像是赫茲租車（Hertz）、企業租車（Enterprise）或安飛士租車（Avis）這些商業客戶，是汽車製造商在消費者不買單時，用來促進銷售量的過渡性做法。但這些銷售額的利潤低於單純的零售交易，而且還要背負著破壞品牌價值的責任。很少會有零售客戶真的希望購買他們到拉斯維加斯出差時租的小車，做為他們的私人用車。大宗銷售會把整個品牌名聲打壞掉。長期以來，這塊市場一直是辛苦經營的底特律車廠的地盤。相比之下，本田和速霸陸等公司，則是謹慎地避免去搶大宗銷售這塊餅，而且經常被譽為最會賺錢、最受讚賞的品牌。

· · ·

這就是日產自己在「Power 88」下發現到的窘境。就在美國經銷商感受到要滿足其工廠銷售配額的壓力時，日產的最高層經營團隊也覺得捉襟見肘，無法實現戈恩所要求讓日產和Infiniti衝上10%美國市占率的命令。到最後依指示實現這個目標的人，是西班牙籍高階主管何塞·穆尼奧斯，他也是傳聞接下來要繼任西川廣人執行長職位的人選，不過他在戈恩被捕之後離開了日產。穆尼奧斯在2014年初接任日產北美區總裁，後來升任績效長，負責實現老闆這個進軍全球市場的願景。

前日產汽車經銷商史提夫·克拉佛（Steve Kalafer）表示，在戈恩的領導下，日產汽車殺紅眼的折扣戰和拚命衝銷售量的做法，逼得他永

遠不再碰這個品牌。

在紐澤西州弗萊明頓市銷售各種廠牌汽車，像是福特、雪佛蘭、福斯、保時捷和吉普（Jeep）的特許經營家族，弗萊明頓汽車卡車世界（Flemington Car & Truck Country），其董事長兼執行長克拉佛說：「他們會不擇手段想辦法再多賣一輛車。在最近這幾年裡，這真的就像一場龐氏騙局。讓我們在今天報告盈利，卻擔心它以後會怎樣土崩瓦解，我們所回報增加的利潤，是事實上並未真的賣出去的汽車的，因為那些車還在延後付款規畫裡。而這完全是戈恩和他的追隨者妄自尊大的做法。」

克拉佛在1980年開始賣日產汽車。但是在經銷商會議上，聽了穆尼奧斯簡單敘述了戈恩對美國市占率的推動計畫之後，克拉佛說他看到了不祥的預兆，於是在2016年不再販售該品牌。「我離開這場會議，搭上一輛Uber去找了我的特許權代理人，跟他說，『我要賣掉日產汽車的特許經銷權！』」他回憶道。

「他們所做的一切，只會讓他們花更多錢。這做法並沒有讓他們的汽車更值錢，」克拉佛談到這個激勵措施時說。「這不會有好結果。特許經銷權的價值就是在這時候開始被打壞的，還留下來的任一家經銷商都會有危險……我正驚叫著看著火車失事的慢動作畫面。」

由於2017年3月31日的「Power 88」計畫最後期限逼近，日產的業務開始在壓力之下哀號。戈恩連任何一個8也未能達成──非但沒有達到8%全球市占率，也沒有達到最重要的8%營業獲利率。事實上，該計畫所發下的任何豪語，日產幾乎都沒有實現。

2017年2月和3月，穆尼奧斯確實短暫地交出美國市占率10%的成績，正好趕上最後一刻達成。2017年全年，日產和Infiniti加起來，在

美國賣出創紀錄的159萬輛汽車,市占率總合為9.2%。日產在美國的總銷量,從2011年的104萬輛,驚人的成長了50%。打進美國市場是一項重要成就,因為美國市場占日產全球銷售額的28%。

但是日產也為此付出了高昂的代價。在戈恩親自出任日產執行長的最後一季,該車廠的淨收入下降了16%,營業獲利下滑了19%。在2016年7月到9月期間,整體獲利受到重創,因為為了吸引美國的買家和追求市占率,日產在折扣戰和激勵措施上花了3.75億美元。儘管日產拚命努力透過數量來支撐銷售額,但北美地區的營業獲利大幅下滑,美國的銷售額也下降。[14]

回想起來,就連戈恩底下的高階主管,也察覺到事情開始不太妙了。

「早在2017年,事情就已經不妙了,」一名和戈恩密切共事了十幾年的雷諾前高階主管表示。「兩家公司的財務業績、品牌實力和技術方面都在下滑。這是怎麼造成的?它們把錢花在市占率、花在車隊、花在租金,花在各種賠錢的生意上,它們的獲利能力開始下滑。他們在沒有適當的獲利基礎下,就在許多新興市場上追求交易量。也因此,讓人很訝異的,他(戈恩)終於做出了其他車廠所做的那些他批評過的事。」

當西川廣人在2017年上任時,日產正因為激勵回饋金的支出而表現得不太穩定。長期以來都聽戈恩指令辦事的西川,態度突然一百八十度大轉變,下定決心放棄激進的成長。「我們不打算提高數字目標來耗盡自己的全力,」西川廣人這樣宣布,讓產業觀察家嚇一大跳。「現在的主調是穩定成長,維持一定的獲利能力。」他的新策略也因為否定了戈恩的做法,而同樣讓人震驚,因為他打定主意,要放棄曾經是日產業

14 Greimel, "Ghosn to Nissan."

務裡少不了的這種激勵獎金的刺激。[15]

但是讓激勵獎金私底下危害越烈的是，這些獎勵金也不能就此拿掉。美國人特愛用大筆現金付帳的癮頭，被西川廣人滅得太凶太急。客戶不想多花錢購買他們一向習慣用低價購買的日產汽車。這就是日產品牌在美國消費者面前變成的樣子：一個廉價品牌。突然戒斷之後，意外導致了美國銷售量更快速崩跌。日產的利潤開始斷崖式下滑。說實話，像日產這樣的大眾市場取向的品牌，需要維持一定程度的高銷量，但均衡點是關鍵。

這一切的路線修正，綜合起來都會打壞戈恩的「奇蹟締造者」和「經營管理巨星」名聲。戈恩也許是個了不起的逆轉命運的行家，但是批評他的人——甚至是以前的盟友——突然說他沒有專心看著前面的路。在日產最初的起死回生之後，想要擴大規模和不斷成長是免不了的，但現在公司領導人卻明白地說那是錯誤的目標。正確的是：小才是美。穩定的成長。良好的平衡。具有挑戰性、但是能夠達成且合情合理。

當戈恩談論到要把雷諾、日產和三菱組合成全球最大的汽車集團，就獲利能力來說，世界最小的汽車公司之一正把它們耍得團團轉。日本的速霸陸汽車一年在全球只賣出一百萬輛汽車，只有雷諾－日產聯盟全盛時期總銷量的十分之一。然而，速霸陸經常達成兩位數的營業獲利率，在2016年達到最高值18%——對於一般來說6%獲利率就算很不錯的汽車產業車廠而言，這是難以想像的程度。速霸陸是投資人的最愛和

---

15 Hans Greimel, "Nissan Softens Its Targets Through '22," *Automotive News*, November 13, 2017, https://www.autonews.com/article/20171113/RETAIL01/171119926/nissan-softens-its-targets-through-22.

業界羨慕的對象。相反的，日產全球銷售量達560萬輛，靠著「Power 88」計畫的包裝，營業獲利率才達到6.3%。

戈恩對於沒有達成「Power 88」計畫的象徵性目標，幾乎沒有感到煩惱。2017年底，雷諾－日產－三菱聯盟的全球銷售量突破1,000萬輛，戈恩宣布了一個更高的目標：雷諾、日產和三菱要在2022年，達到年銷售量1,400萬輛。回想起來，西川對這個目標數字感到不屑：「我們只是拚命衝高數量……這是個非常冒險和危險的目標。」

• • •

在揚棄戈恩的策略改採其他營運方針的過程中，該聯盟重新和其他汽車製造商的策略保持一致，變得更像速霸陸，因為那樣的方法開始流行。

例如，通用汽車一度是該聯盟的原型榜樣，該公司是一個龐大的集團，是近八十年來全球最大的汽車製造商。結果它就垮在自己的傲慢、官僚主義與自滿，而且最後很顏面無光地破產。因此，通用汽車申請破產保護後決定，不會在所有市場的各分眾市場銷售所有類型的汽車。它把在西歐、俄羅斯、印度、泰國、非洲和澳洲的汽車銷售規模縮小或是完全裁撤。在某些方面，它也是小而美。儘管通用汽車在全球進行縮編，但精益求精的它開始取得相對穩定的獲利。

宏偉的全球汽車王國策略在某些方面不得人心，尤其當新興市場未能達成「Power 88」計畫最初設想的爆發性成長。在戈恩掌權時代所倡導的全球化，因為貿易衝突、英國脫歐、中美關係緊張、汽車管制各自為政，以及客戶偏好日益區域化，而處於劣勢。例如在日本，顧客越來越

需要微型小車，有著660 cc的三缸引擎，還比某些摩托車的引擎小。這種汽車在美國不可能賣得好。就像美國最暢銷的汽車——碩大的福特F車系大型皮卡，配備5.0升V8引擎——幾乎不可能在日本上市銷售。

即使回頭看看過去，戈恩把日產的經連會體系打散也是不怎麼聰明的做法。多年來，豐田一直是很有啟發性的反例。這家日本最大的汽車製造商，並沒有拋棄其包山包海的供應商大軍（它們一起被稱為豐田集團），而是在更大規模的合作與集團成員中找到了力量。豐田和電裝公司（Denso Corp.）及愛信精機（Aisin Seiki Co.）等集團的長期夥伴合作得更密切，推動電動化和自動駕駛。由於日產把焦點放在微不足道的零件製造商以節省資金，它在供應商之間選擇業務合作對象的名聲，也在這一行跌到谷底，比本田、通用汽車和福特還要差。相較之下，根據每年所發布、業內近身觀察的「供應商工作關係指數」（Supplier Working Relations Index），在近十年內供應商最希望合作的汽車製造商裡，豐田一直位居榜首。[16]

日產必須要做的是與時俱進。2020年，雷諾、日產和三菱的領導人宣布了一項新的「主從」戰略，把全球劃分成幾個市場，每個市場都由該地區最強大的合作夥伴帶頭。在這種模式下，雷諾退出了中國市場，把它留給了日產。日產從東南亞撤回，把控制權交給三菱，並且縮小在歐洲的規模，讓雷諾在自家後院占據領先地位。日產則是接管美國和日本市場。

16 Plante Moran, "Toyota Sweeps Supplier Relations Ranking in Study; Is 'Most Preferred' Customer," Cision PR Newswire, June 22, 2020, https://www.prnewswire.com/news-releases/toyota-sweeps-supplier-relations-rankings-in-study-is-most-preferred-customer-301080323.html.

「在日產，我們想在每個地方做所有事情。我們負擔不起在每個地方什麼事都做，」營運長阿什瓦尼·古普塔告訴《汽車新聞》。「我們正從全球化走向區域化。這一切變化都會導致規模經濟越來越少，而投資成本卻越來越高。我們有許多競爭對手正打算撤離市場、放棄某些產品線等等，這意味著日產也必須釐清首要之務，並且專注在上頭。」

西川廣人仍然堅信，戈恩堅決推動銷售成長，是為日產鋪下了衰退之路。西川廣人表示，他很遺憾沒有早點踩剎車，他對競爭對手豐田汽車社長豐田章男對豐田實施的三年期「刻意暫停」表示尊敬。在豐田章男暫停追求成長後，豐田的全球銷售量一度陷入困境。但是這家日本最大的車廠藉由提高人力資本、投資在產品上，以及強化品牌價值，在暫停期間為穩固的長期獲利奠定了堅實的基礎。

「我記得豐田章男的那些話，」2019年西川廣人被迫辭去執行長職務之後不久，在接受《汽車新聞》採訪時若有所思地表示。「如果我用更明確的方式說服卡洛斯·戈恩，甚至也許從2016年就這樣做，那麼我們的業績目標可能會溫和得多。也許就目前的狀況來看，這是最大的遺憾。」[17]

· · ·

這段時間以來，「Power 88」計畫解體和日產衰退，戈恩都在黎巴嫩看著。那些他召集起來並經營了近二十年的幾家公司的領導人對他的指責，他也聽到了。對戈恩來說，因為那些他說他從未犯過的罪行而被釘在十字架上，已經夠糟了。但是把他擔任企業領導人所留下的功績抹

---

17 Hans Greimel, "Nissan's Ousted Saikawa Unbowed," *Automotive News*, December 2 2019, https://www.autonews.com/executives/nissans-ousted-saikawa-unbowed.

黑成一文不值，那就幾乎算是惡毒了——在他被這個產業趕出去之前，他可是從未受到質疑。

可以肯定的是，戈恩一直告誡不要不惜一切代價進行擴張。在推出「Power 88」計畫時，他所承諾的目標是可以永續成長，也堅持：「我們達成這個目標的方式，和這個目標本身同樣重要。」[18] 戈恩的日產決策圈裡的一名前高階主管堅稱，戈恩這個老闆從來沒有「只會談論『給我衝銷售量』。」他表示，相反的，戈恩會向營運業績與財務相關人員談論公司的獲利、向銷售人員談論銷售量，如此一來就能對下屬形成緊張的工作壓力。「這是我們要管理的緊張氛圍，也就是：好吧，我們要怎樣一起做到這一點？」

戈恩對於被指責為日產命運反轉的禍首感到憤怒。他對於任何認為是他對公司成長與投資的願景造成公司（尤其是日產）沒落的說法，都很憤怒。畢竟，戈恩從 2017 年之後就沒有擔任日產執行長。而且在他交棒的那一年，日產和雷諾的淨收入都創下了歷史新高。他強調，就在那年之後，所有事情才真正亂了套。

不管怎麼說，就算日產沒辦法達成「Power 88」計畫的大多數目標，但是在該計畫結束時，日產在許多方面仍然比一開始時更往前進展了。「Power 88」計畫並不是像批評他的人所聲稱的，是全面失敗。它讓日產在新興的電動車和自動駕駛汽車領域，比別人更早起步。該公司其他成功的做法裡，其一就是優先考慮及早在中國擴展版圖，這個決定讓日

---

18 Hans Greimel, "Nissan's Task: Grow and Solve Quality Issues," *Automotive News*, July 4, 2011, https://www.autonews.com/article/20110704/OEM0I/307049978/nissan-s-task-grow-and-solve-quality-issues.

產成為這個全球最大市場的前幾大企業之一。正當中國從新冠肺炎疫情中快速復甦之際，對於一家在其他地方苦苦掙扎的公司來說，在該地保有的深厚根基就是很關鍵的救生索。

「把公司的困境歸咎到我推動的事情上頭，或是怪我野心太大？這也太荒謬了。」戈恩在黎巴嫩接受《汽車新聞》採訪時這樣說道，「我對這家公司的企圖心、以及我對公司的約定，是日產汽車復興的基礎。」〔19〕

對戈恩來說，對他的企業策略的一切事後批評，都是為了掩飾他的繼任者，尤其是西川廣人的失誤，因而有點忘恩負義互相推卸責任的目的。

「他展現了他的所有才能，而你也知道他的才能到哪裡。他被公司踢了出去；他在公司衰退期間是主事者，」戈恩談到西川廣人時說。「現在在2020年看到這一切，看到沒有人要承擔責任，我非常難過……這是個辛苦的行業，位居高層的人要有遠見。一旦你要權術、找一堆解釋和藉口時，這一切都會消失。於是公司就倒了。有了這種心態，結果會怎樣不難想見。而這結果正是你今天看到的那樣。」

19 Greimel, "Ghosn to Nissan."

CHAPTER
18

日本獄政風格
Jail Japan Style

　　雖然戈恩可能至今都在擔心，日產和他建立的汽車聯盟未來會如何，但是在2019年他有更迫切要擔憂的事。他在日本拘置所待了130天，正面臨最高十五年的牢獄之災。沒有什麼人會喜歡這樣的未來。雖然日本的監獄一向很乾淨、有秩序而且安全，但是該司法制度的設計是要確保囚犯完全服從。用數字編號取代姓名，從外界取得的資訊也受到嚴格控制，而且對於你什麼時候必須坐著、站著或躺著，都有嚴格的規定。

　　羈押候審嫌疑人的拘置所，在被稱為「人質司法」的制度裡，發揮著舉足輕重的作用。它們每天向每個嫌犯傳達著一個明確的訊息：認罪，你就可能重獲自由；死不認罪，我們就會把你關起來。對於進了拘置所的所有人來說，這段話幾乎是千真萬確的。

　　和其他大多數國家一樣，在日本，招供和認罪是讓司法之輪能夠運轉的潤滑油。就算該國的犯罪率很低，如果檢方需要透過收集足夠的證據拿到法庭上證明被告有罪，那麼全國兩千名檢察官也沒辦法處理擺在他們面前的所有案件。也沒有足夠的法官或法院來進行所需的聽證會。因此，自白招供是檢察系統和被告的捷徑。

．．．

在大多數情況下，第一次被警方逮捕的嫌疑人，在檢察官決定是否要追究此案的期間，會被送進當地警局地下室的狹窄牢房內。小小的牢房可以容納三到六個人，空間只足夠讓他們晚上在地板鋪上日式蒲團。除了每天可以共用閱讀的日報和廣播新聞，幾乎沒有和外界接觸的機會。運動則要由獄警決定，他們認為這種要求是打擾他們上班值日。

那些在東京被捕的人，每天都會有接駁車載往位在政府機關所在地、一條林蔭大道上的法務省大樓。不過，嫌疑人看不到這些景色，因為接駁車的車窗都被遮起來了。被拘留者第一眼看到的，是法務省大樓的地下室。到達那裡之後，會是十二個人一組，坐在一個沒有窗戶而且狹窄的混凝土房間裡，一坐就長達十個小時。這裡頭冬天沒有暖氣，炎熱的夏日也沒有空調。他們被禁止交談或四處張望。他們待在那裡等待著與檢察官耗時間。在被拘留期間，只能打電話給律師，或者假如他們是像戈恩這樣的外國人，可以打電話給他們本國的大使館。但是禁止打電話給家人和朋友。

如果三天後事情還沒有解決，檢察官必須徵求法官允許，再將嫌疑人羈押十天。根據法務省的規定，這種情況「唯有在獨立法官發現有足夠的理由懷疑該人犯罪，而且該人存在隱瞞或銷毀犯罪證據、或逃避司法制裁的風險時」才會發生。

這個障礙設置得很低。根據法務省的數字，在檢察官調查案件期間，提出的羈押嫌疑人的所有請求裡，法官批准了其中的94.8%。對於那些被告來說，這數字實際上已經比2006年有了顯著改善，當年的法

官批准了99.6%的檢方請求。[1]

對於這些案子，下一站就是送到拘置所。對於戈恩來說，他要去的是位在該市東北部、不起眼的小菅的東京拘置所。這座十二層樓的龐然大物可以容納三千名囚犯，但通常人數少得多。而且從外觀特徵也幾乎看不出它的真正用途。窗戶上沒有鐵欄杆，沒有鐵絲網，也沒有警衛塔。一個簡單的圍籬和前面的幾個警察，給人一種戒備森嚴的資訊中心的感覺。由於戈恩和其他備受矚目的被告一樣，是直接被檢察官逮捕的，所以他被直接帶到了東京拘置所。

這個拘置所事實上並不是監獄。這裡羈押著還在等待審判或上訴的囚犯，以及死囚牢房中的囚犯（嚴格說起來，他們並不是在服刑，而是在等待處決）。它一直是日本一些最著名的重罪被告的臨時住所。這些被告包括前首相田中角榮，儘管他的政治實力雄厚，但是他在1976年的洛克希德賄賂醜聞案審判之前還是被拘留了，後來此案被定罪。在戈恩之前，保羅・麥卡尼（Paul McCartney）是在東京被羈押過最著名的外國人之一（雖然不是在小菅）。1980年，他因為攜帶大麻的罪名被羈押了十天，當時他正在舉行巡迴演唱會。（據報導，他和其他人一起被關在牢房裡時，在一個令人望而生畏的獄友要求下，演唱了《昨日》〔Yesterday〕。）[2]

對於日本司法制度裡一個極具爭議的面向——採用死刑，東京拘

1　I. National Police Agency, "Police Detention Administration in Japan," https://www.npa.go.jp/english/ryuchi/Detention_house-Eng_080416.pdf.

2　Bradley Calvin, "How Sir Paul McCartney Endured Prison and Other Hardships, Medium, August 4, 2019, https://medium.com/@thoughtmedley/how-sir-paul-mccartney-endured-prison-and-other-hardships-887db95b28fd.

置所也占了一些份量。日本全國七個執行死刑的拘置所就包含了東京拘置所。末日派邪教教主麻原彰晃（Shoko Asahara）就在這裡被處決，他在1995年犯下東京地鐵的沙林毒氣攻擊事件，造成十三人死亡、數千人罹病，這個愚蠢的犯行震驚了日本和全世界。

　　由於大多數已開發國家已經揚棄死刑（美國是另一個主要的例外），繼續採用死刑本身就會引起國際批評。此外，日本執行死刑的方式，多了個似乎不必要的殘忍層面：不會提前告知被判處死刑的人，可能在什麼時候執行死刑。許多囚犯在死囚牢房裡枯等了好幾年，等待法務大臣最終決定執行死刑。囚犯只會在行刑當天早上才收到通知，因此很多人多年來每天早上醒來，都不知道這是不是他們的最後一個早晨。

　　一名被定罪的殺人犯在多年後進行DNA測試之前，在死囚房裡待了近五十年，使他的案子備受質疑。[3]（儘管如此，日本政府繼續推進此案，而且到了2020年，這案子仍然在法庭審理。）家庭成員能獲得的資訊甚至更少。直到死刑執行完成後才會通知他們。死刑是利用高科技的絞刑執行的。與絞刑執行室相鄰的房間，牆上安裝了一組三個按鈕，能夠啟動絞索綁著的囚犯下方的地板開口。三個按鈕是由不同的官員按下，因此他們不會知道是不是自己把死刑犯送上黃泉路的。

• • •

澳洲記者史考特・麥金泰（Scott McIntyre）對東京拘置所熟到不能再

3　Emiko Jozuka and Yoko Wakatsuki, "This Japanese Man Spent Almost Five Decades on Death Row. He Could Go Back," CNN, March 22, 2020, https://edition.cnn.com/2020/03/21/asia/japan-death-penalty-hakamada-hnk-intl/index.html.

熟了，他談到了自己的經歷。2019年，麥金泰在進入他的日本籍岳父母居住的公寓大樓時，因為非法侵入而被捕。當時他的妻子正跟他鬧離婚，帶走了他的兩個孩子，他是為了見孩子才進入岳父母家的。侵入罪是輕罪，但是當地警方認識麥金爾，因為他經常去找他們，要求他們更積極地查證他的孩子過得怎樣。

他的案件也揭露了日本司法中，另一個一再受到檢視的領域：子女監護權。日本不允許共同監護，而且批評者說，法院通常會遵循法律前提來判決，這個監護權的法律裡，所有權就占了九成。因此在大多數案子裡，主要撫養孩子的父母親會取得監護權，而這樣判決只會讓糾紛越演越烈，在一些廣為人知的案子裡，最後甚至引發綁架案。大多數鬧得很難看的監護權案件都和外籍配偶有關，但是本國婚姻也有這種問題。

麥金泰說他並不是想綁架他的孩子，只是要看看他們，但他懷疑，他之前曾努力想要和他們交談，還有他曾聯繫警方以確定他的孩子是否安全，這些事會不會都是導致他因非法侵入罪名被捕的原因。第一次被拘捕時，麥金泰拒絕同行。他堅稱自己是清白的（在穿過大樓的大廳前門後，他只是短暫進入大樓，並沒有試圖進入公寓）。在試圖見到孩子的種種努力中，他願意付出被指控這些罪狀的代價。

他的抗爭讓他被關了四十五天，其中有二十五天關在小菅的東京拘置所。根據他的描述，那裡的生活也不是說糟糕，而是比較一板一眼嚴格管理，和臭名遠播的紐約市萊克斯島（Rikers Island）監獄相比，反倒像住宿的軍校。這座拘置所既乾淨也不腐敗，而且安全、沒有暴力，至少囚犯對囚犯之間是如此。同時，還有五花八門的規矩，其中許多規則似乎只是為了折磨人，而且獄警用言語羞辱人也很常見。從被拘留那天

開始，被拘留者就不能用自己的名字；他們都有一個數字編號來取代名字，在一些不同的時間場合，例如拿食物的時候，都必須大聲報出編號。

囚犯會拿到兩套綠色制服、一套牙刷、牙膏、肥皂和一條小毛巾。這些牢房裡鋪著傳統的榻榻米。羈押六名囚犯的牢房是個250平方英尺、相當狹窄的房間，空間只夠他們晚上時再多放個蒲團靠墊。在牢房內不可以運動，不過除了週末、節日假日或是下雨天以外，會有去樓頂放風的時間。至於那些不做某些監獄勞動的人，大部分時間都在牢房裡度過，在房裡你必須盤腿席地坐在矮桌前的小坐墊上。房裡沒有椅子。禁止靠著牆坐，而且不能躺下，除非是午睡時間（在這段時間你就必須躺著，別無選擇）。獄方表示，這是為了讓獄警能清楚看到是不是有人生病或企圖自殺，這點是他們的主要擔憂倒也不意外。晚上的燈光有點暗，但睡覺時間從不關燈。

有錢的人可以開個監獄帳戶，從監獄的商店購買各種商品，包括休閒食品、文具用品、報紙和雜誌。被拘留者可以穿自己的衣服，個人衣物每週洗兩次，最多兩件。當被帶到公共浴室或樓頂，或是在電梯裡的時候，被拘留者必須避免所有眼神接觸，並且面對牆壁。平日允許有訪客，但所有交談和通信都由獄方工作人員監控，必須使用日語（見面的雙方或是透過翻譯），這使得外國人在拘留期間更難熬了。

就像其他大多數人一樣，麥金泰認為這件事可能這樣沒完沒了，而且和那93%的被告走上同樣的路──他轉換態度從申訴換成認罪，而且在經過短暫的審判後被判緩刑，這意味著他只要避免再犯下任何法律問題，就不必服刑。

‧‧‧

　　戈恩在小菅羈押期間是單獨監禁，也可以說是個人房，看你要用什麼角度看。雖然這樣保有更多隱私，但是也讓他和別人接觸的機會更少了。這顯然和全球極具影響力的企業高層的生活相去甚遠。牢房大約八乘十英尺大小，有一個廁所、水槽，還有一張矮桌，像日式起居席地而坐時可以使用。和一般牢房一樣，寢具裡也有蒲團床墊。牢房裡沒有暖氣，不過會在走廊擺上風扇把暖氣（空調）吹進來。戈恩說，儘管法務省的規定沒有明令禁止，但是拒絕允許給他筆紙。就連手錶也不能給他，所以很難算出時間經過多久。他還抱怨獄裡只有米飯、湯，以及隨便烹調的魚或肉這樣的伙食，這點從他在被關了五十天之後，出現在法庭時憔悴的外表就想像得出來。

　　戈恩可以見訪客，但會面時間非常有限。交談內容必須翻譯出來，以便讓獄警知道他們在說什麼。在囚室的條件受到批評之後，官員後來終於允許給他一張床墊和另一些家居用品，以致於在他離開時，還需要派一輛廂型車把各種物品載走。

　　即使有這些特權，這段日子也不是很好過。戈恩的第二次和第三次被捕，檢察官獲准延長他的羈押時間，第四次也是最後一次針對他的案件，在他獲得自由之後把他送回小菅二十二天。戈恩和批評這種制度的人說，這只是折磨人的過程裡的一部分。他總共在東京拘置所待了130天。

　　這時間要比其他一些拒絕招供的人要短了。在「邁克‧伍德福特奧林巴斯」詐欺案裡的白領被告、前野村證券銀行家橫尾宣政（Nobumasa

Yokoo)，在審判開始前被拘留了966天，超過兩年半。[4]他堅持自己是清白的，但是因為幫助公司詐欺而被判有罪。而身處這件醜聞核心的奧林巴斯高階主管，每個人被拘留的時間不超過四十天。兩者的差別？他們供認不諱。「方法很簡單，認罪，一切都會變好過。」一名曾在日本處理過刑事案件的西方律師說。戈恩是免不了長期羈押的，他預見到檢察官會用拖延戰術，讓他承受越來越大的壓力。就像一名目前對該制度多所批評的日本離任檢察官所說的：「當檢察官的案件證據很薄弱時，他們就會盡可能拖時間。」

　　日本並不是唯一在審判前會長期羈押的國家，研究顯示，這種情況在許多國家都有逐漸增加的趨勢。雖然戈恩一度表示願意去法國受審，但是在法國，嚴重犯罪的審前羈押時間可能會持續兩年以上。[5]在美國，平均期限差異很大，但是對於某些類型的犯罪可能高達150到200天，不包括那些因嚴重罪行而禁止交保的人。[6]和日本最大的差別在於，其他國家的審前羈押幾乎都和暴力犯罪有關，以及付不出保釋金的人。在西方，羈押既是一個經濟問題，也是一個司法問題。在歐洲或北美，戈恩不太可能遇到類似在東京拘置所的經歷。

• • •

4　Kana Inagaki and Robin Harding, "Fate of Olympus Financier Shines Light on Japanese Legal System," *Financial Times*, June 10, 2019, https://www.ft.com/content/382998a4-81f4-11e9-b592-5fe435b57a3b.

5　Local Expert Group (France), "Pre-Trial Detention in France," Fair Trials International, 7, June 13, 2013, https://www.fairtrials.org/wpcontent/uploads/Fair_Trials_International_France_PTD_Communiqu%C3%A9_EN.pdf

6　Patrick Liu, Ryan Nunn, and Jay Shambaugh, "The Economics of Bail and Pretrial Detention," Hamilton Project, 6, December 2018, https://www.hamiltonproject.org/assets/files/BailFineReform EA 121818 6PM.pdf

　　由於國際上越來越密切關注此案，戈恩的律師一再提出保釋的動議，終於排除萬難成功了，在他第一次被關進牢裡的108天之後，得到法院的釋放命令。這次釋放遭到檢察官反對，他們主張他可能會破壞證據。在聯合國制定的標準裡，阻止銷毀證據是少數允許接受審前拘留的理由之一。但是利用拘留讓嫌疑人認罪可不是。

　　戈恩自由了，最起碼在某種程度上自由了，然而這個自由最終沒有維持很久。在法院開出的條件裡，他必須同意在住所外面安裝監視攝影機，以便檢方當局知道進出的人有誰。他還必須改用一支不能連接網際網路的舊款摺疊手機。通話紀錄也必須提交給法院。有任何上網的需求時，戈恩都必須去他的律師辦公室。

　　如果法院接受了戈恩本人的提議，歷史可能會大不相同：佩戴電子腳環，讓當局可以隨時追蹤他的位置；這是其他國家監控假釋嫌犯常用的方式。日本當局表示他們沒有這樣的系統。這是個影響重大的決定，如果當初法院接受了，戈恩之後就很難消失不見。

　　在戈恩獲釋不到一個月，當局再次用新罪名搜查了他的公寓，並且把他帶回小菅又關了22天，再次增加了認罪的壓力。戈恩的人注意到，這次逮捕行動是在他即將舉行新聞記者會時發生的。法律專家說，檢察官很可能故意留著這第四次、也是最嚴重的罪名，做為最後的圈套，以便隨時準備好派上用場。在格雷格·凱利的審判裡，後來的證詞就顯示，這場調查最初的重點是可能會更嚴重的詐欺指控，而不是更專業性的薪資問題。在最後一次逮捕時，檢察官的逼供手法似乎已經用盡了，而且這種策略受到越來越嚴格的國際檢視。由於壓力越來越大，儘管檢察官反對，戈恩仍再次克服萬難獲得保釋。但這一次，法官的條件更為嚴苛。

戈恩抗議得最激烈的一點，是他不能見妻子卡羅爾。

對澳洲記者麥金泰來說，戈恩的經歷不是絕無僅有。「你被恐嚇、羞辱，在無力招架之後默認了他們希望你說的話。他們會直接告訴你，『把我們要你說的話說出來，我們就會好好對待你。』這算什麼樣的司法制度？」

「戈恩認為自己受到了差別待遇。事實並非如此。他受到的對待和每個日本籍囚犯一模一樣，而之所以這件事會受到加倍關注，是因為這意味著每天都有很多人受到這個制度虐待。日本人太怕申訴了，唯一會談論這個制度的是外國人。我想代表日本受害者為此發聲。」

戈恩和麥金泰的批評並不是唯一。曾經有報導提到，一向拒絕插手戈恩案的法國總統馬克宏，曾經對日本首相安倍晉三表示，戈恩的羈押期似乎「太久、太辛苦了」。

後來戈恩有了一個重要的友軍——聯合國的一個小組委員會強烈譴責日本的做法。在2020年11月的一份報告裡，聯合國人權理事會任意拘留問題工作組表示，多次逮捕和拘留戈恩是「程序外的非法濫用，在國際法裡沒有任何法律依據」。報告還批評了他被長時間審訊、以及和律師見面的時間受限。這個由專家組成的獨立工作組表示，日本應該對這些狀況進行調查，並且對負責的人採取「適當措施」。除了這種不太可能如願的狀況以外，報告裡還主張戈恩應該獲得賠償和其他彌補。該報告還多次提到，拒絕讓戈恩交保的法官表示，戈恩可能會企圖篡改證據，但是並沒有說他們認為他有「逃亡風險」。這是要符合聯合國規範的一種巧妙變通方式，在聯合國規範下，有逃亡風險的人是可以拘留的，事後來看，這對戈恩確實是成立的。

　　該報告的調查結果引起日本官員強烈反彈。外務省發表聲明為該制度辯護，稱這個制度有很完善的管理。聲明還提出了報告中關於戈恩的逃亡風險，說法不一致的地方，並強烈指出該報告不能代表聯合國的官方聲明。

　　雖然該份報告大多數是針對國際組織以前提出的問題，但是它為戈恩和其他人提供了一個便利的武器，可以拿來持續向日本政府施壓。

• • •

　　政府官員表示，日本囚犯沒有投訴這點就不言自明了。不像其他國家，日本在戰後至今這一整段時間，都沒有發生過監獄暴動。因此他們認為，儘管受到國際批評，但事情一定會進展順利。像是人權觀察等外部組織，則不相信這種說法。[7]該組織在其關於日本獄政系統的報告裡表示，在日本司法系統裡，沉默是關鍵，不論是當局對於所發生的事情默不作聲，或是囚犯談話或大聲喧嘩，通常都會受到懲罰。「仔細觀察過日本獄政系統會發現，沒有嚴重的監獄騷動很可能和嚴厲的紀律和囚犯之間的恐懼有關，不見得和日本監獄人口普遍滿意監獄有關，」它在1995年的一份報告裡表示，「要達到這樣的秩序，付出了非常高的代價：那就是違反基本人權，以及不遵守該國已正式簽署的國際規範。」

　　要是沒有其他原因的話，可能就是這種國際壓力已經讓日本當局有所提防了。在戈恩案被負面宣傳後，東京拘置所特地帶領媒體參觀，展示整潔的牢房，公共區域的桌上細心地擺上報紙和一包包洋芋片，彷彿

7　"Prison Conditions in Japan," Human Rights Watch Asia, March 1995, https://www.hrw.org/sites/default/files/reports/JAPAN953.PDF

旅館房間似的。地板擦拭得亮晶晶，牆壁也沒有磨損的痕跡。

為了展現它是社區的好鄰居，小菅拘置所也有它自己的一套夏季過節方式，這種做法在日本社區鄰里很常見。[8]慶典場地的大門大開，民眾可以進去參觀該設施。遊客還可以品嘗「監獄咖哩」（實際上囚犯顯然吃不到）。挖洞的木板立像，讓小孩子有機會拍攝自己獄警裝扮的照片（囚犯立像就沒辦法這麼拍）。有來自日本各地監獄製作的商品，包括鞋子和手提袋。還有現場音樂表演，包括傳統的日本鼓樂團。但是囚犯不在受邀之列。

最後，造成戈恩逃亡的周遭環境，使得爭論日本羈押制度是否公平的正反雙方，觀點又更加強化了。對於那些要求改革的人來說，至少戈恩決定逃亡是可以理解的。他們看到對他不利的可能性很大，他們知道這個國家可以對嫌疑人施加幾乎沒有止境的壓力。

而對於保守派人士來說，它完完全全說明了為什麼拘留是必要的，以及更頻繁使用保釋有何風險。前檢察官高井康行（Yasuyuki Takai）告訴NHK電視台說[9]：「此案引起了一個極嚴重的問題，就是繼續從寬處理保釋問題的趨勢是不是正確的。法律專家和立法者必須趕快考慮新的法律措施或制度，來防止這類棄保逃亡。」一向照邏輯行動的戈恩已經為他們提供了答案：腳環。

8　Johannes Schonherr, "Tokyo Detention House Prison Festival," Japan Visitor. https://www.japanvisitor.com/japanese-festivals/prison-festival.

9　Linda Sieg, Reuters, "Ghosn's Escape May See Japan Impose Stronger Bail Conditions on Defendants," *Japan Times*, January 1, 2020, https://www.japantimes.co.in/news/2020/o1/o1/national/crime-legal/ghosn-escape-bail-conditions/#.XyeLwEBuLcs

CHAPTER

19

大逃亡
Great Escape

　　人口稠密的日本，一個空間總是很有限的國家，有著悠久的填土造陸歷史。西部大都市大阪的重要航空樞紐關西國際機場，就是一例，它是一個人工島，像一艘不沉的航空母艦一樣座落在大阪灣。機場和本土之間有一條堤道連接，從機場跨越過關西國際機場聯絡橋（Sky Gate Bridge R），對面就矗立著高聳的星門關西機場飯店（Star Gate Hotel），號稱日本最高的飯店之一——從每個房間都能看到海景。在2019年12月29日午夜的幾個小時之前，一個名叫麥克‧泰勒（Michael Taylor）的美國人和一名同伴從飯店大廳巨大的螺旋形吊燈底下經過，退掉4609號房。他們兩人急著趕搭一班重要航班，然後就從飯店悄悄離開，推著兩個有鋁製邊框、把手以及箱角強化的特大號黑色箱子——用來運送笨重但精密的音響器材的那種箱子。[1]他們的下一站是回到聯絡橋對面的私人飛機航廈。

　　那一天早上，這兩人才搭乘長途包機從杜拜飛到日本降落。抵達後，他們告訴日本關西移民官員說他們是音樂家。萬一有人問起造訪大

1　In the Matter of the Extradition of Michael L. Taylor, Case 4:20-mj-01069-DLC (US District Court for the District of Massachusetts, May 20, 2020).

阪的原因，他們甚至有一套掩護說詞，說是要在著名小提琴家葉加瀨太郎當天晚上的音樂會上演出。[2]此刻，在他們的包機降落才經過十三個小時，泰勒和他的同伴就把他們的貨物推回還在等著他們的飛機，然後就登機了。

　　泰勒的外貌或許已經顯露出有點不對勁。這位身材魁梧的59歲男士，頭上留的平頭和輪廓分明的國字臉所散發出來的氣質，還比較像軍人，而不是音樂家。而且可能還有另一個警訊：稍早的時候，泰勒還想要拿厚厚一綑用彈性髮帶束著、約一萬日圓的紙鈔給在門口工作的婦人當「小費」。他當時說他們得快點離開，因為他們趕時間。[3]那名婦人一開始為了避免冒犯旅客，所以把錢收下。但是在和同事討論過這筆意外之財後，她及時把這筆錢交給她的主管將錢歸還，始終彬彬有禮，並強調在他們這個服務導向的國家，給小費並不是慣例。這兩名外國旅客繼續他們的行程，晚上11點10分，他們的飛機終於在局部多雲的夜裡起飛，飛往土耳其的伊斯坦堡。[4]

　　在他們飛機的起落架收起之後，這個意外的偷渡客才現身。

　　當飛機伴著夜色往西飛去時，泰勒去檢查了行李箱。就像泰勒後來向《浮華世界》描述的那樣，他往後走到貨艙時，卡洛斯·戈恩興奮的迎接著他，他盤腿坐在音響器材箱上，不再擔心了。戈恩已經不知怎麼地完成這件不可思議的事。當天稍早，這位被起訴的汽車業巨頭在短短幾個小時內，想方設法在東京當局沒想到的情況下溜走，跑了半個日

2　In the Matter of the Extradition of Michael L. Taylor.

3　May Jeong. "How Carlos Ghosn Escaped Japan," *Vanity Fair*, July 23, 2020, https://www.vanityfair.com/news/2020/07/how-carlos-ghosn-escaped-japan.

4　In the Matter of the Extradition of Michael L. Taylor.

本，把自己裝進一個大箱子，然後偷偷登上現在這架私人飛機，飛離日本。這次大膽的奇招，讓他在新年之前得以回到他的祖國黎巴嫩。[5]

• • •

毫無戒心的日本當時正忙著準備放延長為三天的新年假期，開始了戈恩終將受審的鼠年。但是在12月31日，戈恩公開宣告他不會再乖乖聽話地遵守日本的保釋條件，而是人在七個時區以外的貝魯特，讓日本和全世界都大吃一驚。戈恩的近1,400萬美元保釋金被沒收了，不過他終於逃出日本司法的掌控：日本只和韓國與美國簽署了引渡條約，而黎巴嫩不會引渡本國公民。

戈恩在他這場大逃亡中，沒有把時間浪費在揭發日本的過錯。他驚人的第一句話，就像受害者的反抗宣言一樣引發迴響：

「我現在人在黎巴嫩，日本司法體制將不能再把我當成人質羈押，那個體制公然無視日本一定要遵守的國際法與國際條約的法律義務，採取有罪推定，歧視行為猖獗，而且否定基本人權。我沒有逃避司法——我是逃離了不公不義和政治迫害。我現在終於可以和媒體自由交流了，也期待下週開始的日子。」

在被強制性保釋條件約束了好幾個月之後，戈恩終於可以自由地表達自己的想法。隨著這個傳奇故事在世界舞台上再次爆發，他那辛辣的言論也重現江湖。

---

5 David Gauthier-Villars, Mark Maremont, Sean McLain, and Nick Kostov, "Carlos Ghosn Sneaked Out of Japan in Box Used for Audio Gear," *Wall Street Journal*, January 3, 2020, https://www.wsj.com/articles/carlos-ghosn-sneaked-out-of-japan-in-box-used-for-audio-gear-11578077647.

　　起初由於日本正在放元旦的三天連假，實際上處於停工狀態，日本官員的回應較為混亂。日本法務省終於做出回應時，似乎和世界其他國家一樣，對於戈恩到底怎麼成功逃出去的，感到十分震驚。這件事令日本顏面盡失，像是被打了一記耳光。

　　就連戈恩自己的日本律師，似乎也對於他這次人間蒸發的行動百思不解。

　　「我不知道他是怎麼離開日本的。但是我懷疑，像這樣的事情，除非動用到一個龐大的組織，否則是不可能成功的。」在這個消息傳出之後，他的一名律師弘中惇一郎在一場毫無準備的媒體提問中，這樣回答。弘中發誓辯護團隊和這次逃亡無關，堅稱戈恩逃走是「背叛」他們。

　　不過他還是同情他的客戶。「我能理解戈恩先生為什麼會想到要這麼做。我相信一定有很多讓他無法接受的事情，從他被拘留的方式到檢察官怎麼收集證據，再到允許他和妻子交談的方式，到證據披露的方式，」弘中說。「當然，他是違反了保釋條件，而且那是不能原諒的。他的所作所為違反了日本的司法制度。這不是好事。但話雖如此，理解他為什麼非得採取這種非法行動，是另一回事。」

　　大多數日本人並沒有那麼寬容，現在他們不只把戈恩看做一個被起訴的嫌疑人，還是個國際逃犯。他們認為，他會逃亡就證明了他從一開始就是有罪的。他很清楚他無法承受這個罪責，因為那個罪名是事實。

• • •

　　戈恩潛逃的決定雖然激烈，但是在某種程度上，是日本不屈不撓的司法制度，和這位一向為所欲為、不願妥協的超級企業高層長期衝突之

下的必然結果，而這也引發了一連串加劇的衝突。

顏面掃地的日本法務省決心要討回一點顏面，它對戈恩發出國際刑警組織紅色通緝令（Interpol Red Notice），正式請求其他國家逮捕他。這意味著戈恩在任何機場過境時，都有可能被逮捕並送回日本接受審判。日本實際上已經把他困在黎巴嫩。戈恩過去是個層級相當高的企業主管，習慣帶著有不同護照的證件夾在全球各地飛來飛去，現在他住在世界上最小的國家之一。最初，他躲在日產以前幫他買的粉色外牆的豪宅裡生活——購屋款來自原本打算用來培養新技術新創公司的一家子公司。

檢察官接下來對戈恩的妻子卡羅爾發出逮捕令，指控她在去年4月在日本法院做偽證。[6]隨後，他們對戈恩發出了新的通緝令，理由是他在護照沒有蓋章的情況下偷偷溜進關西機場，違反了日本的移民法。檢察官還公布了對泰勒及其同案被告的相關通緝令：他的兒子彼得·泰勒（Peter Taylor），還有喬治－安托涅·扎耶克（George-Antoine Zayek），這名同夥涉嫌協助把黑色箱子載到機場。[7]

戈恩以前主持的公司也抓住他這次逃亡的機會，擴大施壓。日產在橫濱地方法院對戈恩提起了訴訟，為他對該公司造成的損失求償100億日元（9,100萬美元）。[8]法國檢察官加緊調查戈恩在雷諾汽車涉嫌挪用

6 Bloomberg, "Japan Seeks Interpol Red Notice, Ghosn's Wife Report Says," *Automotive News*, January 20, 2020, https://www.autonews.com/executives/japan-seeks-interpol-red-notice-ghosns-wife-report-says.

7 Hans Greimel and Naoto Okamura, "Tokyo Prosecutors Get Arrest Warrant for Ghosn, Alleged American Accomplices," *Automotive News*, January 30, 2020, https://www.autonews.com/executives/tokyo-prosecutors-get-arrest-warrant-ghosn-alleged-american-accomplices.

8 Hans Greimel, "Nissan Sues Ghosn in Japan for $91 Million," February 12, 2020, *Automotive News*, https://www.autonews.com/executives/nissan-sues-ghosn-japan-91-million.

資金的事。雷諾隨後提交了一份訴狀，保留向這位被免職的董事長追償自身損失的權利。[9]法國的調查擴大到了戈恩在凡爾賽宮舉辦的奢華派對，以調查雷諾與阿曼一家汽車經銷商之間的旅費支出和金融交易。[10]同時間在美國，有兩個公共退休金計畫代表投資人發起了集體訴訟，對戈恩與日產、凱利、西川廣人和另外兩名前高階主管提出索賠，要求賠償因戈恩被捕後，日產股價暴跌而造成的數億美元損失。

戈恩也進行了反擊。他的國際法律團隊由法國人權律師弗朗索瓦·齊默賴（François Zimeray）帶頭，承諾將對那些貶低戈恩、使他成為在逃嫌犯的各方發起「大規模」反訴。[11]戈恩控告雷諾，求償250,000歐元（278,000美元）的未支付退職金，後來並且要求收取每年價值774,774歐元（861,550美元）的額外退休金，外加價值超過1,000萬美元的股票。[12]另外，戈恩在荷蘭提起1,500萬歐元（1,640萬美元）的求償訴訟，對荷蘭合資企業日產－三菱BV不當解僱董事長的事求償。[13]而他在日本的律師也在考慮，在當地對日產的民事訴訟提起反訴。

9   Benoit Van Overstraeten, "Renault Reserves Right to Seek Damages Depending on Ghosn Probe," *Automotive News Europe*, February 25, 2020, https://europe.autonews.com/automakers/renault-reserves-right-seek-damages-depending-ghosn-probe.

10 Reuters, "French Prosecutors Step Up Ghosn Probe over Palace Party, Report Says," *Automotive News Europe*, February 20, 2020, https://europe.autonews.com/automakers/french-prosecutors-step-ghosn-probe-over-palace-party-report-says.

11 Hans Greimel, "Ghosn Legal Team Plans 'Massive' Offensive," *Automotive News*. January 13, 2020, https://www.autonews.com/executives/ghosn-legal-team-plans-massive-offensive.

12 "Ghosn Postpones Suit Seeking Retirement Pay from Renault," Radio France Internationale, February 21, 2020, https://www.rfi.fr/en/wires/20200221-ghosn-postpones-suit-seeking-retirement-pay-renault.

13 Reuters, "In Dutch Court, Ghosn Seeks Release of Internal Documents," February 10, 2020, https://jp.reuters.com/article/renault-nissan-ghosn/in-dutch-court-ghosn-seeks-release-of-internal-documents-idUSL8N2AAIWQ.

在2020年初，看起來戈恩永遠不會真正面對日本法官，回答對他的種種指控。然而，讓他、日產和雷諾深陷其中的法律泥淖卻不知怎麼的，總是越來越深。

• • •

在黎巴嫩發出的一篇專訪裡，戈恩承認所有案件需要數年才能塵埃落定。「對於已經發生的這一切，我永遠沒辦法完全證明自己的清白。已經造成了巨大的損害──對我，對我的家人，對我的名聲，」他說。「讓我們現實點。我不會要求恢復從我身上奪走的東西，但是我至少可以提出另一種解釋。」

就某方面來說，把戈恩困在黎巴嫩可能對聯盟比較有利。日產和日本可以輕易避免數個月、甚至數年的官司纏訟，因為那些官司能夠為戈恩提供向國際發聲的機會，來支持他的陰謀論並抨擊該國的法院。隨著審判進行，在大眾眼中逐漸變老的戈恩，本來可以成為國際社會批評日本司法制度的同情對象，以及有效的代罪羔羊。誠然，隨著戈恩逃亡，檢察官永遠不會有機會證明他們的指控，並在法庭上提供證據。不過日產和日本依舊會避免一些可能讓它們難堪的法庭證詞，同時把失控的戈恩留在貝魯特，並用有罪推定把他汙名化。

另一方面，戈恩棄保潛逃給日產、聯盟和日本帶來了很多麻煩。由於戈恩不再受控，他可以從避風港隨意地狙擊他們也不會受罰。他寫了一本告白的書來宣傳他這方的說法，不過就少了檢察官那一方的內容。為了編出好故事，戈恩甚至得到了好萊塢大亨麥可・奧維茨（Michael Ovitz）的幫助，他是人才經紀公司「創新藝人經紀公司」（Creative Artists

Agency）的共同創辦人、迪士尼公司的前總裁。戈恩這邊的一位人士自稱和奧維茨有私交。他還補充說，他可能會幫助評估來自製片廠、製作人、內容公司和電視網的提案。如果法庭上的言辭抨擊可能損及日產和日本的聲譽，那麼類似《虎王》（Tiger King）這樣把戈恩傳奇事蹟拍成Netflix紀錄片影集，就很可能極具毀滅性。

戈恩在逃的前兩週待在黎巴嫩的日子，就預演了他接下來的反擊。

在貝魯特落地之後不到幾天，他就在這個黎巴嫩首都召開了一場全球新聞記者會，抨擊了那些指控他的人。這場僅允許受邀者參加的盛會，目標對象是來自美國、歐洲、中東和巴西數十家新聞機構的一百名記者。值得注意的是，會上沒有日本記者——尤其是來自最重要的國家廣播公司NHK的記者。對日本媒體徹底失望的戈恩，只允許房間裡有三名來自該國的指定人選。他估計，其他的人早已有自己的看法了。

2020年1月8日的這場震撼彈級簡報，在黎巴嫩一個能夠俯瞰貝魯特濱海路沿岸水藍色地中海的新聞俱樂部場地舉行。「在我看來，如果你被選中，那麼你就是唯一試著客觀了解狀況的人，而其他所有人都是以檢察官做為消息來源。」會中戈恩這樣說道，「十四個月裡，他們講的都是日產和檢察官所說的一切，每一件事，沒有任何分析過的感覺，沒有一絲批評的樣子。我沒有逃避他們，我指望你們來傳遞這個訊息。」

當時黎巴嫩已經陷入金融危機，這次的現場也反映了東道國簡陋不堪的基調。經歷了十五年的內戰，在1990年代開始穩定下來的黎巴嫩，再次面臨了國家動盪。2019年底，大規模的街頭示威活動讓首都動盪不安，通貨膨脹開始飆升，當地貨幣暴跌，黎巴嫩很快就因為食物和藥品這類必需品短缺而陷入困境。據報導，通往貝魯特－拉菲克哈里里國

際機場（Beirut-Rafic Hariri International Airport）的道路，途經由什葉派伊斯蘭政黨真主黨和激進組織掌控的地區，道路兩旁掛著好幾英里紀念最近殉難的伊朗伊斯蘭革命衛隊指揮官卡西姆・蘇雷曼尼（Qasem Soleimani）的橫幅布條。就在戈恩的貝魯特記者會前幾天，蘇雷曼尼被美國無人機空襲殲滅，引發了整個中東的緊張局勢。後來，在 2020 年 8 月，一場硝酸銨大型爆炸事件炸毀了貝魯特港區，造成超過一百五十人死亡、數千人受傷，並且把整個國家推進更嚴重的混亂當中。（戈恩住的貝魯特住所——日產聲稱是它所有——離爆炸處不遠。房屋受到輕微損壞，但戈恩毫髮無損。）對這名垮台的企業大亨來說，黎巴嫩似乎是個荒涼且混亂的定居地，但是身為國際刑警組織通緝名單最新成員，戈恩別無選擇，只能姑且以此為家。

在新聞記者會上，在受邀名單上的記者要經過金屬探測器進行篩選，幾百名運氣不好、沒有被選上的媒體人士湧進停車場，擠在大門前想要入場。當戈恩在魁梧的保鑣護衛之下進入房間，他終於回到自己的主場了，這位媒體高手可以毫不費力地指揮群眾，並使用忍者般的修辭技巧來放出消息，以傳達他的觀點。如今，在聚光燈之下的他，似乎比以前任何時候都還要有活力。

戈恩被捕後首次公開露面，也就是面容憔悴、陰鬱地出現在東京地方法院，正是在一年前的這一天，如今他已經出現鮪魚肚和雙下巴了。但他穿著白色襯衫、深色西裝，打著紅色領帶，顯得很幹練；他依舊灰白的頭髮現在看來有種精明的感覺。戈恩宣稱：「我來這裡是為了澄清我的名聲。這些指控不是真的，我從一開始就不應該被捕。」在這整場表演裡，他的精彩辯護引起在場的中東記者團自發鼓掌。對許多人來

說，他們是在歡迎英雄回家，而且他們毫無遮掩地拋掉一切中立的偽裝。

戈恩開始興致勃勃地逐點反駁，讓人想起執行長的幻燈片簡報說明。他甚至展示了日產公司的文件，表示這些文件可以證明他是清白的，儘管這些投影圖太小，沒有人看得清楚。在前排的戈恩與妻子卡羅爾，被記者圍著兩個半小時。記者們一個接著一個大叫著提問，並且推擠著爭搶競爭對手手中的麥克風。戈恩用英語、法語、阿拉伯語和葡萄牙語回答他們的問題。他會開玩笑，發洩怒氣，也會用生動的手勢為他猛烈的抨擊增加效果，包括他招牌的大搖手指動作。

戈恩砲火猛烈地抨擊了日產以及據稱密謀陷害他的「少數肆無忌憚、報復心強烈的人」。他對日本的司法制度進行了最激烈的攻擊。他說，放棄保釋的決定是完全不用傷腦筋想的：「我之所以逃走，是因為我得到公平審判的機率為零……你要不是死在日本，不然就是得逃出日本。」[14]

．　．　．

事實上，戈恩自己的辯護律師從來沒有保證他們可以幫他在法庭洗清罪名。相反的，以和他們法律專業相符的刻意慎重行事的作風，他們只是堅持說他的案子有機會脫身，而且他們會盡最大的努力讓他重獲自由。同時他們也承認，在他們的國家，形勢往往對被告比較不利。

「『會有公正的審判嗎？』他一遍又一遍地問我這個問題。」在戈恩

---

14 Hans Greimel, "Ghosn Details 'Plot' to Oust t Him, Condemns Nissan Executives in Japan," *Automotive News*, January 8, 2020, https://www.autonews.com/executives/ghosn-details-plot-oust-him-condemns-nissan-executives-japan.

逃跑後不久，他的辯護律師高野隆（Takashi Takano）在一篇部落格文章裡回憶道。

「每次，我都向他解釋，根據我自己經驗判斷的日本法律做法。我還談到了現實情況與憲法及法律條款之間的差異。不幸的是，在這個國家刑案被告是無法得到公正審判的。法官不是獨立的司法官員，而是官僚機構的一份子。日本媒體組織只是檢察官的公關機構，」高野寫道。「考慮到日本的司法制度，以及他在過去一年裡所看到的周遭情況，我不能完全把這次潛逃視為『無恥行為』、『背叛』或是『犯罪』。」[15]

認識戈恩的人說，這種不確定性是他的轉折點。身為一個十分積極進取的執行長，他對下屬的要求一向很明確。做出承諾並遵守承諾，是他的重要管理原則之一。他給了目標、要求或是命令，如果你在承擔責任時猶豫不決，你就出局了。

「他總是會問，『你能做到嗎，是還不是？』」一名在戈恩身邊工作超過十年的日產資深高階主管說道。「如果你說你不確定，他就會叫你出去。他只會和回答『是的，我可以』的人一起做事。我認為戈恩已經對他的律師失去了信心。他會說，『我僱用你來完成這件事。你能給出承諾嗎？』那是他的作風。他想聽到『是的，我們會贏。』即使不見得是實話。」

他的律師高野坦承，如果戈恩一開始對他的機會持樂觀態度，那麼隨著2019年一天拖過一天，他會變得越來越消沉和沮喪。尤其是禁止他和妻子聯繫這個保釋條件，令他特別沮喪。

---

15 Takashi Takano, "Thinking about Criminal Trials: Takashi Takano@blog Livedoor Blog, January 4, 2020, http://blog.livedoor.jp/plltakano/

　　直到2019年11月下旬，在他的律師多次提出申訴之後，戈恩才被允許和卡羅爾交談，這是七個月來的第一次。不過他們只能在律師辦公室裡，在辯護律師注視下，透過視訊會議交談一個小時。禁止討論這起案件。在平安夜，就在他逃離日本的五天前，戈恩獲准進行第二次視訊會議。根據辯護律師高野說，他們提到了他們的子女、家人、朋友和過往回憶。她人已經在黎巴嫩，也許是在等待訪客。不過如果卡羅爾已經知道即將發生的逃亡行動，她也沒有告訴戈恩的律師。後來戈恩堅稱，他的妻子與子女和這次行動無關。

　　隔天聖誕節——這天在日本不是國定假日，佛教和本土神道教才是主要信仰——戈恩在審前聽證會上得知，對他的指控會分成兩場審判，其中一場要直到2021年4月才開始，這讓他十分震驚。審判會進行得很緩慢，每兩週只有三場聽證會。辯護律師高野估計，整個事件至少會拖上五年。

　　「你會經過第一次審判，上訴，最後到最高法院，」在貝魯特新聞記者會上，當時已經65歲的戈恩這樣告訴他親自挑選的記者團，「審判過程長達五年。在這之後，定罪率為99.4%。我預見到自己下半輩子實際上都得留在日本了⋯⋯我見不到卡羅爾，我不能和卡羅爾講話⋯⋯法官很驚訝我想要見我的妻子。也許對很多人來說，看不到他們的妻子並不是懲罰，但是對我來說，是懲罰。他們讓我瀕臨絕望。」

　　戈恩在新聞記者會上唯一不願提起的，是每個人都想知道答案的問題：他是怎麼逃出來的？

　　戈恩在當時以及後來的採訪中，都對此事緘默以對，表示他不想害到救他自由的人。「關於我怎麼逃走的，有很多傳聞，」他保留地說。「我

們聽到很多自相矛盾的說法。」戈恩後來承認他動用了「不少人脈」的協助。但他大多數時間都閉口不談此事，說口風不緊的話「會害到那些幫過我的人」。〔16〕

他究竟是如何逃出日本的，外人還不是完全清楚。儘管如此，有關這次行動的樣貌，仍然經由各種管道逐漸浮出檯面。首先，是由日本各地無所不在，監視街角、火車站、公共廣場、大樓入口的監視攝影機所拍下的畫面。計程車的行車紀錄器以及目擊者的證詞也能幫上忙。日本檢察官說，他們把這些片段拼湊在一起，重建了戈恩的跨國逃亡路線。接下來，還有戈恩逃亡造成證據公開所引發的官司。例如，在土耳其，檢察官起訴了載著戈恩從大阪飛往伊斯坦堡的私人飛機營運商相關的七個人。其中五人被控偷渡移民。〔17〕

在美國，被認為帶著藏了戈恩的箱子離開星門飯店的麥克·泰勒和他的兒子彼得·泰勒，正在想辦法避免被引渡到日本。還有五人因為涉嫌教唆戈恩逃亡而被通緝，並且在2020年5月在麻薩諸塞州被捕。

結果麥克·泰勒根本就不是音樂家。他是美國陸軍前綠扁帽部隊隊員，接受過高空跳傘、人質救援，以及以防萬一的，近身肉搏必殺技等等各種訓練。泰勒從軍隊退伍後，把自己重新定位成任何面臨緊要關頭的人都可租用的「安排者」，例如綁架被害人，或者是像戈恩一樣，在異國他鄉碰上法律麻煩的人。據說，泰勒花了數個月和數十萬美元，來

16 "Full Transcript of Al-Arabiya's Exclusive Interview with Nissan Ex-boss Carlos Ghosn," Al-Arabiya, July 11, 2020, https://english.alarabiya.net/en/amp/features/2020/07/11/Full-transcript-of-Al-Arabiya-s-exclusive-interview-with-Nissan-ex-boss-Carlos-Ghosn.

17 Ezgi Erkoyun, "Suspects in Ghosn's Escape Stand Trial in Turkey." July 3, 2020, *Automotive News Europe*, https://europe.autonews.com/automakers/suspects-ghosns-escape-stand-trial-turkey.

策劃這次瘋狂快閃行動。

• • •

這次人間蒸發的行動，是從戈恩在第二次交保期間所住的奶油色砂漿粉光磚造房子開始的。甚至依照日本上流社會的標準，戈恩的這個住所就擁擠的東京市中心來說，也是非常富麗堂皇的。這是一棟寬敞的三層樓住宅，位在一個綠樹成蔭的高級社區，有一個雙車位車庫，距離該市的名流聚會場所東京美國俱樂部（Tokyo American Club）不遠。

最初的監視器畫面拍到戈恩在 12 月 29 日下午 2 點 30 分左右，沒有攜帶行李離開住家。據稱在日本電視上所播出的戈恩錄影畫面裡，出現的是一個從頭到腳穿著黑色衣物、戴著深色帽子和太陽鏡的人物。就像其他許多場合一樣，這看起來可能只是戈恩去散步罷了。他很快就躲進附近六本木夜生活區的君悅飯店（Grand Hyatt Hotel）。

這幾乎不是什麼不得了的事。儘管會受到私家調查員跟蹤，而且住在法院下令安裝了監視錄影機的住家，戈恩仍然可以不受拘束到處逛。經常有人在東京的餐館、在公園裡，或是在超市看到他。他甚至有健身房會員證，他會在健身房活動活動筋骨——回想起來，這也許是為了為他的裝箱逃亡行動做準備。通常會有一輛配司機的豐田 Alphard 廂型車，載著戈恩在市區裡穿梭（這款車因為後座車室空間寬敞，而成為日本高階主管們的首選）。他以前曾經和他的一個女兒到日本古都京都旅遊——搭了三個多小時的火車，以及開車五個多小時。據報導，在他第一次交保的三天後，戈恩在豪華的君悅飯店慶祝了 65 歲生日。

然而，這一次，戈恩沒有在這家地標飯店吃一頓美食。他進了電梯，

用一把大概是事先給他的房間備用鑰匙來操作電梯，上到九樓。然後他進了933號房。法庭文件記錄了這次逃脫路線的每一階段，精確到以分鐘計。這份文件顯示，他在那裡和前一天登記入住而且帶著戈恩行李的彼得‧泰勒碰面。目前還不清楚他是怎麼拿到這些行李的。媒體後來報導說，這些行李是戈恩的一個女兒送去的。[18]日本法庭文件記錄著，下午2點06分，一輛豐田Alphard廂型車帶了兩個手提箱，到君悅飯店的停車場交給彼得‧泰勒。

一進到房間，戈恩就換掉衣服。

同時，彼得的父親麥克‧泰勒和同夥喬治－安托涅‧扎耶克，在上午10點10分降落在大阪關西國際機場。同一天早晨，他們搭乘日本著名的新幹線子彈列車趕往東京，這樣就能把原本需要七小時的汽車車程，縮短為兩小時二十四分鐘，快速穿越將近半個日本。

他們在下午3點24分到達933號房，然後四個人全部離開飯店，這次是帶著行李。兒子彼得‧泰勒獨自一人從東京郊外的成田機場搭乘班機飛往中國。父親麥克‧泰勒與戈恩和扎耶克一起行動。他們乘坐新幹線，在夜色掩護下返回大阪。據稱，監視錄影畫面顯示，在他們快速往西移動這段時間，戈恩戴上了外科口罩。這讓他（這個在日本大名鼎鼎的外國人）有了一點掩護作用，但不會引起人們注意。早在新冠肺炎疫情爆發之前，日本人就已經強制戴口罩來防感冒、花粉和汙染物質，戈恩把臉遮起來正好能融入其中。更多保全系統錄影畫面顯示，三個人都

---

18 David Yaffe-Bellamy, "Ghosn Probe Finds Daughter Met with Accused Escape Accomplice," *Automotive News Europe*, July 17, 2020, https://europe.autonews.com/automakers/ghosn-probe-finds-daughter-met-accused-escape-accomplice.

進了關西國際機場附近的星門飯店，入住4609號房。但是戈恩雖然進去了，卻再也沒有出來。倒是可以看到麥克·泰勒和扎耶克帶著黑色的大型音響器材箱離開。其中一個裡面是藏得好好的卡洛斯·戈恩。

在最後退房之前，泰勒在晚上9點左右離開飯店前往機場。他就是在那個時間給了女服務員「小費」。然後他回去接扎耶克，兩人在晚上10點20分左右，乘坐兩輛黑色大型計程車返回機場。這兩人和他們的箱子，順利到達機場裡供貴賓級旅客和他們的私人飛機使用、木質板材裝潢的「玉響貴賓室」（Premium Gate Tamayura）。[19] 他們在貴賓室裡親切地和安全人員攀談起來。職員們也許沒有像平時那麼嚴格。那時候已經很晚了，在日本最大的假期新年年假之前，他們一直在處理擁擠的旅客。那位女服務員從當天早上9點就開始工作了。

泰勒的箱子太大，沒辦法通過一般的X光機——這是故意的。一名機場工作人員後來回憶說，泰勒似乎全神貫注在不讓他們檢查這些箱子，而且堅稱X射線可能會損壞裡面的吉他「擴大機」靈敏的磁鐵。根據泰勒孤注一擲的算計，疲憊的機場工作人員僅僅揮揮手，就讓這些人和他們的貨物通過，沒有做適當的檢查。

一名日本地勤人員後來在一份證詞裡陳述，當晚他們把兩個黑色箱子裝上飛機時，他注意到其中比較大的那個，和早上卸下時相比要重得多。早上只要兩個人就可以抬起來了。他說那天晚上需要五個人來抬。

「因為這個大箱子比來的時候重多了，所以發生一個小插曲，工作

---

19 In the Matter of the Extradition of Michael L. Taylor, 4:20-mj-01069-DLC, Exhibit J, Record of Statements, Testimony of Kayoko Tokunaga, United States District Court for the District of Massachusetts, August 7, 2020.

人員開玩笑說：『箱子裡可能有個漂亮的小姐，』」他回憶道。「所以，當我看到新聞報導說卡洛斯‧戈恩躲在一個裝音響器材的器材箱，已經離開日本時，我的腦子就突然響起警鈴。」〔20〕

戈恩有可能透過箱子底部鑽的氣孔，聽到了忙著因應年假喧囂忙亂的機場工作人員隨口說的玩笑話。很有可能他也知道箱子什麼時候通過安檢，裝上飛機的；他肯定會認出噴射客機起飛時的噪音和大幅度傾角。大約十二個小時後，當這架租來的、航程超過六千英里的商務機「龐巴迪環球快車」（Bombardier Global Express）降落在伊斯坦堡時，這場豪賭已經接近尾聲。戈恩就在伊斯坦堡轉機，搭乘另一架飛機飛往祖國首都貝魯特。〔21〕

經營這些包機的土耳其包機服務公司 MNG Jet 航太（MNG Jet Aerospace Inc.）後來提起刑事訴訟，表示其遭受矇騙而在無意中提供了戈恩逃亡的工具。它說，一名員工在公司不知情或是未經公司授權的情況下偽造紀錄，把戈恩的名字從飛行文件裡刪掉了。〔22〕在法庭上出示的一份合約副本裡，這次關西大逃亡支付的價格為35萬美元。

土耳其當局以涉嫌偷渡移民為由，羈押了 MNG Jet 的一名高階主管和四名飛行員，而兩名空服員則被控對這起犯罪知情不報。在審判中，

20 In the Matter of the Extradition of Michael L. Taylor, Exhibit K, Record of Statements, Testimony of Narikuni Kawada, (United States District Court for the District of Massachusetts), August 7, 2020, 4:20-mj-01069-DLC.

21 Ali Itani, "Was This Carlos Ghosn's Final Trip of 2019?," *Arab News Japan*, January 1 2020, https://www.arabnews.jp/en/japan/article_7844/.

22 Phil LeBeau, Kathy Liu, and Meghan Reeder, "Carlos Ghosn's $350,0oo Getaway Flight," CNBC, January 6, 2020, updated January 8, 2020, https://www.cnbc.com/2020/01/07/nissan-ex-chairman-carlos-ghosns-350000-getaway-flight.html#:text-This%20music%20equipment%20case%2ofound,the%2obottom%20of%20the%20case.

一名MNG Jet經理說他被迫合作，因為他的家人受到威脅。這名經理說，當飛機最後降落在伊斯坦堡時，他在停機坪上遇到戈恩，並且得知這位即將大大出名的逃犯正在考慮，要利用這次逃亡記賺大錢。

MNG Jet經理告訴法庭：「卡洛斯問我這架飛機要多少錢……還告訴我好萊塢製作人想把這次潛逃過程拍成電影。」[23]

即使是美國檢察官，在爭論是否應該把泰勒父子引渡到日本的同時，似乎也對這個計畫的大膽程度印象深刻。

「把戈恩從日本帶出來的計謀，是近代歷史上最明目張膽、最精心策劃的越獄行動之一，牽涉到在飯店碰會、子彈列車行程、假扮身分和租用私人飛機等等，一連串讓人眼花繚亂的行動，」他們在一份法庭文件中寫道。「到最後，戈恩藏在一個黑色大箱子裡，搭乘私人飛機飛離日本，沒有被日本當局發現。」

這次行動看來是謀畫已久。日本檢察官指控當時年僅26歲的彼得‧泰勒，在7月到12月期間至少前往日本三次制定策略。在戈恩保釋期間必須保存的會面記錄顯示，戈恩甚至在他的律師辦公室裡和彼得‧泰勒開過四次會。戈恩的律師因此受到抨擊。不過他們承認不知道泰勒的背景和會面的目的。他們否認辯護團隊有任何人參與過這些會議。

不管他們是否知情，戈恩的律師也許還是有幫他的潛逃行動開了一點小縫。日產聘請私家偵探跟蹤戈恩的行蹤。這對戈恩來說是個永無止境的痛處，有時候甚至把他逼到妄想症的邊緣。「我們在一家餐館裡，他會說，『有看到那邊那張桌子的那些傢伙嗎？他們在跟蹤我們。』」一

---

23 Ezgi Erkoyun, "Suspects in Ghosn's Escape Stand Trial in Turkey," *Automotive News Europe*, July 3, 2020, https://europe.autonews.com/automakers/suspects-ghosns-escape-stand-trial-turkey.

名戈恩的熟人回憶道。「而我只好對他說，『卡洛斯，這是不可能的！我們是在他們入座之後才來的。』」戈恩的律師請求撤掉私家偵探。最後他們確實把人員減少，這麼一來就給了未受監視的戈恩逃脫的機會。

護照控管也成了另一個弱點。

在戈恩的保釋條件中，他被要求交出護照，這樣他就不能逃離這個國家。他的律師受託把他的旅行證件放在他們的辦公室裡上鎖保管。三本護照都是以這種方式保管。

然而，辯護團隊為戈恩找到了一種方式，來保管他的法國護照供證明身分使用。用一個透明外盒裝著護照以便可以看到護照正面，這個外盒用號碼鎖鎖著，防止戈恩在機場使用這本護照。只有戈恩的律師知道號碼鎖的數字組合。不過辯護律師弘中惇一郎後來向NHK承認，那個盒子是塑膠製的，可以用鎚子輕易敲破打開。當戈恩搭的飛機降落在黎巴嫩時，他的名字並沒有出現在航班乘客名單裡。然而，當他在移民入境檢查處出示他的法國護照時，官員們欣然歡迎他回家。

• • •

戈恩在黎巴嫩接受採訪時，公開吐露這次逃亡的心聲，他說他直到在貝魯特下飛機後，才鬆了一口氣。他說，最初幾天，「我花了許多時間陪著妻子，因為我已經有八個月沒辦法見到她。」對於這次行動需要複雜準備工作的說法，他也輕描淡寫地帶過。

「人們認為這類事情會需要幾個月來計畫。那是錯誤的，」他說。「這種事情做起來很快。租一架飛機也不是什麼大問題，動用的人員也非常少。行動的風險大，但是很單純。」

戈恩還表示，要是在逃亡的途中被逮捕，他已經準備好要直接進監獄了。

「這是在冒險，但機會是能獲得自由之身，以及改變與重建聲譽的能力。」戈恩說：「我沒有逃跑是因為我有罪。我會逃亡是因為我知道，在日本我不可能得到公平正義的對待。」

現在，日本正面臨著怎麼讓戈恩回來以挽回顏面的棘手問題。

東京請求黎巴嫩引渡這名遭起訴的逃犯，但是吃了黎巴嫩的閉門羹。從中東的媒體報導推測，日本可能會利用拒絕向國際貨幣基金組織提供緊急需求的援助，來對資金短缺的黎巴嫩政府施壓。在國際刑警組織發出通緝令之後，黎巴嫩的確沒收了戈恩的護照，禁止他進行國際旅行。[24] 還有傳聞說，戈恩將因為日本的指控在黎巴嫩受審。戈恩對此保持樂見其成的態度——大概是因為黎巴嫩法院會比較同情他。

讓戈恩返回日本這件事，沒有什麼實質的進展。日本和黎巴嫩之間的拉鋸戰陷入僵局。

東京方面也在追捕泰勒和扎耶克。2020年5月，美國當局在麻薩諸塞州中部一個綠樹成蔭的靜謐小鎮，逮捕了泰勒父子倆。[25] 扎耶克想盡辦法保持低調；最初並沒有人知道他的下落。在泰勒父子引渡案中提供的銀行轉帳證據顯示，戈恩匯了大約86萬美元給彼得‧泰勒經營的一家公司。[26] 而另一份文件顯示，戈恩的兒子安東尼從2020年1月到

24 Eric Knecht and Laila Bassam, "Lebanon and Japan Have 40 Days to Agree on Ghosn's Fate," *Automotive News Europe*, January 24, 2020, https://europe.autonews.com/automakers/lebanon-and-japan-have-40-days-agree-ghosns-fate.

25 Nate Raymond and David Shepardson, "US Arrests 2 Men Wanted in Japan for Ghosn's Escape," *Automotive News*, May 20, 2020, https://www.autonews.com/executives/us-arrests-2-men-wanted-japan-ghosn-escape.

5月透過Coinbase這個加密貨幣交易平台，藉由轉帳加密貨幣付了另一筆款項，總共50萬美元。[27]

泰勒父子這次的全部收入估計超過136萬美元。麥克·泰勒在接受《浮華世界》採訪時堅稱，戈恩這次越獄是一次收支打平的行動。這筆錢支付了飛機和撤離團隊的費用。他聲稱自己沒賺到半毛錢。

當泰勒父子二人在美國監獄裡，枯等著看來躲不掉的引渡，得在日本面對協助戈恩逃亡的罪名時，實在是很大的諷刺。他們在日本出手救出幾乎確定會坐牢的一名男子。但現在是他們被關起來，而且有被遣送的危險。他們根本就互換了位置。

2021年3月，在用完上訴機會後，泰勒父子終於被移交給日本當局，並送回日本。他們被羈押在曾經關過戈恩和凱利的同一個拘置所，並且面臨最高可判處三年徒刑的罪名。[28]

把戈恩送上了自由之路的土耳其包機服務公司，當中的幾名員工也面臨類似的命運。一名高階主管和兩名飛行員在2021年2月，被判犯下

26 The Coinbase cryptocurrency is from "Exhibit B" in In the Matter of the Extradition of Michael L. Taylor, Case No. 20-mj-1069-DLC; In the Matter of the Extradition of Peter M. Taylor 2020, Case No. 20-mj-1070-DLC (United States District Court for the District of Massachusetts); the $860,000 wire transfer (actually $862.500) is from "Documents 1-4" of In the Matter of the Extradition of Michael L. Taylor; In the Matter of the Extradition of Peter M. Taylor 2020.

27 Janelle Lawrence and David Yaffe-Bellany, "Ghosn's Son Paid Accomplice, Suspect Prosecutors Say," *Automotive News*, July 23, 2020, https://www.autonews.com/executives-ghosns-son-paid-accomplice-suspect-prosecutors-say.

28 David Yaffe-Bellany (Bloomberg News), "Escape Artist Accused of Freeing Carlos Ghosn Can't Evade Reckoning in Japan," *Automotive News*, March 2, 2021, https://www.autonews.com/feature/escape-artist-accused-freeing-carlos-ghosn-cant-evade-reckoning-Japan. River Davis (Bloomberg News), "Japan scores Rare Win with Extradition of Alleged Carlos Ghosn Accomplices," *Japan Times*, March 3, 2021, https://wwwjapantimes.co.jp/news/2021/03/03/national/crime-legal/ghosn-escape-extradition/

偷渡移民罪。他們每人被判處四年兩個月的徒刑，但由於他們已經被羈押了一段時間，預計不用再服刑。[29]

．．．

　　一連串誇張的頭條新聞，再次對日本的法律制度造成嚴厲的打擊，也引起了國際社會對戈恩的同情。它突顯了整個事件裡，日本和西方的對比。《華爾街日報》的一篇社論就寫出了這個時代的想法，稱戈恩這場驚心動魄之行是「從疑點重重的開端導致的一次全面潰敗」。其編輯委員會的主要觀點很明確：「在他遭受虐待之後，很難責怪他選擇逃離日本。」[30]

　　回到東京後，法務大臣森雅子──這位曾經因為呼籲戈恩應該回到日本以「證明自己的清白」而受到嚴厲批評的頂尖律師──突然發現，自己在進行損害控制。在一場匆忙慌亂的國際公關活動中，她寫了一封信抗議《華爾街日報》的評論，她辯護說日本的制度是公平且不偏袒任一方的。

　　但即使是森雅子這個從前大家公認的戈恩鐵粉，也不得不承認戈恩案已經讓這個人失去光環，這個案子本身也已經有自己的發展方向。

　　「法務大臣不會針對個案發表評論，但我認為這已經不再是件個案了，」森雅子在接受彭博新聞採訪時說：「卡洛斯·戈恩是名人，他不

29 Reuters, "Turkish Court Convicts Executive, Two Pilots in Ghosn Escape Trial, *Automotive News Europe*, February 24, 2021, https://europe.autonews.com/automakers-turkish-court-convicts-executive-two pilots-ghosn-escape-trial.

30 Editorial Board, "The Carlos Ghosn Experience," *Wall Street Journal*, December 3t. 2019, https://www.wsj.com/articles/the-carlos-ghosn-experience-115778269027mod-article-inline.

僅替自己的案子找藉口，還攻擊了整個日本司法制度。」至於把戈恩抓
回日本的這場戰鬥，森雅子在做以下承諾時，是替全國許多人發聲的：
「我永遠不會放棄。」[31]

---

31 Isabel Reynolds and Emi Nobuhiro, "Japan Justice Minister Vows She'll Never Give Up on Ghosn Trial," Bloomberg, February 12, 2020, https://www.bloomberg.com/news/articles/2020-02-11/japan-justice-minister-vows-she-ll-never-give-up-on-ghosn-trial.

CHAPTER
20

被遺忘的人
The Forgotten Man

2018年10月，戈恩執行長辦公室前負責人、日產董事會唯一的美國籍成員格雷格・凱利和妻子人在田納西州布倫特伍德（Brentwood）的家中。這對夫婦在日本待了六年之後，搬到了距離日產汽車北美總部僅十五分鐘車程的納許維爾（Nashville）地區。凱利在日產工作了二十七年，主要處理人力資源和法律問題，最後在2015年從日產退休。現年62歲的他正享受著從高壓職業生涯退休之後的生活。

電話響了，電話那頭是現在在日產執行長西川廣人辦公室擔任相同職務的哈里・納達。一起加入電話會議的，還有日產祕書處辦公室負責人大沼利明。納達告訴凱利，他必須到橫濱參加即將召開的董事會議。凱利提出異議。為什麼不能透過電話召開會議？有鑑於聯盟遍及全球，董事會規則特別允許在線上參加會議。此外，凱利正在等候通知他是否需要動手術治療椎管狹窄症，這是一種可能會很嚴重的神經疾病，他也希望避免長達十八個小時的辛苦旅程。不只如此，感恩節假期也快到了。經過多次通話和電子郵件往返，納達很堅持。凱利必須親自到場。為了讓大家好辦事，他提供了商務包機這種難得的奢侈做法（這樣的航班可能要花費二十萬美元，儘管日產和包機公司有租賃合約）。而且，

納達承諾，凱利來得及回家過節的。

　　凱利不知情的是，納達和大沼現在正在為日本政府辦事。他們即將成為日本第一批使用新採用的認罪協商制度的人。納達實際上在引誘他的前同事掉進圈套。凱利的美國律師詹姆斯・韋爾漢（James Wareham）後來說，凱利「被一名受日本政府指使的私人行動者給騙了」。凱利的妻子迪伊（Dee）的說法更簡單。她說這根本是背叛行為。

　　後來納達在凱利的審判中聲稱他不知道逮捕計畫，但是「推測」可能會發生。不過納達必須確保凱利航程的正確時間。在日本當局行動之前，戈恩和凱利兩個人都必須在日本，否則這次圈套會因為少了其中一個目標，而功虧一簣。到最後，一切都按照計畫進行。凱利從納許維爾起飛的航班，和戈恩從貝魯特起飛的航班排在同一天。唯一的小問題是：由於交通狀況，凱利耽誤了到達旅館的時間。當他還在高速公路上時，檢方換成突襲他坐的廂型車。在那個時刻，他們兩人都被拘留，面臨漫長磨難的開始。

· · ·

　　除了戈恩以外，凱利是日產案中唯一的個人身分的被告。和他的老闆不一樣的是，凱利沒有被指控從任何涉嫌的計畫中獲得個人利益。但是身為主管執行長辦公室、法務部門、全球人力資源部和內部審計部的高階主管，他幾乎是公司最高層進行的所有事務的核心人物。2012年，他取得董事會席次。

　　凱利能夠升職到這樣的高位，是一段很不尋常的經歷。他沒有直接經手過製造或銷售汽車的經驗。在搬到東京之前，他的工作一直集

中在中美洲。他的職業生涯是從業務範圍廣泛、規模極大的Barnes & Thornburg律師事務所開始的，並且在1988年搬到日產汽車北美總部，進入田納西州士麥那工廠擔任專職律師。

從事人力資源專業工作的凱利加入的團隊，在當時有個主要的關注焦點：擊敗美國汽車工人工會（UAW）想要讓該工廠的2,400名工人加入工會的企圖。雙方的勝算都不是很高，凱利雖然身居幕後，但將扮演核心角色。

美國汽車工人工會迫切需要日產的工人加入，以擺脫會員人數長期衰退的困境──雷根時代對工會進行了更大範圍的打擊，影響所及UAW過去十年來會員人數少了三成以上。因此，不斷攻城略地的日本製造商，是可能找到新會員的重要來源。另一方面，底特律三大車廠正在裁員。他們逐漸在市占率競爭上輸給新興的日本品牌，這些品牌如今在自家後院──主要在南部各州──用更低的成本製造更高品質的汽車。三大車廠為了得到反攻的助力，向美國汽車工人工會施壓要對方讓步。諷刺的是，它們雙方之所以槓上，是因為他們共同的痛苦根源：日本汽車製造商。

日產的賭注也很高。和其他日本汽車製造商一樣，它們通常在其工廠裡會避免採用工會代表。日產在日本的業務完全由工會組織，但是管理階層知道，UAW和日本有組織的勞工完全不同，後者在公司艱困時期往往肯接受管理層的條件，很少阻止提高產能的措施。在美國的日本工廠大部分都設立在南方，這絕非偶然。事實上，幾乎美國每一州，都在日本設有促進投資辦事處，而且南方各州經常向日本製造商推銷兩個吸引投資的優點。一個是工資普遍比較低；第二，他們是講求「工作權」

的州，這意味著你不能強迫工人加入工會做為就業條件。（另一個無關的賣點，是高爾夫球場數量不少，而且其天氣全年都適合打高爾夫球，這對於熱衷高爾夫球的日本企業來說，是個重要的考慮因素。）美國汽車工人工會可能具有破壞性影響力，日產不想成為第一家讓它進入的日本企業。這是成本和聲譽的問題。

這種事和任何政治競爭一樣，備受矚目且很難打。美國汽車工人工會對日產汽車的手法抱怨連連，其中包括管理階層發的影像訊息認為該工會「很愛罷工」，還有投票加入工會會危及目前的利益。一名公司發言人在談到該活動時說：「我們將不惜一切代價贏得勝利。」UAW 的一名發言人將其描述為「這十年來最惡質的反工會運動」。[1]

到最後，投票甚至沒有進行到最後。工人們以 2 比 1 的優勢拒絕了UAW。在宣布結果的一場活動裡，很詭異的，反對工會的工人歡呼並揮舞著美國國旗，來表現一家日本企業擊敗美國工會。[2]幾天後，加班的工人被帶到一場典型的美式烤肉聚會，由管理職主管幫工人烤漢堡排。這真是一場完美的企業表演。

日產的勞工雖然薪水比底特律的同行低，但是都有一種同志情誼。鼓勵團隊合作和平等待遇，而不是靠工會代表來找出可能的違反合約行為。就像報導過該事件的一名資深汽車作家所說的：「儘管生產線工作很辛苦，但是這裡的許多工人都說，這是他們做過的最棒的工作。公司

1 Richard Walker, "U.S. UAW Says Nissan Pressing Anti-Union Line," Reuters News, July 26, 1989, Factiva, https://global.factiva.com/ha/default.aspx#./!?&_suid=16134445910180754365381486806

2 Harry Bernstein, "Defeat at Nissan a Setback, but Not Devastating to UAW." *Los Angeles Times*, August 8, 1989, Factiva, https://global.factiva.com/ha/default.aspx#./?&suid=161344470964705161856076786453.

的薪水還不錯,而且對待他們很公平。」

美國汽車工人工會發誓會捲土重來。它也真的說到做到,對日產和其他公司發起了更多運動,而且全都輸掉。(最近的一次失敗是在2017年,在密西西比州坎頓的日產工廠。)

1990年,在第一次工會投票的隔年,凱利成為士麥那工廠的人力資源主管,到了2005年[3],他成為全北美區人力資源部副總裁。他的一項重要措施是進行大規模招聘,來替代在加州不願意搬到納許維爾附近的北美區新總部人員。2008年,凱利獲得橫濱總部執行長辦公室的主管職位。他離家很遠,也離他在美國勞動法方面的專業知識很遠。他很快就接掌法務團隊、人力資源部門和審計單位,這些對一個外國人來說是不尋常的位子。即使在日本的跨國企業裡,人力資源和審計部門的領導人,通常也是由具備專業知識的日本高階主管擔任,更不用說要具備閱讀日語法規的能力。但是這在日產內部也不是罕見的事,戈恩從世界各地請來了許多高階管理人才。

在日本,凱利保持著他在美國養成的低調個性,即使已經升到高層,但他的角色的主要性質很明確。高階主管們表示,大家都知道最好跟凱利維持良好的關係。同事形容他是工作努力、勤奮和親切的人。他有時候會參加大家下班後的酒聚,但是仍然會維持在公司的模式。

• • •

3 Danielle Szatkowski, "Who Is Carlos Ghosn's Alleged Co-conspirator, Greg Kelly?" *Automotive News*, November 20, 2018, https://www.autonews.com/article/20181120/OEM02/181129981/what-we-know-about-ghosn-s-alleged-american-co-conspirator-greg-kelly#:~:text=Greg%2oKelly%2C%2062%2C%2ojoined%2oNissan,created%2oby%20 Chairman%20 Carlos%20Ghosn.

　　對於凱利的案件，日產和檢察官講述了一個簡單的故事：戈恩和凱利一直是一搭一唱，無視程序和適當的監督而一意孤行，只為得到他們想要的東西——在本案中，就是戈恩檯面下的薪資。「這一連串事件的起因，是戈恩先生和凱利先生帶頭的不當行為，」日產在戈恩被捕一個月後發表聲明說。「在對這個不當行為進行內部調查期間，檢察廳也啟動了他們自己的調查並採取行動。」[4] 該聲明試圖把該公司和政府的調查區分開來，但是這並不完全準確。日產已經把所有文件公開給檢察官了解，還設局把凱利騙回日本逮捕，避開了任何需要請求引渡的狀況，因為請求引渡更耗時且可能更讓人擔心。一位日產高層表示：「我們完全配合檢察官的要求。」

　　凱利也對檢察官和日產展開反擊。他的妻子迪伊錄製了一段嚴肅的影片，要求把凱利從也羈押著戈恩的東京拘置所釋放出來，並表示牢房條件包括使用日式蒲團，以及沒有合適的枕頭，都可能害他的脊椎病情惡化變成終身殘疾。她還挑明了誰才是真正的罪魁禍首：「格雷格是冤枉的，是現任執行長西川廣人帶頭的幾名日產高階主管，為了奪權而誣陷他。」凱利還向美國政府尋求協助，其中有美國駐日大使威廉・海格提（William Hagerty），他本人也出身田納西州，而且曾經代表該州為爭取日產的投資方案奔走。

　　在被拘留五個星期後，凱利想盡辦法獲得交保，並且在聖誕節獲釋，保釋金定為63萬美元。

4　Amy Chozick and Motoko Rich, "Carlos Ghosn and Nissan Board Member May Soon Leave Japanese Jail," *New York Times*, December 20, 2018, https://www.nytimes.com/2018/12/20/business/nissan-greg-kelly.html.

　　他們仍然持續對日方施壓。凱利和他妻子接受採訪時，談到了這個制度的不公平之處。他們提到，迪伊·凱利持學生簽證回到日本學習日語，以便能夠留在丈夫身邊。凱利還找到了一些國會政界關係，最後在2020年3月，由密西西比州參議員羅傑·威克（Roger Wicker）和田納西州參議員拉馬爾·亞歷山大（Lamar Alexander）和瑪爾莎·布蕾波恩（Marsha Blackburn）聯名發表了一封公開信，這兩州都擁有大量日產汽車相關產業。他們三人表示，凱利案所引發的問題，超出了日、美關係的核心。「如果美國人和其他非日籍高階主管質疑起他們在日本能否受到公平對待，那麼全球最重要的雙邊關係就岌岌可危了。」[5]

　　凱利絲毫沒有浪費時間地展開反擊。他利用接受日本最多人閱讀的雜誌採訪，提起西川廣人從股價連動憑證賺取薪資的事，這些憑證被竄改日期以增加應付金額，這個醜聞後來迫使西川廣人下台。在該雜誌的第二篇文章裡，他形容自己的工作是正常的商業事務，旨在保留住有價值的資產，還有防止戈恩被競爭對手挖角過去。

· · ·

　　由於戈恩人在黎巴嫩，日本只能聚焦在凱利的審判上。這場審判從2020年9月15日開始，也就是凱利64歲生日當天。這也是一場雙方都不樂見的審判。

　　對凱利來說，在日本法律體系下，被告的處境出了名的凶多吉少，

5　Sen. Roger Wicker, Sen. Lamar Alexander, and Sen. Marsha Blackburn, "Greg Kelly: U.S. Hostage of Japanese Justice," RealClearPolitics, March 10, 2020, https://www.realclearpolitics.com/articles/2020/03/10/greg_kelly_us_hostage_of_japanese_justice.html.

勝訴當然是最大的難關。而且賭注很高，最高可判處十五年徒刑（這個刑度極不可能發生），外加8,000萬日圓（764,500美元）的罰款。凱利還得在沒有他期望的人來擔任重要人證，證實他的辯詞的情況下，面對其原告。「我原本以為，戈恩先生的證詞會成為證明我清白的有力證據。但是戈恩先生已經離開日本了。」凱利在雜誌的評論裡說道。儘管如此，他並沒有責怪戈恩，還表示他感謝前任老闆大力支持。戈恩在一旁持續對凱利的案子施壓，坦言美國政府應該更加努力讓凱利獲釋。

讓事情難上加難的，是受指控的不當行為的技術性性質，這和日本檢察官在複雜案件中經常採取的簡單化方法，形成強烈對比。檢察廳和日本法官要處理所有領域的刑事訴訟。很少有人是各種類型法律的專家，這種複雜的企業會計當然更找不到人。在這類的情況下，很容易預設立場認為事情必有蹊蹺。（要不然被告為什麼會受審？）

曾經在一起會計案中被定罪的前公認會計士（CPA）細野祐二（Yuji Hosono）說：「對於金融詐欺案件，刑事審判幾乎從來沒有對會計處理做法是否適當提出異議。」他說那是因為不了解。「律師們並不是真的了解會計準則。」細野表示，和其他許多人一樣，他會認罪是因為無力再繼續抗辯下去。

美國證券交易委員會的調查結果，也支持了針對凱利的訴訟案，該委員會在這類議題上擁有扎實的專業知識。SEC根據日本當局提供的資訊，提出了己方的民事訴訟。三方被告，凱利、戈恩和日產，全都在此案和解，凱利支付了十萬美元罰款。[6]雖然三者在此案既不承認、也未否認有罪（這是標準的做法），但是照美國證券交易委員會的描述，凱利更難辯稱他完全沒有做錯事。

　　另一方面，這個案件對日本檢察廳來說也不是十拿九穩，檢察廳已經因為自己以前的醜聞而形象崩壞。對他們來說，戈恩是主要目標；指控凱利是為了使他們窩裡反，好讓凱利托出對前任老闆不利的證詞。然而，和戈恩一樣，凱利堅持立場，而沒有了戈恩，控方只能自己獨自對付凱利。

　　從一開始，就很難證明凱利的動機。他在本案並不是受益人。他真的對戈恩忠誠到會故意採取犯罪行為嗎？

　　凱利和戈恩提出的一個問題是：為什麼提出指控的，是已經把他們關起來的檢察官呢？他們問，為什麼不是由金融監管機關提起行政訴訟，類似美國證券交易委員會提起民事訴訟那樣？這也是日本的標準做法，在日本，這類事務通常歸金融廳處理。然後，監管者可以處以罰款、下達「業務改善命令」，並且制裁公司或董事督導不當。藉由直接進入刑事訴訟程序，國家要證明意圖欺詐必須達到更高的標準——再也不能只是對規則做錯誤詮釋。構成這種難度的，是日本從未有人被指控違反這裡提到的這項法律——也就是《金融商品取引法》（Financial Instruments and Exchange Act）。

　　就像聯合國人權理事會工作組的報告裡也強調的，戈恩和凱利案成為人權團體關切日本「人質司法」的一個具體例子。日本檢察官已經習慣了一個公開宣布罪狀後，嫌犯隨即認罪的體制。現在，全世界都在看著這種特殊的「香腸」是怎麼製成的。日本國內外法律專家都在密切關

6　U.S. Securities and Exchange Commission, "SEC Charges Nissan, Former CEO, and Former Director with Fraudulently Concealing from Investors More Than $140 Million of Compensation and Retirement Benefits," press release, September 23, 2019, https://www.sec.gov/litigation/litreleases/2019/lr24606.htm.

注凱利案的審判程序，以了解檢察官是否建立了一起證據確鑿的案件，還有法官是否適格擔任公正的司法仲裁者。簡言之，日本能不能妥善處理複雜的金融案件，將首次攤開在全球世人眼前。毫無疑問，獲選擔任凱利審判庭的首席法官，是東京地方法院內公認最有成就、知識淵博的法官之一。

在輿論公審上，對凱利的訴訟案也成了潛逃的戈恩的代理。事實上，對凱利的指控並不包括戈恩要面臨的最嚴重指控；對戈恩的指控，都是根據涉嫌利用公款謀取個人私利這些更具體的問題而來。但是如果凱利贏了訴訟無罪釋放，這些情節就會無所依據。普遍的看法是，如果戈恩也在場，他也會無罪釋放。

最後，檢察官不得不擔心即使定罪了，也可能產生量刑的問題。被視為日本史上最嚴重的案件之一，求償16億美元的奧林巴斯詐欺案，身為案件主腦的兩名高階主管各被判處緩刑三年，免掉了牢獄之災。凱利案的嚴重程度完全比不上前者。法官可以在這個案子上判處更重的刑期嗎？如果他們判得更重，就會顯得這是個對外國人判得過分嚴厲的案子。然而，如果他獲判差不多或是較少的刑期，國際輿論的反應很可能是反問：那麼這樣小驚小怪是為了什麼？

• • •

由於控方非常仔細對案件抽絲剝繭，這場審判也拖過了2020年至2021年間的冬季。大部分時間都耗在找出戈恩在凱利協助下，達成祕密協議讓戈恩退休後收到額外薪酬，所涉嫌操弄的各種手法。他們的目的是找到辦法，在不必公開宣告的情況下把薪酬付給戈恩，要不然可能

會冒犯到法、日雙方的敏感神經。不少證人表示，戈恩主要是顧慮到如果實際數字曝光，法國政府會逼迫雷諾解僱他。

日本政府的主要證人之一，是認罪協商者大沼，他是日產祕書室的前主管，要向凱利回報和管理戈恩的薪資問題。在二十二天的審訊裡，大沼清楚說明了在這九年是怎樣斟酌各種方案的。他告訴法庭：「有部分未支付的報酬，我們會思考要怎樣不用昭告天下就支付給他。」面對範圍極廣的質問，謙遜的大沼看起來很不自在，但是在很多方面他都是完美的控方證人。他說，即使在他制定這些計畫的時候，他也知道這些計畫不太洽當。他說：「我知道我做了法律上不允許的事情。」這個想法，無疑是這些肯拉他一把的檢察官在 2018 年私下訊問他、並提出了認罪協議時，一再灌輸他的。

最後，他毫不囉嗦地倒戈，和檢察官第一次見面就簽下一份聲明。他也幫自己的前老闆說了幾句好話，還提出沒什麼鳥用的意見（至少在凱利看來是如此），說凱利的犯行並沒有比他更嚴重。不管怎樣，還是謝謝你。

凱利的辯詞是根據三個基本論點：（1）大沼和戈恩的私下討論與他無關；（2）當時他正在討論一個退休津貼組合，好讓戈恩不會投入競爭對手陣營，一切都還沒有定案；（3）他當時正在和律師們諮詢，思考完整的合法解決方案。

「我沒有參與犯罪陰謀。我認為，我和其他人為了在卡洛斯・戈恩先生退休後合法留住他所採取的行動，是為了日產的最佳利益，」凱利在開庭陳訴表示。「這件事原本應該在日產解決。」他在批評時補充說道，那些人完全沒有向戈恩或他詢問過事情的來龍去脈，就跑去找檢察

官。結果後來才發現，公司董事會和執行長西川廣人同樣被蒙在鼓裡。

日產內部確實有某種回報戈恩的計畫，這點難以輕易反駁。日本政府提出了戈恩在擔任執行長兼社長時，在官方信箋上寫的兩份備忘錄詳細說明了酬勞總額，以及關於一半的年薪是「遞延支付的酬勞」這項事實。從2011年和2013年，戈恩以執行長身分寫給身為員工的戈恩的信裡顯示，這筆差額將在他退休後償付給他，屆時就不再需要公開。這些信箋證明戈恩能全權核簽自己的薪水，並由大沼會簽。

日本政府的問題，是要證明凱利怎麼和這一切事情有關連。雖然大沼對於他和戈恩見面的情形知無不言，但是他對凱利涉入的程度，就沒有那麼直接的了解。這對凱利力爭的論點會有影響，也就是他對於要給戈恩多少酬勞一無所知。他說，他那時正盡力設法在這位事業有成的高層退休後把他留住，這樣做非常符合公司的利益。值得注意的是，凱利對這些涉及罪行的信箋是否知情這點，大沼並不是很確定。他舉了三、四次會議為例，說這些問題就是在這幾次會議上討論的，但是他沒有任何電子郵件或其他書面證據，儘管這件事已經進行了八年之久。

來填補缺口的是第二名主要證人，法務部門主管哈里・納達。他心知肚明，此時是以認罪協商者身分償付代價，來取得自己的「出獄卡」的時候了。

在這八天的證詞中，納達頻繁提到「格雷格・凱利交代我做這件事」或是「格雷格・凱利吩咐我做那件事」。儘管凱利有他的一套說法，納達說，戈恩已經接受的減薪，和這些讓他荷包滿滿的退休後協議計畫之間，是有直接關聯的（至少表面上如此）。他自己的擴展證詞提到的「削債」（haircut）一詞，被寫進了日本司法紀錄，這是指戈恩接受了減薪。

這個做法在法律上的問題是：這是否是一種削債，或者事實上是用來掩蓋實情的障眼法。

納達在作證過程中，也說出了這場審判裡令人印象深刻的一句話。審判中他提到，凱利在談到戈恩對於其薪資採取的各種策略時，說道：「豬養肥了，就可以宰了。」（口譯員甚至沒有試著解釋這句話。）

除了這份「戈恩簽給戈恩」的薪水單信箋，還發現腦筋一向動很快的戈恩也談妥了三個索費高達1.1億美元的退休後工作草案。這些文件也分別由西川以及（在兩個案件中）代表董事的凱利正式簽署，並且由戈恩嚴密保管，估計他可能是為了保險起見。會那樣認為是因為戈恩一直在實踐分治法（divide and conquer）的信賴原則。有兩組人馬一起處理這個問題，他更有機會得到他想要的東西。

在審判的第一天，審判長就表態他對這個案件的看法。（日本的法官可以發表陳述並且詢問證人。）他說，要確定有罪的一個關鍵焦點，是戈恩是否會向日產提供任何勞務，來交換前述提議的支付款。這會是辯護上的一個重要障礙。儘管實質上是由檢方來建立證據主體，但日本的辯護律師表示實際情況恰恰相反。法官在做出判決時，往往樂意忽略技術問題（尤其是要定罪時），而著眼在意圖。

一名仔細檢視過此案的日本企業律師表示，凱利的律師團隊必須證明任何退休後協議都是合理的。凱利在2015年談判達成的最終協議，為戈恩提供了一筆約5,000萬美元一次付清的退休金。交換條件是戈恩同意永遠不會為競爭對手工作，但是他不必為日產提供任何服務。即使這件事和一名汽車業傳奇人物有關，要說服這三名日本法官相信這不是密室交易，而且此舉代表日產資金的謹慎使用，也很難叫他們買單。

　　辯方主張，無論如何，各種規畫到最後都沒有敲定。這個主張的結論是，如果從未意見一致，那這些計畫怎麼可能成為公司財務報告裡的應報告成本，這麼一來凱利怎麼可能有罪？

　　辯方在法庭上花了很多時間，攻擊檢方的主要證人納達和大沼。主辯律師喜田村洋一（Yoichi Kitamura）在接受採訪時說：「我們所要做的就是毀掉哈里・納達和大沼證詞的可信度。一旦他們達成認罪協議，他們就必須遵守起訴前所做的聲明。」他補充說道，「我們要求法官牢記，這些證詞根本不值得相信。」

　　另一個重要領域是，納達還有內部審計師今津、以及政府關係負責人川口均，都在法庭上承認，他們組成了一個團隊來把戈恩拉下台。辯方的目標很明確：就算我們輸掉了這個案子，我們也已經證明戈恩是董事會政變的目標，而凱利只是陪葬品。

　　同樣很明顯的是，戈恩、凱利和這兩名內部告發者，根本不是唯一知道戈恩的薪酬計畫是經過曠日廢時討論的人。除了西川廣人簽署了承諾為戈恩提供優渥退休津貼的三份文件外，前共同會長小枝至和前副會長志賀俊之，多年來也參與了各種可能方案的談判。

　　這會讓控方處於不利的位置，沒辦法解釋為什麼在所有這些人裡，只有起訴凱利和戈恩。大沼和納達這兩名認罪協商者還解釋得通，因為他們的證詞可能是提供證據所必要的。但是其他人呢，包括西川呢？副主任檢察官山本浩（Hiroshi Yamamoto）試圖逃避這個議題。他在審判開始後不久的一場簡報上說：「我們，檢察官們，已經根據證據的細節和內容，起訴了那些被認為可以起訴的人。」[7]

　　他不願提到這個問題是可以理解的。「很難不把這件事看成選擇

性起訴的案例，」關注這場審判的東京資深企業律師史蒂芬・吉文斯（Stephen Givens）說，「凱利的聲明很有說服力，他說沒有向上回報戈恩未來薪酬的決定，是經過內部和外部律師審查的，而且在公司內外都有很多人知道。日產身為一個公司實體，已經對於公開誤導性資訊認罪了。比起其他數十名負責準備與審查日產證券報告的人，他『罪刑較重』嗎？」就像一名參與過此案其他部分的外籍律師所說的：「如果戈恩和凱利有罪，那麼每個人都有罪了。」

到最後，這次判決還是典型的日本式妥協，雙方都達到了部分目的，只不過沒有明確地分出誰勝誰負。三名法官組成的裁判庭裁定，凱利並未和戈恩共謀謊報其薪酬數字，因此在八項指控裡有七項被裁定無罪。但是為了展現沒有人能夠從日本法庭上全身而退，他們實際上在一項情節較輕的罪名上判決凱利有罪。法官們認定，在有爭議的最後那一年，凱利確實知道戈恩在搞什麼鬼，而身為日產的董事，他有責任呈報任何舞弊行為。裁判庭判處他六個月有期徒刑，不過緩刑三年。這樣的認定，和檢方聲稱凱利是戈恩主導的密謀行為的核心人物的說法大相逕庭。

這個判決也讓痛苦更擴大了。凱利沒有得到他所尋求的清白證明，而且不只有他質疑，為什麼花了三年——包括他被拘留35天，加上超過十個月的審判——才確定他在日產的行為不夠認真而受到輕微刑罰。

檢方席也高興不起來。雖然他們獲得了有限的有罪判決，有助於維持他們98%的定罪率，但是法官卻竭力找出這件起訴案的漏洞。

---

7 Hans Greimel and Naoto Okamura, "Execs Sought Ways to Cloak Ghosn's Pay, Witness Says," *Automotive News*, October 18, 2020, https://www.autonews.com/executives lexecs-sought-ways-cloak-ghosns-pay-witness-says. 8.

在長達171頁的判決書中，法官明確表示，他們對於檢察廳與哈里·納達和大沼利明達成的豁免協議感到不滿，尤其是大沼，他是在祕書室為戈恩工作。法官明確地表示，他們認為這兩位認罪協商者的證詞不可信，所以對他們的任何證詞都視而不見。實際上，判決清楚表示，大沼在其證詞中自述是受制於一名傲慢老闆的中階職員，但法官們認為他是和戈恩一起的主犯之一。

「戈恩和大沼明知存在著未公開且尚未支付的收入，仍共謀提交了一份虛假帳目的證券申報，」判決書指出。「被告凱利並未直接從這種犯罪中獲益。這項犯罪的主要罪魁禍首是戈恩。和戈恩與大沼相比，被告凱利的角色相對微不足道。」因為檢察官已經從法官那裡聽到，在這個案子裡他們抓錯了對象，所以對於法官這樣的裁定可能也不會太激動。在這場審判和醜聞裡都舉足輕重的哈里·納達，幾乎沒有被提到。

對於這樣的判決結果，控辯雙方都宣告他們將會提出上訴，在日本的司法制度裡是可以這麼做的。儘管如此，凱利還是能夠離開日本了，而且他馬不停蹄地趕回納許維爾的家。美國駐日本大使拉姆·伊曼紐爾（Rahm Emanuel）或許是為了確保最後一刻不會節外生枝，親自護送凱利到機場，而且凱利抵達納許維爾時，前駐日大使、參議員比爾（威廉）·海格提還到場迎接，這也可以看出美國政府對這件事的態度。即使檢方再次贏得有罪的判決，美國的「一事不再理」原則使得凱利被引渡的可能性極為渺茫。

懸而未決的，還有另一個令人不安的問題：在日本的外籍高階主管，是否能夠避免遭受反覆無常的刑事起訴？這個問題，最初是在戈恩被羈押的時間越來越長，其惡劣的條件曝光時所引發的。值得注意的

是，這起案件和戈恩逃離日本司法掌控的過程，讓《紐約時報》和《華爾街日報》的社論立場不太一致。《紐約時報》編輯委員會在一篇報導裡寫道：「對戈恩先生的指控——以及他對日本法院的控訴——值得仔細研究。」表明日本與戈恩一樣受到審判。〔8〕至於《華爾街日報》的編輯委員，他們的想法差不多已經確立了：「除非日產或檢察官有什麼具說服力、新的證據，不然就輿論公審來說，戈恩先生應該被判無罪。」〔9〕

「我不認為在這裡的許多外國人會對戈恩的遭遇感到訝異。」一名長期擔任高階主管的外籍人士說。與此同時，也有另一位人士表示：「這顯然會讓海外的高階主管人才，對於接受日本企業的高階職位感到害怕。和一年前相比，這是個風險更高的工作提議。」

有些專家相信，啟用認罪協商制度，勢必會為日本的白領犯罪調查行動打開方便之門，這只會令外籍高階主管更加恐懼。就像在戈恩案裡看到的那樣，一個關鍵的知情人士可以輕易地提供鉅細靡遺、極具價值的資訊，否則消息來源受限的檢察廳得曠日廢時，才能研究得出這些資訊。因此，這可能會鼓勵檢察官尋找那些可能被迫成為政府證人的人。「雖然檢察官目前採取比較謹慎的態度，不過很明顯的，認罪協商給的『胡蘿蔔』會讓日本當局處在更有利的位置，可以取得高敏感性和可能定罪的證據……」日本長島‧大野‧常松律師事務所（Nagashima Ohno & Tsunematsu）的律師井上孝之（Takayuki Inoue）和約翰‧連恩（John Lane）這麼表示。〔10〕

8　The Editorial Board, "Carlos Ghosn, Victim or Villain?" *New York Times*, January 8, 2020, https://www.nytimes.com/2020/01/08/opinion/carlos-ghosn-escape-japan.html.

9　The Editorial Board, "Ghosn, Baby, Ghosn," *Wall Street Journal*, January 8, 2020, https://www.wsj.com/articles/ghosn-baby-ghosn-11578528745.

　　凱利的判決使這一切變得不確定，而且至少間接成為日本司法制度改革的一個挫折。凱利的這場審判，只是日本第二次採用新的認罪協商制度。採用認罪協商制度的部分原因，是為了解決日本「人質司法」問題。透過認罪協商，檢察官就有辦法和被告斡旋，提供較輕的懲罰以換取認罪，而且有可能合作揪出更高層的涉案者。但是如果沒有這個制度可以利用，檢察官所能做的事情就很有限了。有些檢察官抱怨，現在所有的審訊過程都必須錄音（這讓一些人想到以前出現過的顧慮），也因此羈押拒絕招供的人就成了他們唯一的手段。但是在凱利案裡對於這種想法的懷疑反應，使得往後只有膽子夠大的檢察官才敢再試一次。

　　這項裁決也為日本如何看待對抗性司法制度，提供了一個有趣的見解。法官定罪時的其中一項批評就是，凱利沒有表現出「一絲一毫真誠的反省或悔恨的跡象」，很顯然他們認為，在不認罪的狀況下還要表現出悔意並不衝突。

　　凱利的妻子迪伊抨擊日本，只會拚命吹噓它做為國際商業中心這部分好的吸引力。她在她的影片裡警告說：「事實上，有很多國際商界人士告訴我，因為格雷格的遭遇，他們再也不去日本旅行。」影片裡她也懇求讓她丈夫獲得保釋。

　　從日本的角度來看，凱利所面臨的困境，在某種程度上是一個比戈恩案更嚴重的形象問題。對戈恩的指控，可以描繪成一個傲慢的執行長貪得無厭釀成的罪案。一名在日本工作的外籍律師評論說：「這就表示，

10 Takayuki Inoue and John Lane, "New Plea-Bargaining System in Practice," *International Law Office*, August 12, 2019, https://www.internationallawoffice.com/Newsletters/White-Collar-Crime/Japan/Nagashima-Ohno-Tsunematsu/New-plea-bargaining-system-in-practice.

如果你是個騙子，那麼打算來日本的話就應該要擔心。」但許多外籍高階主管可能比較容易同情凱利的處境，因為這位下屬要想辦法，在一個他無法完全了解監管狀況和法律處境，甚至無法看懂相關法律的國家裡，執行別人委託的任務。耶魯大學管理學院教授傑佛瑞・索南菲爾德（Jeffrey Sonnenfeld）在《執行長雜誌》（*Chief Executive Magazine*）裡列舉了一系列潛在風險：[11]

> 撇開戈恩逃亡過程裡電影般的情節不談，他陷入法律險境的離奇曲折故事，充滿了讓全球高階主管擔憂的趨勢。在全球民族主義高漲之際，圍繞關稅、賦稅、強制技術轉移、智慧財產權、資料隱私、政府補貼、貨幣操縱、勞動條件和永續發展目標的貿易戰正在爆發。

前來協助凱利的三位參議員之一、密西西比州參議員威克說得更直接。他在2020年10月在參議院發言，譴責日本逮捕和審判凱利的做法。「這種不必要的煎熬向美國商界發出了明確無誤的訊息。如果你在日本做生意，最好要當心。一旦事情符合日本的利益，他們可能就會挖陷阱讓你跳。」

數位貨幣界的一名年輕的法國企業家就遇到這樣的情況。馬克・卡佩勒斯（Mark Karpeles）是比特幣交易所「Mt. Gox」的老闆，該交易所當時是全球主要的比特幣市場之一。2014年初，他前去見日本當局回報說他的公司遭到駭客攻擊。損失最初估計有85萬比特幣，盜竊總額

---

11 Jeffrey Sonnenfeld, "Gone Ghosn: Caveats for Global Commerce," *Chief Executive*, January 2, 2020, https://chiefexecutive.net/gone-ghosn-caveats-for-global-commerce/

大約值4.57億美元（以2020年的價格來算，這些比特幣大約價值70億美元）。警方與他合作了一年多終於有了結果，依法逮捕了一名嫌疑人——卡佩勒斯本人。他被指控挪用公款和不當使用公司資料。他在警方牢裡待了四個月，然後被送到東京拘置所，就是後來羈押戈恩和凱利的地方，被羈押在那裡七個月。他也感受到了認罪的施壓。「從你被逮捕開始，警察就會告訴你，坦白的話會讓整個過程變得更輕鬆。他們沒有講的是誰會更輕鬆。」他在接受本書採訪時說道。

就和任何一本懸疑小說傑作一樣，卡佩勒斯認為，要洗脫罪名的唯一方法，就是找到真正的罪魁禍首。後來他和美國當局合作，協助追查到一名俄羅斯駭客，這名駭客在希臘被捕，最終在法國被定罪。卡佩勒斯獲判無罪，但是仍被判處不當使用公司數據的輕罪。「法官必須給檢方留一點面子。」他談到判決時說。儘管如此，卡佩勒斯仍然選擇住在日本。「我確實在日本遭遇過非常糟糕的待遇，但是我也發現在日本比在法國更容易生活。」

另一起違反日本法律的案子，是豐田汽車一名高層倉促離開日本的案件。這家汽車製造商的美籍高階主管朱莉·漢普（Julie Hamp）在2015年升職為全球公關主管。從她一抵達東京，麻煩就找上門了，當時她從美國寄來的一箱私人物品裡，被發現有鴉片類止痛藥羥考酮（oxycodone），這在日本是嚴格管制藥品。和其他有類似情況的人不同，漢普從未因為所謂的輕度違規而被正式起訴。[12] 不過那是在她被羈押了三個星期之後了。到最後，她丟了工作（該公司說是她自己辭職），並且回到美國。

漢普的案件，是檢察官怎麼利用媒體來編故事的另一個例子。即使

本來調查應該還在進行著，但是日本新聞媒體仍然採用了「調查消息來源」的私下發言來做報導[13]，那些「消息來源」說漢普需要這種藥物來治療膝蓋毛病，還聲稱醫療檢查的結果證明，實際上她不需要這種藥物來治療她的病情。[14]

凱利和戈恩案是否會讓身在日本的外國人更擔心他們的觸法風險，這問題也是要取決於程度。「如果你是從香港來的，現在你在那裡可能很容易就被引渡到共產黨控制的中國法院，日本和那裡相比，看起來相當自由。」一位外籍高階主管表示。

反之亦然。日本高階主管發覺自己在美國會落入觸法的危險，往往是和美國把聯合定價與行賄等行為看得很嚴重有關。雖然這些行為在日本實際上也是非法的，但是日本通常很少追究這些罪行。這很可能意味著，日本高階主管只要以在自己國內相當正常的方式辦事，就可能會違反美國法律。這樣的起訴案件也在增加中。截至2018年，美國司法部反托拉斯處已經對46家汽車零組件公司提起訴訟，起訴32名高階主管，大部分是日本人，其中在俄亥俄州和肯塔基州為東京汽車零組件供應商矢崎總業（Yazaki Corp.）工作的4名日籍高階主管，因為聯合定價和圍標，

12 Agence France-Presse, "Japan Not Prosecuting American Toyota Exec in Drug Case: Reports," *Industry Week*, July 7, 2015, https://www.industryweek.com/leadership/companies-executives/article/21965510/japan-wont-prosecute-us-toyota-exec-in-drug-case-reports#::text=The%20arrest%20of%2oToyota%27s%2omost,was%20ointercepted%20 at%2othe%20airport.

13 Kyodo News, "US Toyota Exec 'Asked Father to Mail' Controlled Painkiller," *Japan Times*, June 25, 2015, https://www.japantimes.co.jp/news/2015/06/25/national/crime-legal/u-s-toyota-exec-asked-father-mail-controlled-painkiller/

14 Kyodo News, "Arrested Toyota Exec Didn't Need Painkiller, Medical Checkup Finds." *Japan Times*, June 20, 2015, https://www.japantimes.co.jp/news/2015/06/20/national/crime-legal/arrested-toyota-exec-didnt-need-painkiller-medical-checkup-finds/

而被判處15個月到2年不等的有期徒刑。

　　也有一些人逃掉了在美國的訴訟，卻發現自己因此被綁在日本，就像戈恩被困在黎巴嫩一樣。高田安全氣囊缺陷醜聞，是史上和汽車安全相關的最大規模召回事件，它造成全球至少400人受傷和27人死亡，該公司同意支付10億美元罰款，但是被控共謀詐欺的三名高階主管仍然留在日本，逃掉了被起訴的命運。〔15〕

　　在許多備受矚目的汽車業案件裡，被控告的員工會得到他們公司的支援，而且會以他們幫更上級的主管「背黑鍋」為前提，繼續留在公司。「在大多數情況下，日本人都很寬容，會願意照顧員工。」〔16〕一名參與過許多圍標案件的東京辯護律師這麼說。獨自一人留在日本的凱利，要是有那麼好運就好了。

15　David Shephardson, "Ford Recall of 3 Million Vehicles to Cost $610 million," Reuters, *Automotive News*, Jan. 21, 2021, https://www.autonews.com/regulation-safety/ford-recall-3-million-vehicles-cost-610-million. Philip Nussel, "Japan Throws Stones at Ghosn from Glass House," *Automotive News*, January 11, 2020, https://www.autonews.com/commentary/japan-throws-stones-ghosn-glass-house.

16　Hans Greimel, "Confessions of a Price Fixer," *Automotive News*, November 16, 2014. https://www.autonews.com/article/20141116/OEM10/311179961/confessions-of-a-price-fixer.

CHAPTER

21

路線修正
Course Correction

遍體鱗傷的日產跌跌撞撞地走過2020年，本來這一年應該是戈恩終於在東京受審，並且結束有史以來最狂野的企業醜聞之一。但是戈恩逃了，日產沒有倒閉，而是準備迎接有史以來最大的年度營運虧損。聯盟陷入了一種不安的休戰狀態，每家公司都陷入了自己的麻煩之中。

日產54歲的執行長內田誠還沒有經過這種全球領導人角色的洗禮。他啟動了一項意圖恢復日產獲利能力的重組計畫，把重點擺在一波迫切需要的新車上，這個計畫要嘛就是把日產汽車拉出谷底，不然就是變成一個大錢坑。

諷刺的是，內田的復興計畫參考了戈恩1999年的那套劇本，當時是雷諾救了日產。和戈恩一樣，內田計畫裁減成本並縮小工廠規模。他還把新藍圖和眾人期待已久的Z-car傳奇跑車改款計畫掛鉤在一起，這個華而不實的漂亮新作，保證會讓車迷垂涎三尺，讓這個四面楚歌的品牌再度引起矚目。

日產這款時髦的後懸雙座Z-Car自從1969年首次亮相以來，一直是汽車迷的最愛。但是日產在1990年代中期，把美國的銷售重點轉移到休旅車和跨界車上，斷了這款車的生路。戈恩在這款傳奇的Z-Car身上，

看到了重建品牌的雄厚本錢，他把 Z-Car 視為復興日產的關鍵車款，在 1999 年的東京車展上做為重頭戲，拿出來向世人展現它的魔力。這款車在 2002 年以 350Z 的名號重現江湖。（在日本，這款車仍然保留它那令人尷尬的原名：Fairlady Z。這是當年的日產汽車社長川又克二〔Katsuji Kawamata〕取的綽號，當時他在一次美國行的期間，迷上了百老匯音樂劇《窈窕淑女》〔My Fair Lady〕。）

然而，到 2020 年底，戈恩的 Z-Car 就已經有十二年未曾改款，因為資金拮据的日產把資金轉移到戈恩主導的快速擴張中。Z-Car 的粉絲開始懷疑，日產是否有足夠的資金讓這款車續命。

內田做到了。他把 Z-Car 打造成為他所稱的「A 到 Z 日產」的最重要部分。「A」字代表日產在前一年夏季推出的全新、全電動跨界車 Ariya。而「Z」字代表的就是……沒錯，你猜對了。在揭幕儀式上，內田從一輛閃閃發光的檸檬黃「Z Proto」原型車的駕駛座下來，這是下一代 Z-Car 的復古風格原型車，他保證這款車很快就會問市。

世界各地的汽車迷都喜出望外。

然而，與戈恩不同的是，內田以他個人的風格來預告他的 Z-Car。在他背後的大螢幕上，投影了一張大約落在 1993 年，時髦、年輕時期的內田和他買的第一輛車的合照：一輛青銅色的 300ZX，備受好評的第四代 Z-car。照片裡，內田頂著一頭 90 年代蓬亂的重金屬髮型、穿著酸洗襯衫、戴著金鍊子擺出帥氣的姿勢。一隻手放在方向盤上，另一隻手掛在駕駛座的車窗外，裝出一抹得意的微笑。「當你開著 Z-Car 時，」內田在揭幕儀式上說，「你會感覺它帶著你和日產奔向未來。」

這個心照不宣的訊息既宏亮且清晰。在一名穿西裝打領帶的商人

主政數十年之後，此時的日產由一個愛車人經營。一切會回到造車的基礎。戈恩醜聞已經是過往雲煙，日產得專注在光明的新日子才行。

但是要把戈恩的事都看成過去式，並不是那麼容易。就在 Z Proto 曝光的前一天，格雷格‧凱利的審判已經開始了。這些事件不僅會抖出更多日產的骯髒內幕，也會讓日本還有世人想起最初引發這起醜聞，以及許多似乎依舊無解的無數衝突。在重新喚起大眾對日本企業文化以及日本司法制度公正性的質疑之際，再次把大眾的注意焦點引到聯盟所走的危險道路上。更不用說「戈恩是否真的有罪」這個難以回答的重要問題，以及我們現在應該怎樣看待他所留下的種種影響、成就。

· · ·

在這起醜聞根源裡的衝突之一，是產業劇變造成的龐大壓力，而那樣的產業劇變一開始是成立聯盟的動力，後來在戈恩任期內則成了強化聯盟關係的原因。因為提高燃油效率和發展電動車與自動駕駛汽車造成成本不斷攀升，使得汽車製造商需要越來越高的產量來維持生存。

儘管雷諾、日產和三菱在戈恩被捕前後，有著一直困擾它們的猜疑，卻還能堅持了這麼久，這個事實便證明了擴大規模是必要的。雖然彼此間的齟齬未曾少過，它們卻也心知肚明，一旦分裂必定垮台。在2020年，雖然因為戈恩野心過大的「Power 88」計畫成長目標這個前車之鑑，有些公司開始考慮縮小規模和在地化，但是戈恩所推廣的整合似乎還是留下來了。

一些汽車製造商試圖挑戰這種轉變。例如，日本小產量車廠速霸陸、馬自達和鈴木在名義上保持獨立。但是日本大車廠豐田汽車已經

買了這三家公司的股份。從本質上來說，豐田汽車把該國的這些的小車廠，拉進它自己寬鬆的聯盟，其中還包括專門製造微型汽車的大發（Daihatsu）和卡車製造商日野（Hino）。豐田財團在2019年達成的全集團銷售量1,600萬輛以上，遠高於戈恩的聯盟顛峰時期的1,070萬輛。

在歐洲，福斯汽車集團已經建立起自己的王國，它旗下的品牌包括了賓利（Bentley）、布加迪（Bugatti）、藍寶堅尼（Lamborghini）、西雅特（SEAT）、Škoda、保時捷，還有卡車製造廠Scania汽車和MAN商用車，以及福斯和奧迪。2019年，福斯汽車集團旗下品牌的交車量接近1,100萬輛。[1] 在同時，法國的PSA集團正忙著和義大利的FCA集團合併，組成另一家跨國汽車大廠斯泰蘭蒂斯。而在2020年末，日本車廠當中唯一未結盟的本田汽車，甚至認定自己的規模太小了，沒辦法靠單打獨鬥繼續發展下去。本田在北美和通用汽車公司組成聯盟，合作開發提供兩家公司販售的汽車。

汽車品牌的這樣子大規模合併，是看著二十年前的雷諾－日產聯盟有樣學樣的，不過這些新的夥伴關係，絕大多數和雷諾－日產聯盟有一個關鍵之處並不相同。它們主要在本國市場的舒適圈內建立規模。豐田帶著其他日本車廠。福斯汽車在歐洲車廠之間繞來繞去。PSA-FCA協議把兩個毗鄰的國家湊在一起。他們幾乎沒辦法成功克服分隔雷諾與日產的那種語言、企業文化、市場覆蓋率和國家政治的巨大鴻溝。

雷諾－日產聯盟這個曾經很有遠見的合作關係，如今似乎會拆夥。

1　"Volkswagen Group Records Higher Deliveries in 2019," Volkswagen Aktiengesellschaft, January 14, 2020, https://www.volkswagenag.com/en/news/2020/o1/volkswagen-group-records-higher-deliveries-in-2019.html.

2020年，雷諾和日產擱置了全面合併的談判，好專心解決各自的問題。但是這種讓人不安的緩衝期，事實上只是把這個讓人不舒服的討論往後延。法國政府仍然是雷諾最有影響力的股東，而雷諾又是日產的最大股東。一直讓戈恩恨得牙癢癢，以及最大力鼓吹「不會走回頭路的聯盟」的人，艾曼紐‧馬克宏，依舊在法國總統的位子。範圍更廣的汽車業仍然傾向於整合。唯有合計後的資產負債表，才能真正產生聯盟依舊仰賴的那種更加豐富的綜效。

在戈恩被捕之後，那些問題重重的動向都未曾改變。而且他們似乎為將來萬一出現的另一次聯盟攤牌談判，做好了準備。

日產的執行長內田似乎步著西川廣人的後塵，對三家公司的完全合併案持懷疑立場。在公開場合上，他吹捧說聯盟是強化這三家公司的關鍵工具。但是完全整合呢？沒那麼快。內田在2020年底接受《汽車新聞》採訪，被問到他是否反對合併時，他委婉地回答說：「我會說『我沒意見』。今天我們唯一會考慮的，就是怎樣確保我們自己能達到正常的水準。我們在過去二十一年裡有合併過嗎？沒有。」日產未曾讓步過。

事實上過了沒多久，這兩家公司似乎就開始各走各的路。雷諾察覺到轉向電動車發展的急迫性，便擬定了一個計畫，把電動車業務分拆成一家叫做Ampere的新公司。選用這個名字是為了讓人們聯想起電磁學先驅安德烈－馬里‧安培（André-Marie Ampère），這就和伊隆‧馬斯克為自己的電動車公司取名「特斯拉」向尼古拉‧特斯拉致敬沒什麼兩樣。

雷諾邀請日產和三菱進行投資，而這兩家日本車廠也表示它們會加入。不過，它們的這項資金後來就成了一項耗時數個月才底定的重大協議的一環。

終於在2023年1月，自從在羽田機場逮捕戈恩之後不到五年，雷諾和日產簽署了一項協議，重新平衡這個數十年的汽車聯盟的交叉持股。日產將投資雷諾所提議的電動車子公司。而雷諾將把它的日產持股從43%減少到15%，這麼一來，就等同放棄了對這個日本合作夥伴的控制權。到了同一年的11月，股權轉讓完成，日產和雷諾終於成為「平起平坐」的合作夥伴，各自擁有對方15%的股權。日產同意投資Ampere最高到6億歐元，而三菱表示將投入最高到2億歐元。

戈恩早先就預測過，沒有他的話，聯盟將會分崩離析，而逐步的解體似乎證明了情勢正往那個方向發展。

「在我被逮捕之後，聯盟已經分裂了，」戈恩在2023年中告訴記者。「你唯一能做的就是重新啟動一個野心不要那麼大、範圍縮得更小的計畫。就目前來看，他們正要嘗試的最新協議，就是試圖建立一個合作範圍大幅縮水的小型聯盟。」

戈恩建立起的這個需要小心對待的汽車集團，是否真的能夠長久存活下來？抑或者這個跨洲、跨文化的夥伴關係，只是一座跨得太遠的橋樑，架設在一個現實裡民族主義本能依舊當道的世界裡？正當崛起中的中國和印度汽車大廠開始用自己的跨文化製車王國的設計，把觸角伸到海外時，雷諾－日產－三菱聯盟的考驗和磨難，將會是整個汽車產業重要的個案研究。

· · ·

戈恩對於產業整合的預言，和他準確預測到的、需要用到產業整合的技術趨勢，正好搭配得上。他對電動車和自動駕駛汽車未來的願景逐

漸成真，而且逐漸成為一般常識。

到了2020年末，越來越嚴格的汽車排放管制，讓轉投可插電式汽車的進展更加速見到成效了。有將近一百款全電動或插電式混合動力車款正在開發中，而且計畫在2024年之前亮相。[2] 效能強大的新車型，例如福斯汽車的電池動力跨界車款ID.4，充一次電可行駛250英里，令人印象深刻。而特斯拉汽車也持續有盈利。

在中國這個全球最大的汽車市場，汽車業預計到2035年[3]的所有新車銷售量有一半會是電動車。福斯汽車預計其生產的全電動車到2030年會達到2,600萬輛，並且投資了高達730億歐元（860億美元）要來達到這個目標。[4] 通用汽車也爭相要在2025年將其美國產品車款的40%轉變成電動車。[5] 預測人員預測，到了2032年，全球每年賣出的電動車新車將多達兩千萬輛。[6]

同時，傳統車廠和新興車廠也同樣全力投入新穎的駕駛輔助系統，這些系統逐漸成為高級車品牌的標準配備，也快速擴展到平價市場的量產車型。網際網路巨頭Google的子公司Waymo，正在美國道路上測試完全自動駕駛的叫車服務——在出現電腦故障的時候，車上沒有安全的

2　"Here Are (Nearly) 100 EVs Headed to the U.S. through 2024," *Automotive News*, October 4, 2020, https://www.autonews.com/future-product/here-are-nearly-100-evs-headed-us-through-2024.

3　Reuters, "New-Energy Vehicles Make Major Inroads, Engineer Group Predicts," *Automotive News*, October 29, 2020, https://www.autonews.com/china/new-energy-vehicles-make-major-inroads-engineer-group-predicts.

4　"VW Increases Spending on Electric Self-Driving Cars," *Automotive News Europe*, November 13, 2020, https://europe.autonews.com/automakers/vw-increases-spending-electric-self-driving-cars.

5　H. Lutz, "GM Ups EV Spending, Says 40 U.S. Lineup Electric in 2025," *Automotive News*, November 19, 2020, https://www.autonews.com/future-product/gm-ups-ev-spending-says-40-us-lineup-electric-2025.

人類司機可以接手。

　　儘管日產遭遇了種種困境，但是在這個電動化和自動化的時代，它實際上還是占在有利地位，這有很大的原因是因為戈恩有先見之明，很早就開始投入這些技術。為下個世代電動車開發的新共用平台，就搭載在跨界電動車 Ariya 上。和十年前的潰敗不同，當時日產 Leaf 和雷諾 Zoe 電動車幾乎沒有共用的架構，這次雷諾和日產將使用相同的平台。在自動駕駛車方面，日產為旗下車款配備了 ProPilot，這是戈恩大力推動的一項技術，它讓車輛駕駛坐後退一點，讓他們的汽車自己在高速公路上奔馳、自動超車、變換車道和上下交流道。

　　戈恩完全可以把這些成果歸到他的一些頂尖成就。

• • •

　　日本也虧欠戈恩很多。他首先策劃了拯救日產的計畫，然後組成了一個獨一無二的國際聯盟，儘管當時財經媒體都一片看衰，但是該聯盟撐過二十年之後仍然活了下來。他打散了日本效率不彰的經連會體系，並且用考績制度挑戰了該國了無生氣的排資論歷的晉升慣例。身為一個外來人，他有意願、也有能力打破日本高階主管無法或不願打破的壁壘。

　　同時，這一切成功面對產業快速變化的成就，在某些方面，也是他遭指控、最終把他逐出這個行業的那些不當行為的核心。

6　LMC Electrification Automotive Sector Impact Report, "Global Personal Vehicle Outlook* by xEV Technology Type," *LMC Automotive*, October 20, 2020, https://lmc-auto.com/wp-content/uploads/2020/10/LMC-ELECTRIFICATION-AUTOMOTIVE-SECTOR-IMPACT-REPORT-20TH-OCTOBER-2020.pdf?utm_source=LMC+Automotive&utm_campaign=b32b37c315-EMAIL_CAMPAIGN_2020_04_20_02_52_COPY_01&utm _medium=email&utm_term=o_eao28aeefa-b32b.

在戈恩看來，他的成就是夠資格拿到那筆讓日本和法國許多人強烈反彈的頂級薪資的。如果戈恩想要這麼高昂的薪水，他就不能讓它曝光。

戈恩的頂頭上司似乎也都認同，如果他打算讓他和通用汽車、福特及其他公司的關係提升到新的等級，那麼不論是他的業績表現或是要防止他跳槽，都值得付給他高薪。日產高層派出的一小批人馬費盡可觀的心思、時間，要想出辦法付給戈恩額外津貼——檢察官說這筆錢是實際公開金額的兩倍。

根據起訴書內容，這就是事情從見不得光偏離到違法的地方。起訴書上說，日產不僅應該透露那筆額外津貼，而且戈恩已經走偏得更遠了，將公司支出的費用中飽私囊。背任罪指控就是暗指他從各個方面在玩弄這個制度。除了這些刑事指控，日產還提出一連串關於挪用資金的指控——從給他妹妹的數十萬美元，到不合理的購屋費用及旅費，以及拿公司資金用他的名義捐款給黎巴嫩的學校和非營利機構。

對於這一切，檢察廳強烈的言外之意既直接又簡單：戈恩沒有辦法公開收取他想要的報酬，就私底下拿走了他覺得自己應得的東西。

當然，戈恩有不同的解釋。他說，日產內部的一個保守派民族主義陰謀集團，和想要破壞日產與雷諾「無法回頭」合併計畫的日本政府，用捏造的罪名陷害他。日產汽車被法國政府在弗洛朗日危機期間的所作所為嚇壞了，加上它是兩個合夥企業裡比較強大的一方，就會竭盡所能要避免發展成那種局勢，包括要甩掉發起合併的人。儘管精心編造了聯盟友好的表象，戈恩自己也協助傳達出這種形象，但是這個合夥聯盟中法、日雙方之間的緊張關係，長期以來積怨已深且激烈，而且從未消失。

還有第三種解釋，就是這兩種說法的情節並未互相矛盾。戈恩有可

能既是騙子、也是代罪羔羊。當他創造奇蹟時，日產的高層可能樂不可支，而對可疑的交易睜一隻眼、閉一隻眼。但是，一旦戈恩變成法國所推動「不會走回頭路的收購」的可能媒介，他們可能已經知道從哪裡下手了。至少就某方面上說，這是一場陰謀。日產的高階主管納達、今津和川口——首席律師、審計師和政府關係負責人——在法庭上承認，為了揭露戈恩所涉嫌的不當行為，他們已經祕密進行了好幾個月，然後再把這名會長交給檢察官處置。但是他們這樣做是像他們所說的，為了阻止戈恩的不法行為，還是實際上要破壞他們反對的公司合併呢？

· · ·

更整體來看，這起壟罩著戈恩和聯盟的醜聞，突顯了法國和日本在現代國際商業中，政府角色方面的衝突。

法國政府毫不掩飾其目的是要從二十年前的高風險投資中，收回完整的利益。馬克宏擔任經濟部長時，在弗洛朗日危機期間以計謀戰勝了日產，只是後來又讓步妥協。然而，他依舊沒有被嚇倒。當上法國總統後，由於他很清楚孤掌難鳴的雷諾汽車勢必要面臨產業規模化後不確定的未來，所以一直在推動這個案子，要讓它成為無法再拆散的聯盟。

雖然弗洛朗日危機留下深遠的影響，不過日本政府的真正角色就比較沒那麼明確了。日本經濟產業省的官員顯然很擔憂日產的未來，以及戈恩削減對維持競爭力所需的新車款的投資。他們還覺得，面對巴黎方過度施壓，他們必須為日產挺身而出。

雖然日本政府在公開場面都說聯盟是私部門的事情，但它也明確表示，不希望日產在它的注視之下倒閉。由於新冠肺炎疫情爆發，國營的

國際協力銀行（Japan Bank for International Cooperation）投入了二十億美元，協助日產在北美市場銷售汽車。

但是日本政府是否就像戈恩所聲稱的那樣，扮演著「深層政府」（deep state）的角色，仍然是這個曲折事件裡的未決問題。他指控豐田正和就是這起事件的主謀，此人是經產省退休的高官，在戈恩被捕之前不到五個月才任職日產董事。

豐田正和與營運長阿什瓦尼・古普塔，後來在 2023 年的一場由內田進行的門戶清理中，被迫離開日產董事會。到最後古普塔完全離開了該公司。對某些人來說，這場董事會內鬥大戲，證明了日產內部政治勢力的明爭暗鬥仍然積重難返。不過這也突顯了內田極力要鞏固自己的主導權，將這家跌跌撞撞的公司的過去拋開，走向新的方向。

戈恩一直不太清楚日本政府，包括檢察廳，是怎麼涉嫌參與這件把他拉下馬的陰謀的。雖然日本的檢察官——就像美國的一樣——是政治機構的成員，但是他們也非常獨立，而且仍在努力恢復被之前的醜聞重創的形象。因此即使被關說，他們也不太可能為政府的其他部門開後門。如果出現這種情況，他們將會因為損害司法機關威信和國家的國際形象，而受到批判。對於那些實際涉入醜聞的檢察官，這可能會就此斷送他們在職涯大展手腳的雄心。

• • •

在評價戈恩清白與否時，經常有人說無風不起浪。對於所有針對他的指控，有些人認為肯定某些部分是事實。

但是對於關鍵犯罪事項的最終判決，部分取決於適用的標準。日本

有其法律標準。其他國家也有它們自己的標準，例如美國或法國，它們的標準就各不相同。

在白領犯罪的灰色地帶裡，這個問題尤其複雜。雖然在構成殺人罪方面各國標準差異不大，但是認定不正當會計、監督違規或不公平商業行為的規定卻大相逕庭。例如，一些被控圍標罪名的日本汽車業高階主管，在美國仍然被追捕長達十年之久。[7] 在高田安全氣囊醜聞案裡，被認為應該負責的高階主管在被宣判罪名之後，平安地待在日本，而且從未被繩之以法，這讓美國的消費者團體驚訝莫名。從這個角度來看，日本似乎沒有立場抗議卡洛斯・戈恩潛逃。

戈恩事件還引發了「什麼是適當的公務費用與個人利益」的問題。讓國際企業大吃一驚的是，美國國稅局的數據顯示，美國高階主管在海外的各種福利，例如公司支付的公寓、膳食和子女在國際學校的學費，都屬於應稅收入。至於包括日本在內的其他大多數國家，這類支出基本上是免稅的。法國聲稱戈恩從雷諾的資金拿了1,100萬歐元（1,230萬美元）中飽私囊的說法，可能會引起沒完沒了的爭論，參與爭論的會計師和律師可能是唯一的贏家。在A地可以做的事，在B地不見得可以；在這裡非法的事，在他處只是做生意要付的成本。

法律和法規往往有模糊地帶，這特性也讓情況變得更混亂。凱利的美國律師抱怨說，凱利被指控違反的法規，美國法院會視為無法解釋的模糊地帶。（凱利案裡的論點，可以視為戈恩案中可能存在的論點的替代論點。）雖然這可能被視為法律操縱，但他並非唯一提出這個問題的

7　Philip Nussel, "Japan Throws Stones at Ghosn from Glass House," *Automotive News*, January 11, 2020, https://www.autonews.com/commentary/japan-throws-stones-ghosn-glass-house.

人。外國企業的高階主管經常抱怨，日本監管機關會利用法規模擬兩可的用詞，採取反覆無常的行動。1998年，一家美國金融公司因為一份客戶聲明中一筆51美元的失誤，而被日本監管機關公開點名。[8]該公司的內部人士意識到，他們的公司當時對日本的證券公司構成競爭威脅。

行政處罰和刑事指控也有區別。在戈恩和凱利（以及日產）的案件中，有關薪資報告的問題，在美國是和美國證券交易委員會提起的民事訴訟進行和解。這是這類違規行為的典型做法。刑事訴訟通常是根據監管機關的移轉而提出，並且因為舉證責任更高，所以都是保留給更嚴重的違規行為。日本的律師指出，在戈恩－凱利案中，這件事似乎是直接由公司交給刑事檢察官，這是反常的流程捷徑。他們還指出，這是首次有個人因必要的金融監管檔案，而被控刑事犯罪。

由於戈恩潛逃，他很可能不會再面對日本的審判。這也使得他或是日本政府雙方，都沒有機會證明他們一直都是對的。但實際上，該案的判決很可能不會讓雙方都滿意。一旦這些指控像做假帳或不當使用換匯交易衍生性合約一樣晦澀難懂時，裁決可能同樣會讓人霧裡看花。但是戈恩和凱利的辯護律師想盡辦法，強調日本的司法制度和日產的調查有哪些部分違法，就像他們為自己的刑事罪名辯護一樣。在國際輿論的眼中，這種策略的目的，是要在任何有罪判決的有效性上，製造一團無法消除的疑雲。

然而，在法國調查人員於2022年發出戈恩的通緝令之後，這種說法的說服力就大大降低了。法國控罪的計畫和日本檢方所提的「阿曼路

8　Jiji Press English News Service, "SESC Seeks Punishment against U.S. Brokerage Instinet," October 12, 1998, Factiva, https://global.factiva.com/ha/default.aspx#./1&suid=161389179136303404187486114161.

線」相似，只不過變成聲稱戈恩把資金從雷諾轉回自己的口袋。

　　日本和法國的這兩項指控，讓戈恩辯稱他「只不過是日本司法的受害者」的說法威力大減。戈恩曾經表示，願意在他比較能接受的法國司法系統下面對指控，後來他表示黎巴嫩當地當局要他交出護照，禁止他離開黎巴嫩。

　　儘管戈恩有罪或無罪的問題，很可能永遠不會在審判中揭曉，但有一點我們可以相當確定，就是：如果他沒有逃跑，他將會在日本的審判中被判有罪。格雷格・凱利案中由三名法官組成的審判小組，清楚的表明了這一點；該案有大量判決是強烈指出戈恩的不當行為，而不是實際的被告凱利的不當行為。他們聲稱戈恩在日產「專斷獨裁」，導致「監督變成流於形式」。他們聲稱，這歸根結柢是「一場自私的犯罪」。

‧　‧　‧

　　撇開個人和政府的動機不談，日產的企業管理為什麼會這麼失敗？有些人認為，這是日本絕大多數企業治理問題的先兆。就算政府和監管機關已經實施了新標準，來確保監督品質更好，還有像日產這樣的公司已經採取自己的改進措施，但改革的進展依舊牛步。到了2019年，東京證券交易所上市公司的全部董事，外部董事的比例上升到31.5%。在美國，這個比例為85%。[9]

　　戈恩被捕後，日產進行了全面改革，讓公司的管理更符合西方國家的透明度與責任制的規範。不過可以說，這些進步做法，被日產在處理戈恩案內部調查時那套劇本所帶來根深蒂固的問題，給掩蓋掉了。簡單說，該公司採取提起訴訟和公開的方式，而不是在公司內部默默處理掉

自己的問題。而且其不當行為調查的道德架構,還有很多不足之處。

例如,對於戈恩的顧慮浮出檯面時,為什麼高階主管們不是把他拉到董事會並告訴他事情必須改正?他們原本可以用刑事訴訟做威脅,要求他歸還不當得利。由日產出資購買讓戈恩使用的房屋,可以設限完全用於公司業務或是出售。可以透過更嚴格的外部制衡,來加強公司管理。然後,關於哈里・納達對所謂不當行為所做的內部調查是否適當,還有一大堆疑問要回答。

日產主張說,把針對戈恩的指控直接提交給董事會,無異是以卵擊石,因為他擁有絕對的控制權。已經很少有高階主管敢明目張膽,公然質疑老闆的業務決策,更不用說指控老闆欺詐了。

不過這是該公司以及其董事蒼白無力的辯解(他們有責任要好好監督公司的管理,除了凱利以外,沒有其他董事在這個案子裡面臨任何指控)。戈恩自己與他的高階主管對其薪水的簽核權力,是董事會給的。日產董事會本身就明擺著提供了濫權的可能性,也代表著日本有太多的公司董事會只不過是強勢社長手上的橡皮圖章罷了。如果戈恩真的在玩弄這個制度,那麼可以說是董事會咎由自取。對於那些據稱看著公司的資金被揮霍,而且無疑也看著自己持股的市值因戈恩事件而蒸發的股東來說,這也是略感安慰了。

戈恩被捕一年後,日產和雷諾的股東各自損失了約30%。「日產的做法真的太讓人意外了,」一名在日本活動的美國律師說。「你不會和

9 Saki Masuda, "Japan's Boards Evolve as Outside Directors Occupy 30% of Seats," *Nikkei*, October 2, 2019, https://asia.nikkei.com/Business/Business-trends/Japan-s-boards-evolve-as-outside-directors-occupy-30-of-seats.

警方一起設計圈套，來誘捕這個偉大聯盟的設計師。如果他們有想著要維持股價，就不會像這樣子做事。」

還有一個問題是，日產是怎麼處理——或拒絕處理——納達的。戈恩的這個前下屬，在眼看著自己就要在戈恩被指控的一些罪行中曝光之際，簽署了認罪協議。儘管他密切參與了一件刑事案件，但是在戈恩被捕後的幾個月裡，他不僅保住了飯碗，還繼續負責日產針對涉嫌不當行為進行的內部調查。在這次事件之後的數年裡，納達一直是戈恩醜聞案的關鍵人物裡，唯一仍留在日產任職的人，他的微笑照片仍然出現在公司網頁上的「特別項目支持」主管列表中。觀察者認為，日產需要留住他們的主要證人和機構記憶庫，以便應付有朝一日戈恩受到審判。其他相關人等幾乎都辭職、退休、被捕，或是被解僱。對於批評日產的人來說，納達齷齪的密室協商只是這些利益衝突的縮影，它打破了任何包覆在該公司動機外的中立假象。

西川和其他高階主管參與不當增加自己的業績激勵津貼，或是協助騙取戈恩的薪酬，只是證明了腐爛的程度有多深。當檢察官放過日本籍參與者，只鎖定外籍的戈恩和凱利時，就有人批評說，這整起法律行動就算不是明擺著的歧視，不然也有著虛偽的味道。

日產的管理層還認為，自己的角色不僅是配合政府的調查（在任何司法管轄區幾乎都是這麼做），還要協助政府進行調查。對一些評論家來說，這是個可疑的舉動。他們堅稱，一家公司是有義務配合當局，但是不該越俎代庖。據說，日產總共花費了兩億美元調查此案，而且可能只發現兩個涉嫌犯下不法行為的人。[10]

如果日產和日本政府真的合謀對付戈恩來阻止合併案，他們是否預

見到隨後而來的一連串意想不到的後果？用日本企業文化和司法制度屢試不爽的做法，它們無疑是預期戈恩會迅速認罪，被判緩刑，然後默默退出這個產業。但是他沒有那樣做。他出乎意料的反抗和大膽冒進的逃亡，是否使這場未成功的政變失去控制，並且把全世界的注意力聚焦在讓日本寧可藏著不見光的事情？戈恩不按牌理出牌的決定，引發了可能會持續好幾年的波瀾。

日產的治理失靈是這個曲折故事的核心，但是在這起醜聞之前，對於更基本的治理問題幾乎沒有任何討論：身兼日產與雷諾汽車執行長，戈恩——依照原則和按照法律——必須代表兩家完全獨立的企業的股東。事實上，戈恩經常談到，試圖取悅他在這兩家公司的下屬與兩國政府的代表，有其難處。但是他也有義務提高這兩家公司的價值，為真正的主人——股東謀取利益。他打算怎麼在一個犧牲某一方為代價，而讓另一方得利的情況下行動？例如，增加雷諾工廠的產量而縮減日產工廠的產量，可能就代表雷諾的執行長已經完成了任務，但是日產的執行長並沒有。

「兩家公司的董事會對卡洛斯・戈恩在2005年兼任兩家公司的執行長感到滿意，」一名曾經和戈恩密切合作的前雷諾高階主管表示。「從那時候開始，他就處在一種可能出現信用衝突的位置上。」

要擺脫這種衝突的出路，似乎是戈恩曾經設想過做為他最後一招的「成立控股公司」：把雷諾和日產歸在同一個股票代碼下，向同一群投資

---

10 Matthew Campbell, Kae Inoue, and Reed Stevenson, "With Carlos Ghosn Set to Bare All, Nissan Prepares Its Offensive," Bloomberg News, January 7, 2020, https://www.bloomberg.com/news/articles/2020-o1-07/as-ghosn-prepares-to-bare-all-nissan-makes-plans-to-strike-back?sref=KRTu8A3f

人負責。聯盟最初的設計師路易斯・史懷哲絕對沒打算過這樣做，日產也不想要這樣，但它肯定可以解決許多管理的問題。

• • •

日本司法制度與其批評者之間的衝突，是整起危機裡最激烈的衝突之一。這是一場引發國際關注、而且很可能持續很長時間的爭端。

多年來曾經有過幾次重大改革。現在的審訊會進行錄影，以監視有無恐嚇逼供；裁判員制度把非法律專業的觀念，帶進了極少數人才能進入的司法領域。保釋現在更普遍，到了2018年請求保釋的比例上升到了30%。（雖然戈恩逃亡一事，可能會引起法官強烈反對保釋，以避免日後出現類似的難堪結果。）

支持改革的人表示，戈恩的遭遇突顯了改革還有多長的路要走。對他們來說，最重要的是審訊時允許辯護律師在場。雖然這個想法在過去曾經被否決，但是日本法務省在2020年委託了一個專家小組，該省以傳統的日本方式提供了一個非常微小的政策轉變。在某次會議上一名法務省代表指出，並沒有明文「禁止」辯護律師在場，只不過是把決定權留給個別的檢察官。

這是在外國壓力之下取得的最小可能進展。現在想要知道那是否只是表現了日本無與倫比的適應能力，目前口頭上支持這個想法，往後又會悄悄放棄，而沒有實質的改變，還言之過早。法務省內部強烈反對任何改變，法務大臣森雅子強調：「在日本，審訊往往還是從嫌疑人那裡獲取供詞的唯一手段。」[11]

11 "On Japan's Criminal Justice," Japan Ministry of Justice Webinar, September 10, 2020

　　任何改變都可能會緩慢進行，但是壓力很顯然已經存在。日本政府看到美國參議員羅傑・威克在參議院把凱利的待遇描述為：「這件醜聞就像是普丁（Vladimir Putin）會幹的事，而不是我們的日本盟友。」應該笑不出來。

　　聯合國任意拘留問題工作組再次打擊日本的形象，表示戈恩多次被捕是「法外虐待」。也許戈恩最後是對的。

　　對於日本公司來說，問題很簡單，但是也極為重要：戈恩和凱利的待遇，是否會讓外國高階主管不願在日本任職？外國律師和人力資源公司都表示，自從戈恩事件以來，他們收到了更多求職者提出的問題，也就是如果他們移居日本，可能會面臨法律訴訟的風險。戈恩被捕兩年後，一名歐洲高階主管來到日本出任一家日本化工公司執行長的事，成了足以引起國際媒體報導的新聞。〔12〕

　　對於日本把自己定位成「適合進行國際商務的地方」所做的努力，戈恩事件的頭條新聞的出現時機，是糟糕得不能再糟了。要做為跨國企業的總部，東京的條件已經很大幅度輸給香港和新加坡了。日本曾經希望利用中國政府在香港擴大鎮壓，搶回部分商機。「日本能夠提供的，是香港所不能提供的自由。」一名試圖吸引更多外國人的日本議員這麼說。〔13〕不過戈恩和凱利可能無法同意。

· · ·

12 Peter Landers, "Two Years After Ghosn's Arrest, Another Foreign CEO Takes a Chance on Japan," *Wall Street Journal*, October 23, 2020, https://www.wsj.com/articles/two-years-after-ghosns-arrest-another-foreign-ceo-takes-a-chance-on-japan-11603448884.

　　戈恩最大的戰鬥似乎是在輿論公審。

　　指控他的人把他描繪成一個只顧慮自己，並且竭盡所能要隱瞞收入金額的人。拜檢察官時常洩漏辦案內容所賜，這種形象在日本已經深入人心了。許多從前在法國和日本和他近身工作過的人都注意到，凱利案的大量證詞和日產的調查結果，就和一個核心主題相當一致──一旦談到卡洛斯‧戈恩，薪酬問題就一直是眾矢之的。不管這些罪狀背後的真相如何，戈恩的官方傳記總是會被一個可恥、無法抹去的星號汙衊：他在被指控四次，而且棄保潛逃成了國際逃犯之後，也斷送了他傳奇的汽車業職業生涯。

　　在許多日本人看來，他棄保潛逃就足以證明他有罪。但是如果不進行審判，戈恩的問題最後可能就會陷入各說各話的僵局。戈恩可能把格雷格‧凱利的無罪判決當做代理辯護，儘管法院很可能在判定戈恩為真正的罪魁禍首的同時，為凱利洗清罪名。

　　更重要的是，凱利案的審判沒有解釋到僅針對戈恩的兩項背任罪指控，也就是所謂的沙烏地路線和阿曼路線，戈恩被指控濫用日產資產謀取個人私利。

　　日本有一些人仍然認為，在戈恩未經審判確認前，應該視他為無罪（無罪推定）。一名退休的日本高階主管問道：「最近這件風波只是小報醜聞。戈恩對日本社會有造成了什麼損害嗎？」

　　一些批評戈恩最烈者，甚至依然是他的鐵粉。一位日產的認罪協商

13 Isabel Reynolds and Emi Nobuhiro (Bloomberg News), "Japan Looks to Lure Hong Kong's Finance Workers Following Security Law," *Japan Times*, July 1, 2020. https://www.japantimes.co.jp/news/2020/07/01/business/japan-hong-kong-finance-workers/.

者在凱利的審判中作證時，還會忍不住讚美他這位前老闆。大沼利明被要求形容一下戈恩時，透露說他在會長身邊時總是很緊張，而且害怕要跟他說他不喜歡的消息。但是說話輕聲細語的大沼似乎仍然被戈恩的魅力所吸引。「我認為他是個出色的商業領袖，」大沼也承認：「他重建了日產。我在他身邊工作的時候，看到他在做決策時迅速且毫不畏懼。他也會下達明確的指示。他願意傾聽別人的意見。」

格雷格・凱利，戈恩的長期副手，被戈恩丟在日本，因為涉嫌滿足戈恩對更高薪酬的渴望，而可能面臨最高15年的刑期，他說他的前老闆是一位「不凡的主管」，也有資格拿更豐厚的薪水。

就連西川也不由得表達出欽佩之意。西川談到早年重振這家日本車廠的時候說：「我印象非常深刻。而且我到現在也還印象深刻。」不過他有一個但書：「在第二段時期，他的管理不是很好。我們需要糾正很多事情。」

對許多人來說，這就是現實，在一個人身上看到兩個戈恩的故事。

・　・　・

在這本書即將完成之際，戈恩在貝魯特接受了一次視訊專訪，以回顧他的狂野之行和崩裂的遺緒。他曬黑了皮膚，剪了很整齊的髮型，留著時髦的鬢角（他似乎對自己稀疏的白髮也欣然接受了，沒有做任何處理加以遮掩），他在書房裡說話，書桌後面的書架擺滿了書籍、照片，還有一些他身為著名的業界領袖這幾十年的紀念品——那幾十年在三大洲四個住所之間飛來飛去，還有和上流社會人士交際應酬的日子，已經是過往雲煙了。

　　戈恩把聯盟的問題歸咎在政府干預。那個無法挽回的時間點是弗洛朗日危機，他說，這場危機引起了多疑的日本政府－產業同盟的過度反應。在保護主義和貿易緊張在全球捲土重來之際，這種下意識的民族主義逐漸廣為流傳──就像美中貿易爭端或英國脫歐所證明的。

　　但是戈恩堅稱這些都是減速坡；國際化已經是大勢所趨。

　　「我已經在經營上向你證明可以那樣做，」他說。「如果我們沒有被政治干預，如果一邊沒有法國政府干涉，而另一邊沒有日本政府過度反應，我已經證明你可以經營這樣的超大型公司，其組成部分是以國家為根據，但是企業實體是全球性的。這不僅行得通，而且會蓬勃發展起來。我不是做這種事六個月而已。我做了十九年。」

　　戈恩透過兩本新書（包括和他的妻子卡羅爾合著的一本）、一部計畫中的紀錄片，甚至透過他黎巴嫩新家的社區外展活動，努力恢復自己的形象。2020年尾，他在貝魯特北部的大學發起了一項高階主管業務計畫。他的客座講師包括蒂埃里‧博洛雷，以前雷諾的第二把交椅，他被解僱後重新出任捷豹荒原路華執行長；還有何塞‧穆尼奧斯，他曾經是西川的競爭對手，離開日產之後協助帶領現代汽車。

　　戈恩甚至對日產提起反訴，聲稱包括薪酬、懲罰性措施和其他支出造成的損失超過十億美元。這起訴訟在2023年提交給黎巴嫩的檢察官，指控對象包括日產、另外兩家公司以及十二個個人，其中包括哈里‧納達、大沼利明、川口均和豐田正和。就算將來戈恩贏了這起訴訟，對他的案件可能也於事無補，更不用說要真的執行。但是對戈恩來說，這是原則問題，也是反擊的必要步驟。

　　當戈恩坐在黎巴嫩，思考他的過去並規劃他的未來時，他知道這會

是一條崎嶇的救贖之路。「我的餘生都要為了恢復我的名譽奮鬥,但是我別無選擇,只能為我留下的遺緒而戰,重建我的名聲。」他說。

對於他所稱的捏造出來的罪名,他感到十分憤怒。他也對日產低迷的狀態表示悲嘆,他斷言:「沒有人會說,『我們打算怎樣保護這個品牌,我們將來要怎麼保護股東,我們會怎麼保護員工,我們將來怎麼保護我們的形象?』」

對於他在其汽車王國掀起的這場混亂中可能扮演的角色,戈恩也毫不屈服,毫不悔改。他對於曾經短暫把該集團拉抬成為全球汽車業龍頭,仍感到洋洋得意,也列舉出許多他最自豪的時刻。

「沒有人能從我這裡奪走的第一個成就,就是扭轉了日產的命運。」戈恩說:「第二個,毫無疑問的,就是我能夠經營聯盟裡的三家公司,其中兩家經營了很多年,然後第三家經營兩年,沒有出過一點小問題。」

「直到我被捕才中斷。」

儘管在日本、法國和美國都面臨詐欺指控,但是戈恩拒絕承認有任何不當行為,甚至拒絕承認做了錯誤的商業判斷。在他看來,在2018年11月他被帶到東京拘置所的那個晚上之前,他一直是人們所認識的正直的董事會成員。他堅稱,他從未利用聯盟做為他個人的提款機,而且在他被捕之後,日產幾乎瀕臨倒閉的事也絕對不該怪到他頭上。

在一個審慎反省的時刻,這位年邁的逃亡者甚至對原本可能存在的一個世界沉思再三。事實上,至少對戈恩來說,他只有一種方法可以避免這整個臭不可聞的事件。早在2018年雷諾找上當時64歲的戈恩續簽他的合約時——在那條臭名昭著的附帶條件裡提出要讓雷諾-日產成為一個「不會走回頭路」的聯盟——戈恩應該直接說:「不了,謝謝你。」

「這是認真考慮過的。」他堅稱。

「我已經64歲了，還要繼續再做四年。我的生活中還有很多其他有趣的事情要做，」他說。「如果我迴避另一項任務，並且從我所有的職位上退休，就能阻止這一切事情。那就意味著把我的幸福和家庭擺在我的事業之前。但是我認為這會是一場公平的交易，對於我一生中所做的一切，在某個時刻，了解到是時候說你要停手了。而那就會是停下來的好時機。」

身為曾經帶領一家汽車公司、極富幹勁和野心的企業高層——一位改變了汽車產業，並且幫助重塑了日本企業界的人，明確表示考慮選擇這另一種結局，似乎令人難以置信。

經歷了這一切監禁、訴訟、毀掉的職業生涯、國際的指責、失敗的業務計畫，以及拋下被起訴的同謀，留下對方一人面對司法的過程——這真的是他最大的遺憾嗎？

「是的，」戈恩堅稱。「不用懷疑。」

或許，只有那些最了解戈恩的人才能真正說明，他到底是一個多愁善感的顧家男人，還是一個冷酷、精打細算的主管，是一個富有遠見的創新者，還是一個自我陶醉的獨裁者。是毫無戒心的董事會政變受害人，或者只是一個背叛公司、同事與股東信任的最高管理層騙徒。

或者，他是這一切身分的組合，讓人難以理解或簡單歸納？

戈恩在黎巴嫩開始了新的生活，不過仍然籠罩在打民事訴訟、以及應付他留下的名聲遭受抹黑的陰影之下，他不想在日本度過幾乎確定的牢獄生活，轉而逃到貝魯特過著比較舒服的日子，雖然這也只是不一樣的牢籠生活。

　　然而，毫無疑問，戈恩拯救了一家公司、令它起死回生，建立了一個全球性的汽車王國，而且從他以知名的「Fix-it先生」名號抵達日本的那天起，就成了踏上日本國土的外國人裡，影響力數一數二的人士，直到二十年後他成為大膽棄保潛逃的國際逃犯。

致謝
Acknowledgments

　　雖然我是在底特律都會區出生成長、在汽車產業的包圍之下長大，不過我的家人是建築和教學領域的背景，而我也絕對不會迷上汽車。加入《汽車新聞》後，我才了解到，能報導這個世界上最有活力、競爭最激烈、最複雜的產業是何其有幸──尤其是亞洲，世界重量級的國家日本和韓國，充滿著全球家喻戶曉的品牌。

　　沒有一個消費商品能像汽車一樣迷人。每次你離開你家前門，不久之後就會看到各種形狀、大小和顏色的汽車。車子會喚起你摻雜的豐沛情感。每個人都有深埋心底的「車上記憶」：全家度假出遊、高中的約會、每天通勤的痛苦，甚至是一場悲劇意外。把鏡頭拉遠來看，製造這些車輛的錯綜複雜、相互交織的全球產業，涵蓋了更多範疇：技術、貿易、勞動力、設計、製造、政治和眾多有頭有臉的人物。這是一片沒有盡頭的大海，可以盡情出航和探索。

　　如果沒有《汽車新聞》傑出同事的協助和支持，我就無法在這個激勵人心的世界走得更深更遠，他們是我共事過的最專業、最敬業的記者。我必須感謝出版商Jason Stein和總編輯Dave Versical對這本書的支

持；內容長Jamie Butters極富創意的腦力激盪；編輯Lindsay Chappell，感謝這位常駐日產的老鳥所貢獻的智慧和專家見解；還有前編輯James Treece和Rick Johnson，感謝他們多年來不只是以我在東京的前輩身分盡心教導我，還要感謝他們對我們初稿的指教。我也不能忘記東京新聞助理岡村直人（Oaoto Okamura），該團隊主播和堅定的主力，從第一條新聞發出開始，就不懈地關注戈恩的故事。當然，還有我的同事、駐巴黎記者Peter Sigal，他提供了《汽車新聞》的讀者對雷諾汽車想要了解的一切。特別感謝我的日語老師佐藤あゆみ（Ayumi Sato），感謝她多年來對我對日語（一直有所不足）的理解自虐式的奉獻，以及她在翻譯和研究方面的幫助。

雖然這本書沒有得到日產汽車、雷諾汽車或卡洛斯·戈恩的批准或是授權，但我們也必須對這兩家公司的高層和戈恩本人表示深深的感謝，感謝他們花時間和精力告訴我們他們觀點的故事。由於我們報導的性質，這些高層、工程師及更多其他類型的員工，大多只在幕後提供資訊，很遺憾的無法在此一一點名致謝。但是大家心照不宣。我和你們其中的某些人合作過很長時間。還有一些是初識，為了給這部作品增添見解，第一次冒著風險與我們分享。謝謝你們。

更籠統地說，從2007年我第一次造訪銀座的日產舊總部開始，便與日產公司公共事務合作多年至今，如果對此我沒有表達誠摯謝意，就是失職。那裡的人們讓我對日產有更深入的了解，展現出他們在工作上的出色能力，而和我合作時，他們總是表現得既幹練又優雅。從以前到現在的這些人，包括了濱口さだゆき（Sadayuki Hamaguchi）、森本ゆき（Yuki Morimoto）、Lavanya Wadgaonkar、奧田こじ（Koji Okuda）、

Nicholas Maxfield、Dion Corbett、Azusa Momose、Christopher Keeffe、Jeff Kuhlman、Jonathan Adashek、Alan Buddendeck、Simon Sproule、Toshitake Inoshita、米川みつる（Mitsuru Yonekawa）、Tak Ishikawa、Camille Lim、Dan Passe、Dan Sloan、Steven Silver、lan Rowley、David Reuter、Nathalie Greve、Travis Parman、Wendy Orthman、Trevor Hale、Amanda Groty和Roland Buerk。我向更多這裡沒提到的人致歉。

　　我和威廉（司馬儔）還必須向我們的傑出編輯Scott Berinato以及《哈佛商業評論》出版社的其他團隊深深鞠躬。他們冒險簽下兩名沒經過考驗的作者，在他們的指導之下，我們這兩個新手完成這本書的這段漫漫長路，變得異常輕鬆、更高效率、更流暢。此外還要感謝Katherine Flynn和Kneerim & Williams Agency。

　　當然，最後的衷心感謝要獻給我的家人。如果沒有我妻子ゆみこ的鼓勵和批准，我可能會拒絕嘗試寫書，更不用說像這樣複雜的故事了。但她強迫我去做。同樣，我必須向我的女兒希和幸表達深深的感激，在看不到被黏在「掩蔽坑」工作區鍵盤上的父親的無數個失落夜晚與週末裡，她們從不抱怨。相反的，她們是我堅定、愉快的鼓勵的支柱。最後，我要感謝我的父母，已故的老卡爾・漢斯・格萊梅爾和吉兒，以及我的兄弟Tim，他們總是支持我，給我滿滿的愛與支持。

　　一定還有很多我在這裡忽略掉忘了感謝的人，但請了解到這本著作是這麼多人努力的結果。每個人的貢獻都是拼圖裡不可或缺的一片，其意義超出了我在這裡所能表達的程度。

漢斯・格萊梅爾，於2021年

這是一整年令人難以置信的報導與寫作工作，尤其是因為這個計畫發生在有史以來最嚴重的傳染病疫情期間。在心裡都還有其他要顧慮的事的時候，這些朋友還用許多方式幫助我們，我們必須加倍感謝他們每一個人。

許多提供幫助的人都要求不要曝光，所以我在這裡就不點名感謝他們了。但我必須提到小原けいこ（Keiko Ohara）的大力幫助，她以美國和日本的律師身分，協助說明了這些法律的複雜性。此外，中島ゆういちろ（Yuuichiro Nakajima）和 Harry Nakahara 也提供了他們對日本企業的許多見解。澳大利亞記者史考特・麥金泰本人也曾在日本的刑事司法制度下被逮捕，他也述說了該制度的缺陷，這些缺陷的嚴重程度，在世界上並非絕無僅有。

同樣給了我們很大幫助的還有 Arthur Mitchell，他是最早幫助日本走向國際的外國律師之一，還有 Steven Givens，謝謝他對格雷格・凱利審判案的分析。Reed Stevenson 總是大力幫助，協助探討這個複雜故事所圍繞的主題與觀點。而 Yvonne Chang 在事件研究裡無窮的求知慾，幫我們發現了重要的線索。至於法國方面的一切，Yann Tessier、Jean Francois Minier、Laurence Frost 和 Fatim Diallo 提供了重要的見解。前同事 Chang-Ran Kim 和老朋友 Sadaaki Numata 欣然同意試讀早期的初稿，幫我們找出寫作方向並提出看法。

在檢查我們已經完成的作品時，不可能沒有路透社和《華爾街日報》許多前同事的第一線報導作品，他們擁有解釋日本、日本經濟以及塑造這麼多事件的政治力量真正的歷史初稿。我必須特別強調路透社的 Linda Sieg 過去三十年來的逐年紀錄令人印象深刻，她仍然是想要了解

日本的一切必找的專家。

　　除了上面提到的所有人，我們還必須感謝Girl Friday Productions的事實查核員Roni Greenwood，她對每一個細節都不會掉以輕心，幫助我們避免掉比我們願意承認的更多尷尬情況。如果有什麼錯誤逃過她的法眼，那只是因為我們把它們藏得很好，而不是她沒有盡力。

　　最後，感謝約翰·布特曼，他對這個精彩故事的獨到眼光，帶領我們走上了這條道路。他和我們倆人的緣分實在太短了。

司馬衛，於2021年

FOCUS 33

衝撞日產 卡洛斯‧戈恩的跨文化經營之戰
COLLISION COURSE
Carlos Ghosn and the Culture Wars That Upended an Auto Empire

作　　者　漢斯‧格萊梅爾（Hans Greimel）、司馬衞（William Sposato）
譯　　者　林東翰
總 編 輯　林慧雯
封面設計　黃暐鵬

出　　版　行路／遠足文化事業股份有限公司
發　　行　遠足文化事業股份有限公司（讀書共和國出版集團）
地　　址　231新北市新店區民權路108之2號9樓
電　　話　（02）2218-1417；客服專線　0800-221-029
客服信箱　service@bookrep.com.tw
郵撥帳號　19504465　遠足文化事業股份有限公司
法律顧問　華洋法律事務所　蘇文生律師

印　　製　韋懋實業有限公司
出版日期　2024年2月　初版一刷
定　　價　630元
I S B N　9786267244418（紙本）
　　　　　9786267244371（PDF）
　　　　　9786267244388（EPUB）

儲值「閱讀護照」，
購書便捷又優惠。

國家圖書館預行編目資料

衝撞日產：卡洛斯‧戈恩的跨文化經營之戰
漢斯‧格萊梅爾（Hans Greimel）、
司馬衞（William Sposato）著；林東翰譯
─初版─新北市：行路出版
遠足文化事業股份有限公司，2024.02
面；公分（Focus；33）
譯自：Collision Course: Carlos Ghosn and the Culture Wars That
Upended an Auto Empire
ISBN 978-626-7244-41-8（平裝）

1.CST：戈恩（Ghosn, Carlos, 1954- ）　2.CST：日產汽車公司
3.CST：雷諾汽車公司　4.CST：三菱汽車公司　5.CST：汽車業
6.CST：跨國企業　7.CST：經濟犯罪　8.CST：日本
484.3　　　　　　　　　　　　　　　　112022206